▪ 全球水安全研究译丛 ▪

Water and the Future of Humanity
Revisiting Water Security

水与人类的未来
重新审视水安全

[巴西]Benedito Braga 等／著
吴敏　曹小欢／译

长江出版社

图书在版编目(CIP)数据

水与人类的未来：重新审视水安全/(巴)布拉加等著；吴敏，曹小欢译. —武汉：长江出版社，2015.12

(全球水安全研究译丛)

ISBN 978-7-5492-4000-5

Ⅰ.①水… Ⅱ.①布… ②吴… ③曹… Ⅲ.①水资源管理—安全管理—研究 Ⅳ.①TV213.4

中国版本图书馆 CIP 数据核字(2016)第 008892 号

湖北省版权局著作权合同登记号：图字 17-2018-029

水与人类的未来：重新审视水安全　　(巴)布拉加 等著　吴敏 曹小欢 译

责任编辑：张蔓

装帧设计：刘斯佳

出版发行：长江出版社

地　　址：武汉市解放大道 1863 号　　**邮　　编：**430010

网　　址：http://www.cjpress.com.cn

电　　话：(027)82926557(总编室)

(027)82926806(市场营销部)

经　　销：各地新华书店

印　　刷：武汉精一佳印刷有限公司

规　　格：787mm×1092mm　1/16　13.25 印张　265 千字

版　　次：2015 年 12 月第 1 版　2018 年 2 月第 1 次印刷

ISBN 978-7-5492-4000-5

定　　价：65.00 元

▪ 全球水安全研究译丛 ▪

译丛序言

水安全是指一个国家或地区可以保质保量、及时持续、稳定可靠、经济合理地获取所需的水资源、水资源性产品及维护良好生态环境的状态或能力。水安全是水资源、水环境、水生态、水工程和供水安全五个方面的综合效应。

在全球气候变化的背景下，水安全问题已成为当今世界的主要问题之一。国际社会持续对水资源及高耗水产品的分配等问题展开研究和讨论，以免因水战争、水恐怖主义及其他诸如此类的问题而威胁到世界稳定。

据联合国统计，全球有43个国家的近7亿人口经常面临“用水压力”和水资源短缺，约1/6的人无清洁饮用水，1/3的人生活用水困难，全球缺水地区每年有超过2000万的人口被迫远离家园。在不久的将来，水资源可能会成为国家生死存亡的战略资源，因争夺水资源爆发战争和冲突的可能性不断增大。

中国水资源总量2.8万亿m^3，居世界第6位，但人均水资源占有量只有2300m^3左右，约为世界人均水量的1/4，在世界排名100位以外，被联合国列为13个贫水国家之一；多年来，中国水资源品质不断下降，水环境持续恶化，大范围地表水、地下水被污染，直接影响了饮用水源水质；洪灾水患问题和工程性缺水仍然存在；人类活动影响自然水系的完整性和连通性、水库遭受过度养殖、河湖生态需水严重不足；涉水事件、水事纠纷增多；这些水安全问题严重威胁了人民的生命健康，也影响区域稳定。

党和政府高度重视水安全问题。2014年4月，习近平总书记发表了关于保障水安全的重要讲话，讲话站在党和国家事业发展全局的战略高度，深刻分析了当前我国水安全新老问题交织的严峻形势，系统阐释了保障国家水安全的总体要求，明确提出了新时期治水思路，为我国强化水治理、保障水安全指明了方向。

他山之石，可以攻玉。欧美发达国家在水安全管理、保障饮用水安全上积累了丰富的经验,对突发性饮用水污染事件有相对成熟的应对机制,值得我国借鉴与学习。为学习和推广全球在水安全方面的研究成果和先进理念,长江水利委员会长江科学院与长江出版社组织翻译编辑出版《全球水安全研究译丛》,本套丛书选取全球关于水安全研究的最前沿学术著作和国际学术组织研究成果汇编等翻译而成,共10册,分别为:①水与人类的未来:重新审视水安全;②水安全:水—食物—能源—气候的关系;③与水共生:动态世界中的水质目标;④变化世界中的水资源;⑤水资源:共享共责;⑥工程师、规划者与管理者饮用水安全读本;⑦全球地下水概况;⑧环境流:新千年拯救河流的新手段;⑨植物修复:水生植物在环境净化中的作用;⑩气候变化对淡水生态系统的影响。丛书力求从多角度解析目前存在的水安全问题以及解决之道,从而为推动我国水安全的研究提供有益借鉴。

本套丛书的译者主要为相关专业领域的研究人员,分别来自长江科学院流域水环境研究所、长江科学院生态修复技术中心、长江科学院土工研究所、长江勘测规划设计研究院以及深圳市环境科学研究院国家环境保护饮用水水源地管理技术重点实验室。

本套丛书入选了"十三五"国家重点出版物出版规划,丛书的出版得到了湖北省学术著作出版专项资金资助,在此特致谢忱。

该套丛书可供水利、环境等行业管理部门、研究单位、设计单位以及高等院校参考。

由于时间仓促,译者水平有限,文中谬误之处在所难免,敬请读者不吝指正。

《全球水安全研究译丛》编委会

2017年10月22日

译者序

本书是由古尔本基安基金会组织水资源领域的优秀专家撰写,从多学科和不同利益相关者角度介绍了水资源和各种影响因素之间的相互关系,最后阐述了人类一定能够通过自己的技术和经济手段提高生活水平,保障水资源的可持续利用和人类未来的可持续发展。

本书分为9章内容。第1章介绍了水资源管理面临多重问题包括气候变化、人口快速增长、全球化和城市化等,阐述了人类必须在水资源危机成为现实前,寻找到保护水资源途径。第2章讨论了水资源的主要驱动力变化及其在水资源供需中的应用。第3章从未来不确定性角度阐述了气候变化以及与水资源管理的关系,并介绍了气候变化的研究方法;第4章介绍了水环境承受的各种人为压力,以及由此带来的不可逆的后果;第5章讲述了世界人口增长及城市化发展趋势,并指出提供安全饮用水是城市正常运转和实现宜居的基础之一,采取水资源综合管理模式有助于降低城市运行成本。第6章讨论了人类在粮食安全方面遇到的挑战及气候变化对粮食供应的影响。第7章主要阐述了水资源和能源之间相互依存、相互依赖的关系。第8章主要介绍了水资源预测方案的发展历史,并通过分析提出了实现未来可持续发展的积极的水资源预测方案。第9章总结了水资源管理面临的各种问题和挑战,并分析了气候变化和水资源的关系,从集体和个人角度提出实现水资源可持续发展的有效途径。

本书的作者是各国的水资源、水文学、水利工程、气候变化等研究领域的著名专家学者,包括:Benedito Braga(巴西,圣保罗大学土木与环境工程学院,教授,国际水理事会主席)、Colin Chartres(澳大利亚,国际水资源管理研究所前总干事)、William J.Cosgrove(美国,国际应用系统分析研究所,水计划主席)、Luis Veiga da Cunha(葡萄牙,里斯本诺瓦大学环境科学与工程系,教授)、Peter H.Gleick(美国,奥克兰太平洋研究所创始人之一,首席科学家)、Pavel Kabat(荷兰，国际应用系统分析研究所，总干事兼首席执行官）、Mohamed Ait Kadi（摩洛哥，摩洛哥农业发展总理事会主席）、Daniel P. Loucks（美国，康莱尔大学教授，美国工程院院士）、Jan Lundqvist（瑞典，斯德哥尔摩国际水资源研究所，科学计划委员会理事）、Sunita Narain（印度，印度科学与环境研究中心，总干事）和夏军（中国，武汉大学水安全研究院院长，中国科学院院士）。

本书由长江水利委员会长江科学院流域水环境所吴敏和曹小欢共同翻译。吴敏，博士（后），高级工程师，从事水资源保护和水环境治理相关领域研究工作，负责本书的第一章至第六章的翻译工作；曹小欢，硕士，工程师，从事水环境保护和水文水资源相关领域研究工作，负责本书的第七章至第九章的翻译工作。由于涉及水资源、气象、环境、生态、农业和数值模拟等，译者对部分领域研究认识水平有限，译著中不妥之处在所难免，敬请广大读者批评指正。

本书还得到科技部科研院所技术开发研究专项资金项目“封闭水域大型移动式水质净化系统开发与应用”（项目编号：2012EG136134）资助，在此表示感谢。

译者

2016年5月

前言

到2050年，水资源短缺以及工业、农业与日常生活中水资源不合理使用将是人类面临的一个重要挑战，由古尔本基安基金会组织，汇集了水资源领域的优秀专家编著，本书将我们这个星球上面临最严重的问题清晰明了地展现给读者。作者们从多学科和不同利益相关者角度阐明了水和各种影响因素之间的关系，最后指出，人类一定能够通过自己的技术和经济资源提高生活福祉。本书号召各国科学家、政治家和广大地球居民一起携手积极应对水资源问题。

本书能够启发读者去改变我们日常生活中一些不合理利用水资源的方式，更能够让我们去改变一些在使用食物、能源、服务等与水资源相关的事物过程中的不良习惯，还能提供合理使用水资源、能源以及服务的良好建议。

一则关于水和人类未来的信息

人口、技术和经济发展趋势加快了人类调整和改造居住环境的能力。世界各经济单元的增长，包括农业和城市中心，正悄然改变着地球的面貌，同时也带动了水和其他资源驱动的物流和服务成倍增长。在最近几十年，人类为获得个人或公共的物品，开发和管理自然资源的能力呈指数增长。然而，过去我们很多有关自然资源利用、管理的短视决定已经引发了或者正在引发危机，如河流被人为切断、水质恶化、地下水水位下降、自然生态系统恶化及提供的服务品质下降等多种形式呈现出来。另外，全球气候变化，包括气候变暖和变异性大，正加速水文循环过程，导致水资源在空间和时间上具有不可预测性。如果上述经济和社会发展趋势持续下去的话，就会出现赢家和输家。

作为地球上最主要和最有活力的物种，人类有机会和能力矫正集体行为带来的不良后果。我们采用先进的技术和雄厚的经济实力来提高人类的幸福指数，并合理管理自然资源。如果我们任由以前的发展模式继续，会给地球带来隐形的风险和难以预期的损害，尤其是对水资源。我们对环境中受损伤的生命支持系统进行零星的后修复是不够的。事实上，在这个由人类主宰地球的时代，人类可以决定星球的命运，也是唯一能调整自己行为、并可促进人与水以及其他资源和谐的生物，为我们自身健康、经济和社会发展提供保障。

本书的作者们试图为人类未来寻找一种理想的、可持续的发展模式，既充满了巨大的机遇，也有诸多限制、不稳定性和脆弱性。相比于生产力来说，水和其他资源的利用效率仍很低，未来有很多阻力需要去克服。我们相信未来：即使在没有消耗大量资源和环境恶化的前提下，人类的幸福感仍会持续上升。

目录
Contents

第1章

我们的水资源，我们的未来

水是我们星球独一无二的资源。目前水资源管理面临着多重压力和挑战，外部因素包括气候变化、人口快速增长、社会和经济持续发展、全球化和城市化等正悄然改变着我们的世界，一些人认为在不久的将来会出现水资源危机。我们必须调整与环境相处的方式，不影响子孙后代的发展，保证足够的水资源满足人类需要。因此，必须在水资源危机变成现实和不可恢复前采取行动，寻找到保护水资源和人类未来可持续发展的途径。总之，地球的可持续性主要依赖于我们当前的生活以及与其相处的方式。我们生活在这个星球上，有能力影响淡水资源和人类的未来。

1.1 思考未来

审思过去，把握现在，展望未来，我们对“我们是谁？我们去哪？及为什么？”需要做全面的思考。预测未来是人类历史时期所独有的，它的难度比较大，未来如何一定程度上取决于我们当前的生活方式。由于环境和社会正面临越来越大的压力，思考未来是非常有必要的。很多迹象显示我们正深陷越来越多的麻烦中。用更积极的态度去守卫我们的家园，而不是等待各种危机发生时被动面对、调整和适应。由于准确预测未来不太现实，我们思考未来时须遵循下面两个原则：首先，我们想为自己和后代创造一个什么样的未来；第二，为了理想的未来，我们必须决定采取什么样的行动。

掌握世界当今现状和未来变革需要多学科交叉的知识，需要理解每一种变革的驱动力。纵观人类社会发展史，气候和天气因素是人类无力掌控的，但科学和技术的发展有助于我们适应环境的变化，如依靠化石燃料的燃烧和土地利用方式的调整。我们目睹了人类活动给气候变化带来的影响，但同时科技发展也给我们提供了改造世界的新知识和新工具。目前，能否利用新知识和新技术来减缓或者适应气候变化是我们最关注的问题。

水资源密切参与地球系统物理、化学和生物的循环过程，并且与人类社会和经济发展息息相关，水在地球循环过程和人类发展活动中起着重要作用，因此，与人类的未来有着千丝万缕的联系。

1.2 发展、环境和水

二战以来，世界很多方面都在加速发展。积极的方面包括：科学技术迅速发展；生产力、货物和服务供应能力显著提升；政治和社会环境良性发展；人类的生活水平、身体素质以及其他方面均有显著的提高。数以亿计的人都能切身感受到积极的变化。

在全球化进程背景下，人类社会以前所未有的速度爆发性发展。如今人类对地球的冲击比任何地质年代或自然力量更为强有力，这种变化尺度及速度被史蒂芬等人称为"大加速(great acceleration)"(见专栏 1.1)。"大加速"的驱动力组成了一个相互关联的系统，包括人口和消费需求的增长、廉价易得的能源和自由宽松的政治环境。在"大加速"的核心和黄金年代，即 20 世纪 60 年代，当时观点普遍认为科学技术能解决地球上所有的问题。但是，到了 70 年代后，就集中出现了一些难以解决的新问题，比如 1973 年的石油污染危机，导致了土壤、河流和海洋的污染，以及国家间军备竞赛等。1992 年里约峰会从全球尺度上提出了"生态"概念。

20 世纪 90 年代早期，冷战的结束给我们带来积极的信号——民主制度胜利了，凡事变得容易些。此外，石油价格的反弹终结了廉价石油的时代。事实上，自工业革命以来，两个世纪的低油价拉动了整个西方社会的经济发展。

20 世纪 80 年代末，世界环境与发展委员会发表的布伦特兰报告中介绍了"可持续发展"的新概念，成为学术界、政界和普通公民的流行口号。但是，具体实施"可持续发展"理念具有挑战性，部分原因是定义和选择合适的标准难度比较大。西方国家繁荣发展的时代似乎已经结束了，取而代之的是昂贵的石油、变化的气候、灾难性的污染、生物多样性的锐减和自然资源的严重匮乏。水资源问题尤其需要关注，它与人类社会、生态系统以及社会经济的发展密切相关。

2008 年金融危机和经济危机爆发后，处理经济危机的难度增大，致使人们意识到环境问题的核心是社会和经济的可持续性的发展 (Sachs，2008)，需要转变传统的发展模式，其中涉及了人类行为和生活方式的根本性改变。但是，仍有很多人坚持认为只要经济发展稳定了，就可以为处理社会问题和环境问题创造更为适宜的条件，一切都会回到正常的轨道上来。也有人认为，深化改革是保证全球经济和金融系统有效运行的唯一途径，并且深化改革的关键不在于对社会和环境的全球变革，而是谋划和实施合适的经济政策。

专栏1.1 大加速时代

人类社会在第二次世界大战结束后进入急速发展阶段。20世纪末人口超过了60亿,仅50年人口数量增加了1倍,而全球经济增长超过了15倍。自1960年开始石油消耗量增长了3.5倍,从战争结束到1996年机动车数量从4000万辆增长至接近7000万辆。从1950年到2000年,世界城镇人口比例从30%上升到50%,并仍持续快速增长。由于电子通信、国际旅游、全球经济一体化,加强了文化交流。

因人类社会快速发展产生的全球环境压力正急剧上涨。在过去50年,人类改变世界生态系统的速度和幅度比人类任何历史时期都大,地球正处在第六次大灭绝中,陆地和海洋生态系统中的物种消失速度加快,大气中几种重要的温室气体浓度大幅增加,地球快速变暖。越来越多的氮素通过肥料生产和化石燃料燃烧从稳定的气态转化成活泼态的形态,超过了陆地生态系统和海洋生态系统所有的自然生态过程产生的总和。

世界大战和萧条期的经验教训催生了新兴的国际机构,协助创造恢复经济增长的条件。从1950年到1973年,美国主导的更为开放的贸易和资本流动,大大促进了世界经济的复苏,使经济发展速度达到最高水平。同时,技术变革节奏飞快。第二次世界大战产生了一批新技术(其中包括很多化石燃料的技术应用),以及在政府部门、工业企业和大学之间缔结的资助研究和发展的协议。上述措施实施后非常有效,气候研究欣欣向荣,保证了科学和技术前所未有的资金和人力的投入,取得了突破性进展。

大加速发生在知识、文化、政治和法律环境对地球系统产生日益显著影响的时代,取代了世界各机构在会议室、实验室、农场和其他条件作出的决策影响。环境影响不是新出现的,但是成为大加速时代的必要前提条件。

采用空气中二氧化碳浓度作为代表性指标,人类活动对地球系统的影响呈指数关系是大加速时代的特征。虽然第二次世界大战期间二氧化碳浓度显著上升,并已明显高于全新世的上限浓度,但其增速在1950年左右达到峰值。由人类活动驱动引起的二氧化碳约3/4的增长量发生在1950年后(大约从310ppm上升至380ppm),以及大约一半二氧化碳的增长量是刚过去的30年里产生的。

引自:Steffen等,2007。

200多年前开始的工业革命至今,人类文明达到了前所未有的高度,它的主要驱动力是技术、农业、城市化、交通和工业的进步,以及相应的人口数量和人均需求的增长,促进了以水为原料的密集型产品和服务的消费,这种发展模式如今看来不可持续了。气候变化加剧了资源的不可持续性,很多自然资源的消耗或损害速度远远赶不上其更新或恢复速

度。事实上，自然资源正逐步被消耗殆尽，给人类未来的生存和发展带来风险。我们正在失去对人类行为后果产生的反馈机制的控制，气候变化就是一个很好的例证。在过去短短两个世纪里，人类已经将相当一部分的数百万年沉积在地球上的碳氢化合物以气体和能量的形式从地层转移到空气中。20世纪末，已有迹象表明在风险阈值不提高和全球突变因素存在条件下，“大加速”的模式难以继续，必须寻找到新的替代能源。穷人与富人间的贫富差距不断增加，而现代的信息传播手段使越来越多的穷人意识到这种差距，因而全球范围内都有增加物质需求的意愿，这一爆发性需求增长将呈指数型。因二氧化碳的增加，气候变得更加敏感，比之前预想的严重。全球环境将面临急剧的和不可逆的改变，这很可能对自然资源产生不利影响，尤其是水资源。

1.3 人类世和水资源

2000年，美国生物学家 Eugene Stoermer，以及荷兰地球化学家、诺贝尔奖得主 Paul Crutzen，考虑到人类活动对地球系统有显著和全面的影响，认为强调人类在地质和生态过程中的重要作用更为合理。他们建议用“人类世(anthropocene)”这个词来定义当今地质年代。

Crutzen 认为在过去的两个世纪中，人类对地球环境的影响加大了。由于人类排放的二氧化碳导致气候变化明显偏离了几千万年的自然过程。用“人类世”来定义当今地质年代较为准确，由人类主宰着地球很多方面的地质年代，是对过去 11700 年气候保持稳定的全新世(holocene)地质年代的延续。

人类世是地球系统的一种动态状态，由地球环境的变化来表征，可显著地区别于全新世地质年代，且它以地质年代为单位的变化速率脱离全新世(Steffen 等，2011)。

过去采用化石或者文物来区分地质年代，但现在地质年代的区分可能与人类改造地球程度有关。城市甚至可以被看作是一种区分地质年代的“特殊化石”(The Economist, 2011)。因而，城市发展的强大动力，也被称为“城市文明”，在全球尺度上产生一些与当今世界发展轨迹相关的人工建筑物。

新的地质时代需要由国际地质大会做出官方定义。与此同时，已经成立人类世地质年代工作组，在国际地层委员会框架下讨论在地质年代尺度上形成人类世的议题(Zalasiewicz 等，2011)，世界地质管理机构即国际地质科学联合会可能需要几年甚至十几年来正式命名新的地质年代。

虽然人类世地质年代没有得到官方的正式确认，但人类已经明显生活在气候、地球物理、水动力等过程受到人类活动影响的世界。气候变化、温室气体以及大尺度生物圈变化，表明人类已进入到与第四纪冰期完全不同的新的地质年代。人类活动胁迫下的物种灭绝和迁移,农作物取代自然植被,正改变着生物圈原有的自然规律。因此,物种进化也将会出现新方向。

简单地说,人类不仅是自然界最大的捕食者和消费者,也是地球物理变化的主要驱动因子,与其他的自然驱动力,如火山和地震作用类似(Williams 等,2011)。人口增长仅是驱动力之一,另外一方面,人类积累的财富越来越多,所消耗的资源也呈指数增长。总之,我们正逐渐成为地球变化的主要驱动力,改变着自然界的原有平衡。正如 Steffen 所陈述的,"人类是地球上第一代具备用自己行为影响地球系统的生物,因此,也是有能力和责任去改变我们与地球的关系的第一代生物。"

Crutzen 指出,通过测定极地冰中的空气可以了解地球上二氧化碳和甲烷浓度的演化情况,从而可以确认"人类世"始于 18 世纪后半叶。

我们的星球再也回不到从前,地球面临着难以预测的风险:人类作为外来物种,人口增长已经影响到大气圈的物质转化,导致生物圈贫瘠,改变岩石圈,并在很大程度上改变了水圈。

事实上,水资源已经成为人类世地质年代的中心议题。目前,对水资源的关注不仅包括淡水资源的转化,也包括海水转化,它影响了陆地上的淡水资源循环。特别值得关注的是,气候变化影响水量(可利用量和需求量)和水质,以及引起海平面上升,对内陆地表水域、河口和沿海水域均产生不可忽视的影响。此外,气候变化影响了降雨模式和极端天气降雨频率包括洪涝和干旱发生的概率更为频繁(IPCC,2007)。

淡水是一种有限的、但能再生的资源。水安全越来越受到人类活动的威胁。人类污染了河流、湖泊和地下水,与此同时,由于人口增加和居民生活水平的提高,水资源的需求量却在不断增加。另外,气候变化和洪灾区扩张,增加了与水资源相关的灾害发生频率和影响程度。据世界卫生组织统计,20 世纪 90 年代大约有 20 亿人是自然灾难的受害者,约 85%与洪涝和旱灾有关。

新世纪的挑战很多,诸如资源匮乏、金融不稳定、国家内部和国家间的不平等、环境恶化等,种种迹象表明现有发展模式不可持续。人类正进入到与以往的地球有质和量区别的新阶段。即将到来的人类世地质年代,气温更高,冰川面积萎缩,更多的海洋和更少的陆地,降雨模式改变,人工化了的河流,过度开采了的地下水,以及匮乏的水生生态系统、生物圈、人工景观等。

目前发展的驱动力已经打破了地球的循环,与水资源相关的问题将会极大影响地球的管理,我们必须尽快找到有效管理地球的途径。

1.4　日益严重的水危机

过去几十年,尤其20世纪50年代以来,全球水资源消耗量的增长速度是人口增长速度的两倍多(见图1.1和图1.2)。水资源消耗量增加、人口增长和GDP增长的不确定性导致世界上越来越多的地区发展受制于水资源。如果不调整目前的水资源利用模式,水资源将无法永续利用。

当前水资源供需压力正发生着改变。需水压力包括人口增长和居民生活水平提高,以及城市用水、家庭用水和工业用水等的增长;气候变化导致了农业、水库、补给水、改善下游河道水质以及冷却等用水量的增加。供水方面也存在诸多问题,如水资源的运输、水资源的可利用性,以及可再生水资源和难再生地下水水资源的水质恶化等。上述出现的种种问题表明水资源利用正朝着与可持续完全相反的趋势发展,问题交织在一起,产生了现如今的"供水危机",如图1.1所示。生态系统的压力,以及经济和政治冲突,只会加剧"供水危机"。

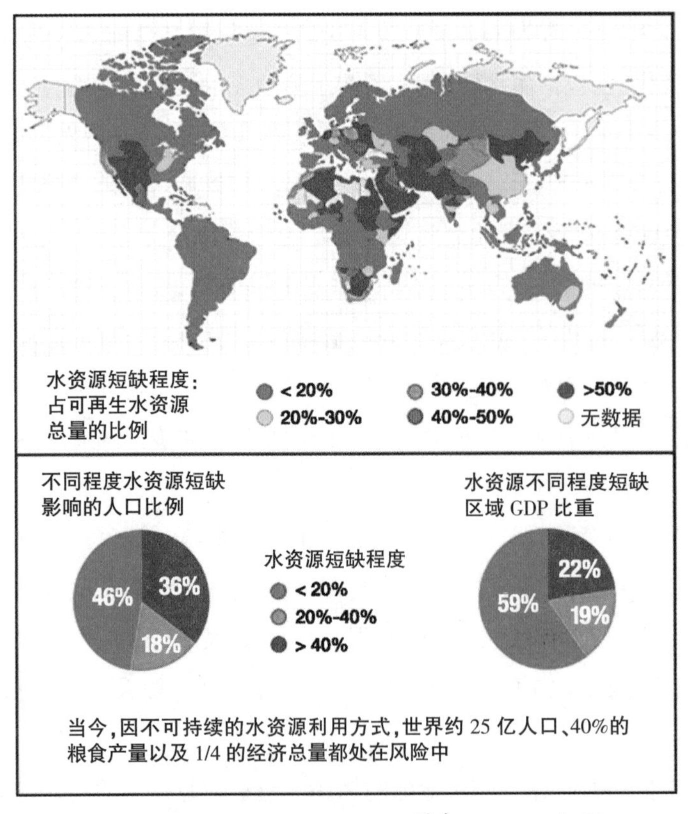

引自:www.growingblue.com

图1.1　当前的水资源供给、管理、利用政策和措施条件下水资源短缺状况

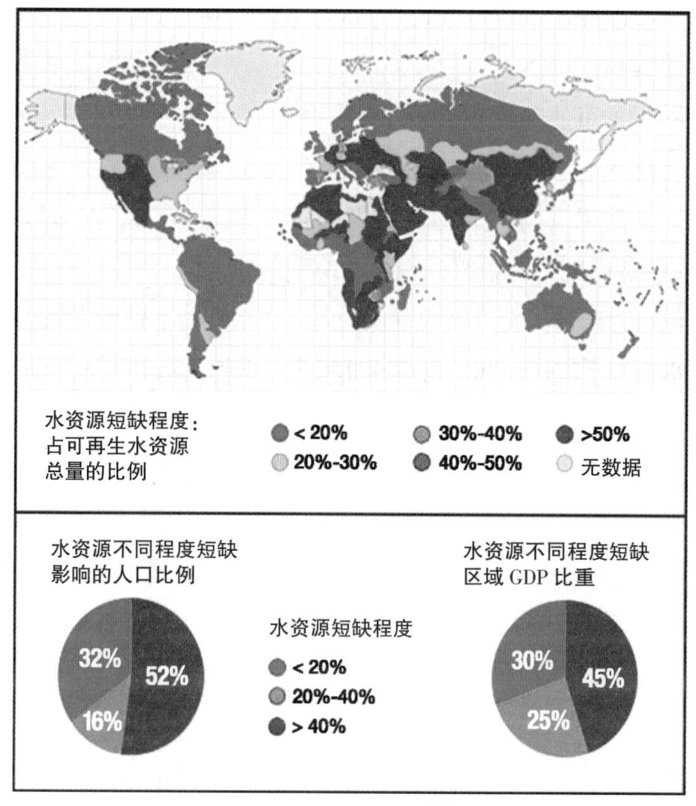

引自:www.growingblue.com

图 1.2　2050 年全球水资源短缺状况预测:采用当前水资源管理模式和利用趋势推算

由于人口增长和经济发展,目前世界上很多地区已经出现了供水危机,25 亿人(约为世界人口的 36%)生活在水资源匮乏的地区,全球 22%的 GDP 由这些缺水地区贡献,水资源缺乏引起的竞争,影响了产品产量和质量,以及企业的声誉。不同国家人均用水量差异很大,发达国家人均每天消耗 200L 的水,而美国人均用水量还高于这个值。国际上认为满足生活基本需求的用水量是人均每天 150L(Gleick,1996)。间接用水量更高,从人均每天小于 3000L 到大于 5000L 不等,间接用水量由很多因素决定,特别是生产不同的食物消耗的水量存在差异。到 2050 年,人口比现在多出 20 亿~25 亿,为了满足增长人口的营养需求,必须考虑到生产产品尤其是食物的间接用水量。

地球系统由 4 个关键要素构成:水、能源、食物和气候,它们之间相互联系、交叉和作用。例如,食物生产过程包括农作物生长、运输、加工和交易等过程都需要大量的水资源和能源,而燃烧化石燃料供给能源和垦地烧荒都可能改变气候系统。食物生产、农业和水资源有千丝万缕的联系,我们对农业部门的水资源综合管理进行了全面的分析(IWMI,2007),结果显示按照传统种植模式未来农业耗水量增长接近 2 倍,从 7000km^3 增长到 13000km^3,而增加的水资源量从哪里获取还不确定。上述提到水、能源、食品和气候之间的联系和作用从根本上改变了水资源的自然循环过程，并进一步影响了气候变化，给地球上的所有生物带来了麻烦。

水和食物需求增加可能导致政治和社会不稳定、地区冲突以及不可逆的环境破坏。如果一项政策仅仅关注水—食物—能源系统中的子单元，而不考虑它们之间的联系，可能会带来难以预期的严重后果。综合考虑水—食物—能源系统，确保了本部门决策全面吸收了其他部门的意见，使部门间的利益得到权衡和协调。

水资源越来越成为未来优先考虑的重点。第三届联合国水资源发展报告(UN WWAP, 2009)提出警告，水资源不均衡性和不可持续性将在未来导致极其严重的后果。水资源管理落后将经济的发展和安全置于危险境地，这就是为什么在全球能源危机后，人们又开始较多关注和讨论常被忽视的水资源危机。能源与水资源的关系，经常被片面地认为是水资源的利用对能源消耗的影响。然而，人们正逐渐重视能源生产过程中消耗的水资源，此外还应注意到，生物能源的发展也需依靠农业耕种等，与粮食生产竞争有限的水资源，造成极大的水资源消耗。因此，水、食物与能源系统之间存在着重要关系(Hoff，2011；WEFWI，2011)。

人口增长、经济发展、城市化以及气候变化等因素增加了供水压力。然而，由于发达国家和发展中国家的情况不同，应予以区别考虑。在很多发达国家，技术的发展和对水资源问题的重视，水资源利用效率相对较高，与几十年前相比，他们的经济活动不再受制于水资源。而发展中国家仍处在水资源的利用量随着人口增长、经济发展呈线性增加的阶段。发展中国家不适宜的土地利用方式和受气候变化的影响，以及为提供食物、就业机会而增加的农业和畜牧业的用水量，会导致水资源用量持续增长。

提高水资源利用效率可以产生巨大的效益。生活用水和工业用水效率可通过当前和未来技术发展来提高，农业用水效率仍有显著的提升空间。但是，农业上由蒸发损失的水资源量也不可忽视，农业及其相关产业的平均用水量占到全球总用水量的70%，很多中低收入国家这一比例甚至超过了80%。气候变化、人口增长和经济发展进一步拉低了水资源利用率。我们必须采取措施缓解气候变化或者通过科学和技术的发展来遏制这些压力的继续增长的势头，但目前上述措施还难以广泛推行。近几年农业领域的节水技术已经在全球范围内进行推广，实质性改进了食物供应链上的用水效率，或许能满足40年后增加的35%人口的用水需求。然而，新兴发展国家致力于提高国民的生活水平，未来供水压力可能会持续增大。

1.5 保持繁荣和节约用水

繁荣是一个国家呈现事务顺利发展、成功、朝气和蓬勃的状态，繁荣定义往往过分强调了财富，其实它还应包含其他因素如与财富相关的幸福和健康(Jackson，2011)。繁荣通常用人均 GDP 来衡量，对于世界上最贫穷的人口来说，人均 GDP 衡量较为准确。但是，人均 GDP 指标不适用于相对富裕的国家。正如 Jackson 所阐述的，财富积累超过一定的界限，继续追求经济增长不是最优先的选择，反而可能会降低居民幸福感。良性社会必须在保持经济繁荣发展的同时，控制好生态环境质量。

最近几十年我们专注的经济发展模式与地球资源量是相悖的，包括水资源。Gleick 和 Palaniappan(2010)定义了“水资源峰值(peak water)”，与“石油峰值(peak oil)”类似，水资源越来越匮乏，严重限制了它的可利用性。如深层地下水是不可再生资源，它的可利用量和石油资源一样存在着极值。另一个概念是可再生水限值，人类能利用自然系统中所有的再生水资源，因此，即使将水资源全部作为可再生资源，它的可利用量也存在限值。事实上，由水文循环提供的水资源量只占其中部分比例，而由人口和 GDP 增长引起的水资源利用量的增加，使这种供需矛盾越来越难以解决。

国际组织重视水资源问题的缓慢过程从侧面印证了人类处理未来水资源问题有一定难度，尤其站在全球的角度。20 多年前，1992 年里约热内卢召开的联合国环境和发展大会发表的最终宣言很少提及水资源。1998 年以后，水资源逐渐被认为是可持续发展的限制性因素，联合国可持续发展部门采纳了“淡水资源管理的战略决策(strategic approaches to freshwater management)”文件。未来全球、地区和区域尺度上与水资源相关问题变得更为复杂，水资源分配也更为不公平。

水资源已经成为人类社会发展的瓶颈，不可避免地成为寻求社会进步、技术创新和经济发展的催化剂。采取行之有效的措施后，复杂的水资源系统能够自行调整适应来自于人类的压力。但是，水资源系统也存在着很脆弱的一面，表现为水生生态系统对供水系统的变化反应迟滞，或者水资源系统压力存在临界值，或者水资源系统难以快速从稳定状态切换到不稳定状态，水资源系统平衡一旦被打破就难以恢复。目前经济急速发展的背景下，生态系统的自我调节能力被削弱了，引起这种变化包括诸多因素如农业发展、工业化、城市化、气候变化等，使水资源和生态系统的管理难度增大。由于上述问题的存在，获得优质的水资源的难度越来越大，进而限制了人类未来的幸福指数以及改善水环境的能力。水资源在维持有限的繁荣中起着很重要的作用。我们需要协调平衡好生活的无限欲望和有限的可再生资源之间的矛盾。

200 多年前发表的马尔萨斯人口理论已经被反复讨论过，其中大部分观点被认为是错误的，可能仅仅是因为他预测错了时机，没有正确预见到科学和技术快速发展。但马尔萨斯很有远见地预见到了人类现在面临的困境，人口快速增长给地球上的有限资源带来了巨大压力。

20世纪70年代早期，罗马俱乐部科学家首次提出了“生态限制性因子”的概念(Meadows等,1972),报告分析了限制生物生长的因子是匮乏和退化的自然环境。尽管当时有关自然资源现存量和消耗量的可用数据很少,但还是产生了研究报告,事实证明他们的预测是准确的。该报告还预测了如果不采取行动限制物质和材料的过快消耗,第三个千年的最初几十年资源非常稀缺。

1.6 未来重要的水议题

如果人类以目前快速的节奏发展，以缓慢的节奏解决复杂的环境问题包括水资源问题,那么挑战迫在眉睫。无论是制定管理政策,还是改善基础设施,都需要花费几年(不是几个星期或几个月)甚至是几十年来实施完成。

如果继续目前的发展和行为模式，到2050年全球52%的人口以及接近一半的粮食生产因为水资源紧缺而处在极大风险中。另外,如图1.2所示,到2050年,水资源匮乏地区GDP总量的45%(目前全球经济的1.5倍)处在风险中(IFPRI,2012)。

可以预见,未来几十年内水资源短缺会影响到全球2/3的人口。在很多国家,应对水资源紧张局势仍是增加水资源供给量，如新建基础设施分配和增加地表水和地下水的储存量,海水和苦咸水的淡化,废水的回收利用和含水层的补给。此外,增加水资源供给途径和减少水资源的需求量,如杜绝水资源运输和分配过程中的损失、实施税收政策降低水资源的需求量和发展节水技术等,提高生活、工业和灌溉用水效率,即增加单位水资源的生产力。通过间接控制与水资源相关的事项能降低用水需求,这也是相当重要的,例如控制人口增长,提高产品(尤其是食品)生产和供应过程中用水效率,提升土地利用规划的精准性,实施减缓和调整措施来应对气候变化给水资源带来的影响等。

水资源管理日益复杂,给管理者提出了新的挑战,未来水资源管理者不仅需要熟悉多个专业领域,还要和专家、用水户打交道。水资源管理机构和管理者需要有技术、经济、社会、金融和环境等方面充分的专业知识背景,能与水资源管理专业领域的专家直接对话。此外,他们还需具备与官员打交道的能力,理解和领会政客的短期政策意图,积极与政客们斡旋,从而出台长期的可持续发展水资源政策。

由于上述提到的种种变化，地处同一流域的不同国家开始重新审视各自的水资源管理政策,满足可持续性的水资源的需求,保证水资源供需平衡,保障地下水和地表水的良性循环。管理跨境河流需特殊对待,水资源很大程度上是一种跨境资源,对其管理时需综合考虑河流流经的不同国家的政治和利益诉求。

综合考虑可持续发展模式下未来社会和生态系统，提高水资源和水生生态系统的管理能力将成为未来的重大挑战。

1.7　水资源和全球化

近年来，全球化促进了国际货物、服务贸易新规则和新秩序的产生，跨国公司的影响力不断增加。全球化的贸易拓宽了消费者、政府和环境的涵义。

水资源与全球化相互联系主要体现在两个方面，第一，经济全球化带来的全新的水资源管理模式。世界经济一体化发展，超越了传统贸易的边界，对水资源产生了负面影响，尤其是水质污染和水环境质量退化。第二，水资源作为产品参与全球贸易，即它也是贸易对象之一。自然资源如石油、天然气、木材、农产品和水产品等，一直在国际市场上流通，不会成为政治议题。但是，涉及水资源的出口和进口时，就会带来一系列的问题。和很多自然资源交易模式不同的是，水资源的运输成本远远高于其经济价值，居民对水资源所有权交易以及水资源商品化持反对意见。Gleick、Hoekstra 和 Chapagain 等，以及其他学者广泛深入讨论了水资源及其全球化问题。

国际上的某些资源贸易如农产品、石油和水产品等，都需不同程度的加工，其他资源如原油和木材，加工程度相对较小。由于运输成本过高，水资源难以进行国际贸易。在国际贸易案例中，水资源通常作为高附加值产品。例如，瓶装水附加了其他价值后，可以进行跨国交易。国际上涉及水资源转化的项目经常颇受关注，争议很大。但是，流经不同国家间的天然河流，水资源交易通常并非通过贸易手段，而是由政治协商决定，其结果是让双方都能无任何争议地接受。在实际操作中，只有很小一部分的远距离原水(raw water)贸易能达成，原水的国际贸易采用管道、水渠，或者大容器、塑料袋等进行装载，然后由船来运输。拖曳塑料袋包裹的极地冰山的建议，已经被提到议事日程，但未成功实施过。上述水资源运输手段成本高昂，只能在其他措施如海水淡化等不可行的地区实施。所有成本高昂的供水只为满足高附加值的工业和生活用水需要，而不是用于其他用途如食品生产。

未来全球范围内，跨区域和地区的水资源项目会日益复杂，水资源获取能力变得不公平。水资源将成为社会发展的关键因素和新问题，我们鼓励社会、技术和管理等领域水资源管理的革新。

1.8　变化环境下的水资源管理

经济高效、公正平等以及可持续的水资源利用模式，需通过良好的管理才能得以实现。水资源管理效率的概念逐渐被重视起来，而关于水资源管理的议事议程范围也在扩大，包括考虑民主化进程、腐败、贫穷和富裕国家之间、富人和穷人之间的差异。

2000年海牙举办了第二届世界水资源论坛，首次提出了水资源管理的概念。但是，大会宣言提到的“良好的水资源管理”概念界定范围比较窄，只涉及了公众利益和相关方利益。一年后的波恩淡水会议上，提出的水资源管理概念包含了制度改革、法律框架、机会公平等综合内容。自此，“水资源管理”明确地成为了水资源领域的专业词汇。2003年全球水伙伴组织提出了水资源管理的定义：“在不同的领域包括政治、社会、经济和行政范围内发展、管理和运输水资源的服务(Rogers 和 Hall，2003)。”专栏1.2中给出了水资源管理具体概述，经合组织同样也提出了这一概念(2011)。

专栏1.2　　水资源管理概念总结

管理的概念被广泛用于政府部门、国际组织、私人企业、社会组织、慈善机构、援助机构，但它的定义却各不相同。它最初被用于定义政府部门的管理，但随后超出政府层面涵盖了各种官方和非官方的机构(Kaufmann 等，2006)。公共管理现在泛指权利和权威，以及政府管理事务。它包含了机构、公民、团体表达自己的利益、行使自己的权利和义务过程中，所涉及的机制、过程和关系。

管理概念有时候可以互换使用，但水资源行政管理应与水资源管理区分开来。水资源行政管理是指官方机构(法律和官方政策)、非官方机构(权利关系和实践)的组织结构和工作效率。水资源管理包含了为达到特定目标而进行的业务活动，例如调整水资源和水资源供应、消费和回收利用等。制度和政策框架包括提高透明度、问责以及协调机制等，上述是水资源行政管理的有效方面。构建输水设施或改善水质的服务都是水资源管理的组成部分。尽管关于水资源管理已经有大量的文献论述，其与水资源行政管理一致的地方是“做正确的事情”。

水资源管理包括了多个方面，例如经济管理、企业管理、国际管理、区域管理、国家管理和地方管理等(Dixit，2009)。管理水资源及提供相关服务的主要原则是共赢。它们已经以多种形式被组合在不同框架内，并总结了管理的某些共性方面(Lockwood 等，2008)：

- 该组织执政权力的合法性；
- 决策制定过程的公开性；
- 管理人员的问责制度以及他们的职责，包括诚信度；
- 不同利益相关方的参与度；
- 服务和分配的公平性；
- 制定横向和纵向的水资源管理综合政策；
- 组织和个人管理水资源的能力水平；
- 对环境变化的适应性。

引自：OECD，2011。

水资源管理明确了谁可以得到水资源，从哪获得水资源，何时和通过什么样途径得到水资源等，以及谁有权利得到与水资源相关的服务。水资源危机多是由于管理不当导致，并不是事实上的缺水。Rogers 和 Hall 是这样定义“管理”的，“管理涉及广泛的社会体系，涵盖但不局限于狭义的政府作为主要决策者的管理”。水资源管理，作为社会管理体系的一部分，是普通的政治管理事务之一，经常受水资源管理机构以外部门的决策影响。政府管理是水资源管理中非常重要的部分，水资源管理政策制定时需综合多方利益诉求（UNWWAP，2009）。

全球水资源管理不仅引起了自然科学家和工程师的关注，还引起了社会科学家的兴趣。怎样高效管理水资源涉及很多的课题，而这些课题正成为很多学者的研究范畴。“提升水资源、土地资源和其他相关资源协调发展的管理模式，在不损坏生态系统的可持续发展前提下，以公平的方式实现经济利益和社会福利最大化（GWP，2000）”。这是水资源综合管理的本质，实施水资源综合管理非常重要。以往的水资源管理集中在个别部门，与之相关的其他部门间缺乏协调。水资源综合管理聚焦自然系统（影响水资源的质和量）和人类社会（影响水资源的使用，污染废水的产生以及经济优先发展等）之间的相互作用。然而，经合组织（2011）意识到即使很多国家采纳了水资源综合管理政策，但由于未考虑更详细的管理框架，不能正确加以施行。水资源综合管理不仅包括可持续的水资源政策，还包括管理、教育和科学技术，以及信息交流和公众参与等问题。

UNWWAP 定义水资源管理由 4 个不同维度（dimensions）构成——社会、经济、环境和政治。

社会维度（social dimension）是指水资源利用的公平性。水资源除了在时间和空间上分配不均衡外，在农村和城市地区，以及社会不同阶层之间的分配也是不均衡的，水资源数量、质量以及与其相关服务的公正分配，直接影响到居民的健康和生活质量。

经济维度（economic dimension）是指水资源的利用效率以及水资源对经济发展贡献作用。脱贫和经济发展仍高度依赖水资源和其他自然资源，研究表明人均收入和资源管理质量呈正相关关系。

环境维度（environmental dimension）旨在提高管理质量以增加水资源利用的可持续性和生态系统的完整性。合理的管理制度能保障良好的水质，并维持生态系统的服务和功能，以及保护地下水、湿地和其他野生动物的生境。

政治维度（political dimension）是保证水资源的利益相关者和公民普遍获得均等的机会，参与和监督重大规划和决策过程。无论国内还是国外，被边缘化的公民，例如少数民族、妇女、贫民均是水资源管理决策的利益相关者。

显然，利益相关者参与水资源管理的作用非常重要，他们影响了上述提到的水资源管理的 4 个方面。良好的水资源管理模式应该是易被推广的，也是公平、清洁和绿色的经济发展的前提条件。在全球水资源会议的文件中，有关提高水资源管理水平的内容非常有限，水资源管理机构在独立性和协调性方面还缺乏效率。当前，特别是资金紧张和气候变化的条件下，实施新的政策，必须得到管理机构的回应。无论是水资源丰富还是匮乏的国家，面对越来越少的资源，都应在管理方面做得更好。

1.9 全球水资源管理是否可行

不同地理尺度水资源管理的要求是不一样的：

- 局部区域尺度，要求考虑当地用水户需求和利益相关者的意见；
- 流域尺度，强调了河流的天然边界对水资源高效管理的重要性；
- 区域尺度，要求从国家或地区的视角综合考虑包括若干流域的某个特定区域规划以及土地利用规划；
- 全球尺度，强调评价水资源利用长远与积累效应的重要性。

上述 4 个不同管理尺度之间的关系以及利用相互关系来强化水资源系统的适应和调节能力。

流域尺度是在自然框架内思考和解决水资源问题，实施规划和管理措施，被认为是水资源管理的重要组成部分。局部或区域尺度往往是不够的，水资源问题涉及河流上、下游的关系，以及水质、水量等方面问题。水资源管理和社会经济事务管理之间存在一定的关系，还需要与其他社会管理事物协调，也说明了水资源管理范畴超越流域尺度。换句话说，在某些情况下流域尺度往往是不够的，需要更高层次的水资源管理才能实现，如区域尺度甚至是全球尺度，拟采用的尺度很大程度上取决于问题的复杂性。

在研究水资源循环以及水资源与其他生物地球化学过程的相互关系时，或者区域利用水资源产生了全球性的社会经济后果时，有必要采用全球尺度的水资源管理，包括与气候变化相关的，与食物以及其他产品的全球性分布相关，与全球安全相关，说明水资源问题已经超越区域水资源管理的范畴。

世界上某些国家或地区生产的产品，在生产过程中消耗了水资源，在其他的国家或地区被消费。水资源进入了生产过程，并通过贸易从产品生产国转移到最终消费国。生产食物消耗水资源量是大不相同的，与产品的种类和生产条件有关。例如，生产 1kg 麦子需要消耗 1300L 水，而生产 1kg 咖啡则需要消耗 21000L 水。生产肉类产品的用水量同样可以计算出来，例如，生产 1kg 鸡肉需要 4000L 水，而生产 1kg 谷类喂养的牛肉则需要15000L 水。

某个国家或地区做水资源平衡计算时，通常包括该国家降雨产生的径流量、地表水和地下水水资源总量,以及过境水资源量。然而,如果水资源平衡还包括生产产品的用水量,那么进口和出口商品的用水量也应被考虑进去。

图1.3给出了1996年到2005年间农业和工业产品的耗水量,据Hoekstra和Mekonnem统计,最大的水资源商品出口地是北美,最大的水资源商品进口地是美国中部和东南亚地区。

图中只显示150亿m³/年以上的虚拟水流动。引自:Hoekstra和Mekonmem,2012。

图1.3 1996—2005年期间各国家的虚拟水平衡以及与农产品和工业产品贸易相关的虚拟水流向

1.10 开创一个水安全的世界

设定一种模式通往2050年是不现实的,有很多可供选择的模式,也有很多种美好的未来蓝图。水安全保障是至关重要的方面,超过90亿人(2050年预估人口数)会面临水安全问题,人均水资源用量也会显著增加。部分国家的水安全问题更突出,如中国和印度,2050年两国人口占世界总人口的1/3,而他们的经济和教育发展水平完全可以使国民达到发达国家的生活和消费水平。

目前,公众和政府官员对气候变暖的关注远远超过水资源危机。事实上,这两种危机紧密相关,全球气候变暖影响水资源的供给、需求,以及水质和水量。与此同时,水资源是气候变化对经济、社会和环境影响的调节器,水资源和气候变化之间相互联系,并共同影响其他方面,尤其是能源和食物。

随着水资源需求量的增加以及更多不确定的需水,环境需水量逐渐被重视,它是维持生态系统中生物生存的最低基本需水量。废水排放进入环境后,对生态系统的影响常被忽视。我们要认识到争夺生态系统中生物生存的需水以及生物受废水中污染物质毒害,都最终会影响人类的生存和发展。为实现水资源的合理利用,多学科和多部门专家分析了未来各领域水资源匮乏的概率，包括了水资源、能源和食品安全，生态系统的健康以及外部驱动力等相互作用和反馈机制。该分析以一定的假设为前提：未来水资源能够满足更多数量和更高生活水平的人类需求，维持生态系统平衡，生产和分配足量的其他物品和服务。为实现这样的未来，应该推广“节水增粮(more crop per drop)”(通常用在农业生产中)模式，各种与水相关利益最大化的做法。如“节水增产(more jobs per drop)”、“节水优环境(better environment per drop)”、“节水增营养(more nutrition per drop)”等。然而，目前的现状是单位产量、环境、营养消耗水资源量过多，只有人类共同努力才能改变这一现状。

满足人类日益增长的需求和逐渐膨胀的欲望具有挑战性。维持水资源(包括淡水、微咸水/海水)和陆地生态系统的功能是谋划未来理想世界的主要战略议题。当然，也有很多其他可选择的途径，制定政策必须与社会可接受度和容忍度协调，并尊重生命系统的规律。

全球水资源危机发生几率非常大，而且会带来严重后果。如果继续当前的发展模式，会将人类置于很危险的境地，超过人类正常的能力范畴，且无法解决水资源问题。为了应对当前和迫在眉睫的水资源问题，需要我们提高知识水平，将水资源管理和驱动治理水资源问题因素结合起来，依据新方法来识别、分析和解决问题。

人类需要更多的创造力预防未来发生严重的水资源危机。选择合适的管理和监督体制，制定应对金融、社会和环境等方面挑战的水资源管理策略，以保证水资源的可持续性。当前，我们的工作重点聚焦在繁荣政治、科技、文化和宗教等领域，忽视了对自然资源的有效管理，导致环境恶化到无力控制的境地，倒逼地方、国家和世界领导人将水资源问题提到议程的首要位置。显而易见，寻找到持续性的长期发展策略，以及解决威胁人类未来发展的水资源问题最为紧急。

地球的可持续发展与水资源紧密相关，水资源管理效率取决于人类的生活方式以及人类与地球的相处之道。本书其他章节将详细讨论水资源管理问题和怎样应对这些挑战。

第2章

水资源利用驱动力

理论上讲，人人都有获取足够的水、食物和能源的权利，但实际上全球底层社会10亿人口的基本生活需求仍然难以满足。未来个人生活需求能否得到保障，主要取决于政策、公共部门以及居民的日常生活方式。人类创造了空前的财富，但我们所处的环境却越来越脆弱和充满不确定性，资源竞争日趋激烈。需要采取新策略管理资源，提高水与其他自然资源利用效率，以确保所有人能够获得必需的水、商品和服务。从这点来看，保障底层社会10亿人口和增加的中产阶级人口的水资源需求形成了双重挑战。

2.1 经济增长，水资源利用和人类行为

100年前，人类难以想象经济、人口、水资源和环境在即将到来的世纪会如何变化。当时所指的“环境”主要指亚里斯多德定义的水、土、火和气等四元素。未来充满不确定性，预测也是徒劳的，但掌握未来变化趋势很重要，有助于人类改变和调整当前策略，以期获取更多收益。

过去100年里，全球国民生产总值(GDP)增长了19倍 (IMF,2000)，同期人口增长的速率不到商品和服务增长速率的1/4，物质极大丰富，满足了人类各种需求。某些计入GDP核算体系的商品和服务对改善人类福祉的贡献可忽略不计，但就供应端而言，反映了数千万人口需求和购买力的惊人增长。然而，经济发展的红利并非人人都能分享，贫富差距依然存在且继续扩大(IMF,2000;Shah,2010)。

获得安全的水资源仍然是9亿人的梦想，至今还有25亿人缺乏安全卫生的饮用水，以及10亿人的粮食安全得不到保障。1960年后，随着全球人均粮食生产量和供应量持续增加 (Lundqvist,2010)，如图2.2所示，粮食短缺状况有所改善，但1974年，Henry Kissinger在第一届世界粮食会议(后来被称为“世界粮食首脑会议”)上提出的“十年内没有一个小孩饥饿入睡”承诺并没有兑现。

过去15年，粮食产量和消费的增长速度快于同期人口增长速度，但不安全的食品数量也在增加。与营养不良人口相比，暴饮暴食也是一个普遍现象，据估计20岁以上的暴饮暴食人口数量约15亿(Beddington等，2012)。此外，从田间到餐桌，还有1/4~1/3粮食损失和浪费在供应链中(Lundqvist等，2008；Lundqvist，2010；Gustavsson等，2011)。如果粮食流失严重或食品生产的净收益减少，那么提高资源利用效率就显得十分重要。这种做法不仅适用于水和食物，也适用于其他资源和商品。人类与水、粮食、能源和环境关系密切(Hoff，2011)，粮食不安全不仅影响人类，还影响其他自然资源和地球环境。因此，在水资源短缺日益严重的背景下，我们需要新的思路，通过技术革新和有成效的行动，减少粮食生产和供应链的损失和缺陷。此外，节约水资源，减少水资源损失和浪费十分重要，但迄今仍未得到有效实践。

2.2 人类活动

国内及国际政府组织承诺保障全球最贫穷10亿人口的水和食品安全，但大多数穷人的基本需求仍然难以得到满足。随着生活水平的提高，水与食物等需求量也在增加。就目前而言，超过20亿人想提高生活水平，获取更多的水、食物、能源以及其他产品和服务。

社会发展、人民幸福和政治承诺一方面依赖于自然资源与环境，另一方面依赖于经济社会发展相对稳定。然而，商品和服务的生产供应与自然资源的承载力之间并不匹配。商品和服务生产供应的快速增长，增加了就业机会和居民收入，以及改善了生活质量，但同时也意味着自然资源被过度消耗，以及由此带来的负面作用。人类改造地球的速度和水平已经远远超过大自然自身的演化节奏(Crutzen，2002)。随着越来越多居民物质生活水平的迅速提高，对地球上水资源及其他重要自然资源造成的压力也越来越大。河川径流减少、河道干涸导致全球很多流域生态系统已经崩溃或濒临崩溃的边缘(Seckler，1996；Gleick和Palaniappan，2010)。

研究发现，全球大约14亿人生活在河流沿岸(Smakhtin，2008)，如科罗拉多河、尼罗河等，从上游河道过量取水导致河流下游干涸。虽然地下水可一定程度上弥补地表水资源的不足，但一味开发利用流域水资源会带来诸多问题。随着可利用地表水资源量越来越少，地下水开采量将逐渐增加。

随着经济社会的发展，极其有限的脆弱水资源，其需求竞争不可避免地将加剧，受极端气候事件和大气环流变化影响，可利用水资源的不确定性也会增加。考虑到土地利用方式变化，以及气候变化下的水文循环改变等因素，未来水资源的分配、利用可能与过去存在很大差异。揭示这些因素相互间复杂的关系，对水资源开发利用，以及实现经济、社会与环境可持续发展非常重要。很明显,水资源问题对人类的生产生活非常重要,未来水资源开发利用状况关乎到每个人的切身利益 (Cosgrove 和 Rijsberman,2000)。

2.3 憧憬未来

2050 年全球供水量和需水量将达到顶峰。为满足人类用水需求,有必要评估未来供水需求保障能力,并总结分析水资源开发利用的主要驱动力。此外,我们还应识别哪些因素会影响未来的水资源开发利用。水资源开发利用的主要驱动过程如图 2.1 所示。

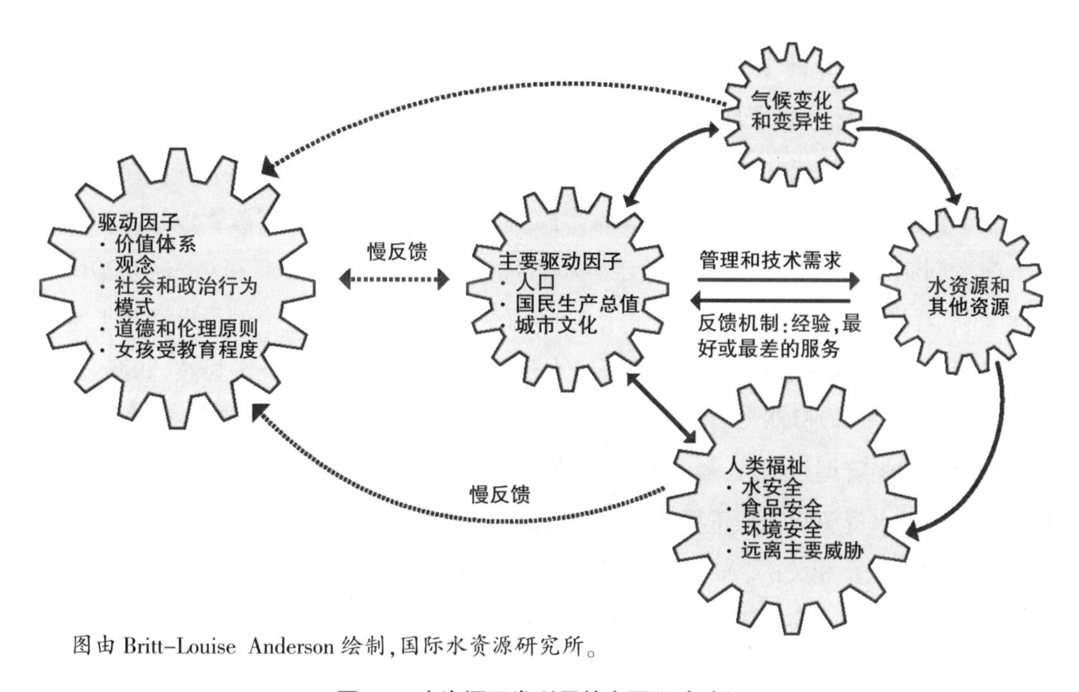

图由 Britt-Louise Anderson 绘制,国际水资源研究所。

图 2.1　水资源开发利用的主要驱动过程

水资源开发利用的预测研究综合考虑了多种驱动因子。联合国教科文组织的世界水资源评估项目(UN WWAP,2012)深入研究了 10 个驱动因子间的相互作用关系及未来发展趋势。Gallopin(2011)通过聚类方法对驱动力进行总结分析,将水资源开发利用的驱动力分为 10 类,每类包括 5~7 个驱动子因子。此外,其他研究也用到了驱动子因子,但数量较少。Kolbert(2011)采用了人口、技术和 GDP 等因子,评估了 GDP、能源、食物、技术和人口等发展趋势(Steffen 等,2011)。上述研究都有一个共同特点,都采用了人口和 GDP 两个最重要的驱动因子。除此之外,一些更基础但不是太具体的驱动因子也很重要,如社会观念、政治意识形态、政府发展战略、知识和价值体系等,均是水资源开发利用的潜在驱动因子(Gallopin,2011)。

很明显,未来气候变化等主要驱动因子的重要性会提升,水及其他资源也成为人类的幸福与否的关键因素。水资源开发利用的主要驱动因子是有形和可定量的,但有些驱动力虽然重要,却难以定量。将这些无形驱动力纳入考虑范畴,能够更好预测未来人口和经济的发展趋势。无形驱动力如政局动荡等,容易出现一些突发性或不可预测的变化。当代欧洲政治动荡和北非的“阿拉伯之春”等表明,民主运动可能触发国家和地区范围内的政局变化。因此,对于水资源开发利用的整体驱动过程而言,有形驱动因子和无形驱动因子的重要性差异难以准确评估。

(1)水资源管理决策转变

社会、经济和政治的变化影响水资源供需。有两个例子可以说明政策变化对水资源利用的影响。1994 年,水法上升为政治制度,并于 1998 年引入南非。19 世纪 80 年代以前,南非现有政策框架无法解决人口增长和水资源过度利用造成的严重问题。Mackay(2003)认为,科学领域很早便意识到政治改革的必要性,但直到 1994 年才提到议事日程。当然,旧体制下普遍的社会不公平也为改革铺平了道路,促使政府变革水资源管理制度。

澳大利亚长期干旱,洪水暴发给水资源管理带来了挑战。Pittock 和 Connell(2010)认为澳大利亚的特大干旱有可能代表了未来地球的一种变化趋势。这个例子也说明了“极端事件”过程中,人类必须痛苦和艰难地适应水资源和气候变化的现实。很显然,和澳大利亚一样,水资源管理与环境管理相结合,将在各个国家推行,推动水资源管理逐渐科学化。水资源管理与社会管理相结合,科学家、技术创新和气候变化均发挥了重要作用。政治制度和行政手段对水资源管理很重要,是落实和加强水资源管理的重要途径。最后,水资源管理与政治意愿也是相关的,如专栏 2.1 所述,水资源管理需要一些“政治技巧”,有远见和强有力的领导才能平衡各方利益,科学执行政策,并通过社会谈判达成共识(Lundqvist 和 Falkenmark,2010)。

(2)反馈机制

水资源需求间的相互影响和动态变化特征,常常与河流、湖泊和水库等可利用水资源量的不确定性交织在一起。短期或长期极端水文事件,增加了水资源开发利用的费用和风险。

某些地区降水强度增加和大气环流加速说明气温上升加速了水文循环过程,气温升高对农业影响较大。较高频率的极端水文事件增加了水资源调度和供应风险。气温升高导致大气中水蒸气的含量增加,造成极端水文事件发生频率增大(见第 3 章)。此外,气温升高后,农业用水在耕种季节回用的可能性进一步降低,用水不确定性成倍增加。

面对气候变化,人类只有被动地采用减缓和适应措施。有些措施太落后,还有一些太超前;有些是解决了问题,但还有一些引起了新的问题(见图 2.1 箭头)。遗憾的是,造成全球气候变暖,以及不稳定水情的因素目前尚无具体有效的应对措施。气候变化和水情变化，会对农业体系、生物栖息地、经济社会以及水文循环自身均产生巨大影响。国际气候大会科学家对排放温室气体严重后果讨论，对政治决策和具体行动的影响极其有限。通过社会舆论对政治施压，制定和实施有效应对措施的效果微不足道。

虽然公众人口规模较大，但科学舆论不仅对政治决策的影响微乎其微，对现行的经济体系也影响颇小。民意调查结果表明，经济合作与发展组织(OECD)成员国普遍担心气候变化及其不利影响，但对任何成员国来说，改变环境不友好的行为方式均是一个巨大挑战。

专栏 2.1　　2000—2009 年澳大利亚墨累—达令流域特大干旱

澳大利亚经常遭受气候变化的不利影响。墨累—达令流域水资源开发历史能够反映水资源短缺与经济社会发展间的关系，同时也一定程度上揭示了气候变化对粮食生产的影响。

在墨累-达令流域，干旱是公众争论的焦点，政府过去的流域水资源分配政策对环境造成了损害。流域内的水资源初期主要被用来灌溉。到 20 世纪末，流域灌溉用水量已经超过了可利用水资源总量，不得不挤占河道内生态用水。受此影响，洪泛平原的森林和河岸带植被承受了越来越大的压力，迁徙候鸟栖息地逐渐减少，鱼类种群和生物多样性下降，墨累河盐度上升，入海口湿地的咸度甚至高于相邻海洋，且墨累河大多数时间无水流入海洋。

因环境流量无法得到保障，环保主义者多次游说州政府和联邦政府，试图恢复水生态环境，但受到了失水农民的反对。干旱导致的缺水问题，促使国家水利委员会实施水利政策改革，包括土地和水资源所有权与使用权分离，发展水权交易市场等。农业灌溉用水交易形成了短期(年度分配)和永久(水权)机制。

干旱及其环境影响促使人们重新审视墨累—达令流域水资源管理。墨累—达令流域委员会(MDBC)在流域水资源管理方面积累了数十年经验。MDBC 由州委员会组成，在堪培拉设置了秘书处。MDBC 在解决流域水资源短缺问题上很难达成一致，委员一般代表自己所在州的立场，缺乏独立判断性。于是，联邦政府解散了 MDBC，并建立一个直接对联邦环境和水资源负责的机构(MDBA)，通过新的流域规划解决水资源分配的突出矛盾。

2010 年发布的规划草案大量削减了流域灌溉用水，引发了极大反对声音，直接导致 MDBA 主席和首席执行官在 2011 年末辞职，规划草案经过修改后再颁布。该规划以 2009 年为基准年，通过削减 2.75km^3/年的生产生活用水，保障了 10.87km^3/年的环境需水(MDBA，2011)。对新增的 2.75km^3/年环境用水来说，联邦政府通过市政改善计划回购 1.07km^3/年，剩余 1.47km^3/年也是有保证的。除非情况有变，否则流域环境水量在 2019 年前不会被修正。较为不利的是，流域灌溉水量会一直减少。此外，新的规划没能安抚环保主义者，他们还在不断施压舆论和进行政治游说，认为减少环境需水，导致了生态系统的崩溃和衰落(MDBA，2011)。

引自：OECD，2011。

(3) 转变发展思路

对新理念的认知极其重要，改进和更新的水资源管理方法，需要获得政府和社会认可。采用新的管理方法需要权衡和综合考虑社会意见，坚持“行政批准”是根深蒂固的传统，难以革新。许多观察家指出，社会和政府经常培养出一种行为逻辑，被称为路径依赖(path dependency)(North，1994)。即便存在替代方案，现有投资和教育倾向于人们惯常的思维，便于制定和实施各项政策。对水利基础设施来说，传统的投资主要放在大坝、管网等固定实物上。了解和认识水工建筑以及相关联的管理体制，对很多人来说非常重要。考虑到水资源开发利用的限制因素越来越多，有必要为大多数人寻找到一种环境风险小的土地和水资源管理的替代策略。

路径依赖与政策制定者相关。Hirschman(1975)指出，有些问题占据“优先权(privileged)”地位，而其他问题在决策过程中常被忽略。前一类的相关项目和观念更容易获得关注，在“动机大于理解(more motivation than understanding)”中得到解决落实。公众和政策制定者很容易被古代水利文明和当代宏伟的水利计划如胡佛大坝、阿斯旺大坝/纳赛尔湖和三峡工程等所吸引。上述水利工程都是标杆，一旦大型水利工程计划开始，强大的政治经济力量将推动其进程，自然而然地采取各种保障措施，如贷款、设备和后勤支持源源不断。相反，农业旱作系统则不太容易引人注意，在政治利益和预算分配上也极少得到关注。

2.4 历史教训

水利工程在古代社会文明发展中起到了举足轻重的作用。水利文明时代，埃及与世界其他地区的水工杰作至今让人惊叹。建造宏伟水利工程规划在近代也很普遍，在 20 世纪引发了新一轮的水利工程建设浪潮。

尽管全球用水量估算可能不准确，但人类从河流及其他地表水源与地下水源的取水量约为 20 世纪的 8 倍(Shiklomanov，1993)，而同期全球人口数量仅增长了 4 倍，相同物价下的商品和服务产量增加了 19 倍（见图 2.2）。20 世纪全球年均经济增速为 3%（IMF 2000)，明显高于人口增速。Jackson(2011)探讨了经济繁荣与增速间的关系，计算发现 2008 年到 2009 年全球经济规模比 1800 年增加 68 倍；如果保持现有增长速度，2010 年全球 GDP 约是1950 年的 80 倍。

从图 2.2 可看出，1950 年后经济增速最高，人口和取水量的增速在 20 世纪末开始放缓，但经济增长依旧维持了较高速率。这种现象说明了人口增长与经济增长呈正相关，取水量也呈相同的变化趋势。Gleick 等(2003)(见第 8 章)发现，全球部分地区的取水量整体呈下降趋势，例如美国的取水量自 20 世纪 70 年代末期和 80 年代初期便开始下降。

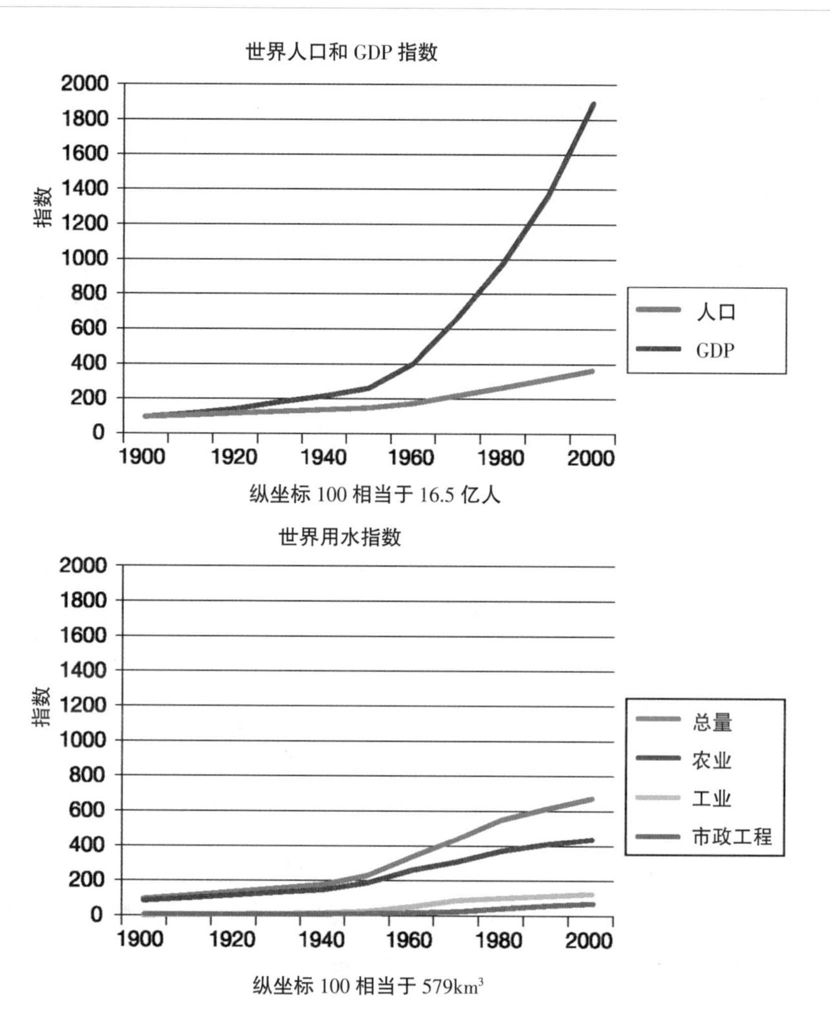

1900年三个变量初始值均为100。引自:数据源于联合国人口统计(联合国,2004);水资源相关的出版物;国际货币基金组织,2000;Madison,1995(图由Britt-Louise Anderson绘制,国际水资源管理研究所)。

图2.2 1900—2000期间人口、GDP增长(上图)和用水情况(下图)

(1)现代水利基础设施

20世纪全球各地兴建了大量的大型水利工程。美国西部的胡佛大坝是20世纪第一座规模宏大的复杂水利工程。胡佛大坝建于19世纪30年代,曾是世界上最大供电设施,给周边以及远离大坝的洛杉矶等城市供电。这是美国西部大开发的时代见证,说明人类可以征服和繁荣炎热的沙漠(Reisner,1986;Postel,1999)。

如图2.2所示,1960年工业革命以后,全球取用水量迅速增加。19世纪60年代绿色革命兴起后,高产种子的播种需要更多以及更为可靠的灌溉用水。化肥、农药和其他投入的增加,显著提高印度等国家的单位灌溉水量粮食的产出。

上述例子主要是地表水的开发和利用。大型水利基础设施的建设高峰出现在20世纪

70 年代(WCD,2000),与此同时,水利工程建设运行引发的环境问题也愈发明显和突出。然而,大型基础设施建设项目依旧进行,近期还将规划建设更多大型项目,如利比亚人造大河地下工程,土耳其南部安纳托利亚项目(Oclay Ünver,1997)、三峡工程以及其他众多水库工程、南水北调工程(Gleick,2009a;Skov Andersen,2011)和湄公河流域水电开发项目等。非洲大多数国家也认为,在不久的将来,非洲水电开发时机将成熟。如今,大坝规划者面对的挑战是如何选址、设计和运行水库,在获得期望收益的同时,努力降低因下游水文和泥沙情势改变造成的社会、环境和生态退化的损失。

(2)防洪

地表水调度和控制是大多数国家防洪减灾的重要方法。Lannerstad(2009)归纳总结了19 世纪以来印度南部的季风与生命财产损失的资料。结果发现,季风造成资源匮乏、生活贫困和疾病传播等多达 18 次,每次历时 1~2 年。在个别年份,如 1808 年,连续两个台风夺取了该地区近半人口的生命(Lannerstad,2009)。

如今,该地区人口数量增大,防洪难度也加大。在 5400 万人生活的恒河—布拉马普特拉河—梅格纳河流域, 全年 50%的降雨集中在 15 天之内,90%的径流出现在 4 个月之内(Grey 和 Sadoff,2007)。防洪问题随气候变化和人口增长,还将进一步加剧。

(3)地下水

20 世纪 70 年代新建水库蓄水工程达到了顶峰(WCD,2000),随后放缓,但新建水库增速变缓并不意味着需水量下降。与此相反,人类更加依赖地下水资源。目前,全球地下水的取水总量约 650km³/年,20%用于农业灌溉(Wada 等,2012),全球超过 70%的地下水取用集中在 5 个国家。

以印度为例, 地下水取水总量从 20 世纪 50 年代的平均 10~20km³/年增至 2000 年的240~260km³/年,大约占全球地下水总取水量的 1/3。过去 50 年,地下水灌溉用量增加值相当惊人。采用地下水灌溉有助于提高粮食产量,农民可以根据需要随时抽取地下水,而非依赖政府供应,但地下水灌溉也是有成本的。Shah(2009)将地下水开发利用状况描述为“无政府和无序状态(atomistic and anarchistic)”。世界某些地区,特别是印度西部,地下水取水量已超过了持续补给量,若不迅速采取有效监管措施,部分含水层将塌陷。除印度外,地下水问题突出的国家还包括美国、巴基斯坦、中国、伊朗(Giordano,2009)和利比亚,其中利比亚某些地区的地下水供水量占到总供水量的 95%以上。

2.5 水资源的类型及重要性

地表水和地下水等被统称为“蓝水”,与之相对应的土壤水被称为“绿水”,经济社会很大程度上依赖储存在土壤中的水资源(第6章)。图2.2部分阐释了水资源开发的意义。从水量角度来说,从河流、湖泊取用的地表水加上抽取的地下水,总量还不到陆地降水总量的5%。但这5%的水量对人类生产生活与社会其他方面意义重大。家庭、工业和其他城市活动、水电开发等均依赖这5%的水量,其中绝大部分被用作农业灌溉。数量较少的蓝水对满足人类日常需水和促进GDP增长至关重要。相比之下,数量庞大的绿水,主要以"血液"的形式进入了旱作系统和地表景观中。蓝水和绿水都来源于降水,它们之间的相对重要性因时因地而异。

研究表明,75%被利用的淡水资源用于农业(Foley等,2011)。大部分农业用水或开放景观用水,最终以水蒸气的形式回到大气系统。与农业相比,其他行业用水损耗较小,大部分工业废水和生活污水排放至河流和其他开放水体,造成下游水质恶化。不难看出,水资源开发利用涉及不同种类的废水,其后果包括资源消耗、再分配和水质改变等。

2.6　思路和政策调整

毋庸置疑,灌溉系统的快速发展和多目标水资源管理,促进了全球粮食增产和水电、城市、农村与工业的同步发展(CAWMA,2007)。然而,水资源利用效率低于或远低于预期,甚至出现一些负面影响。M.Reisner在著作《Cadillac Desert》中,深入分析了美国西部大开发对下游水资源利用和生态环境(水生态系统、污染负荷等)等造成的累积和毁灭性的负面影响。

当代学者思考水资源问题方式更趋于现代和进步,这与他们所掌握的知识或观念有关。前期获得好评的一些政策、计划和项目,现在看来,虽满足了社会目标,但仍存在不足的地方。Postel(1999)指出,美国20世纪早期的水利技术和相关政策被世界其他地区模仿和应用,催生了本世纪全球水资源源保护相关领域的需求。

2.7　人口

自Thomas Robert Malthus(1766—1834)提出人口论后,人口预测备受公众关注。人口的规模和地理分布直接影响水资源需求和利用状况。一般来说,预测未来人口规模对国民经济和社会发展来说十分重要。联合国人口机构(UNFPA,2011)预测了2050年全球三种人口状况:80亿(低)、92亿(中)和105亿(高)。未来能否出现人口高峰,以及高峰过后人口数量是下降或继续增长等主要取决于生育水平和死亡率。人口预测结果显示,未来几十年全球人口将持续增加,但随后人口数量是否稳定或是逐步下降却很少考虑和讨论。如

图 2.3 所示,即使生育率的小幅变化也将长期影响人口总量。

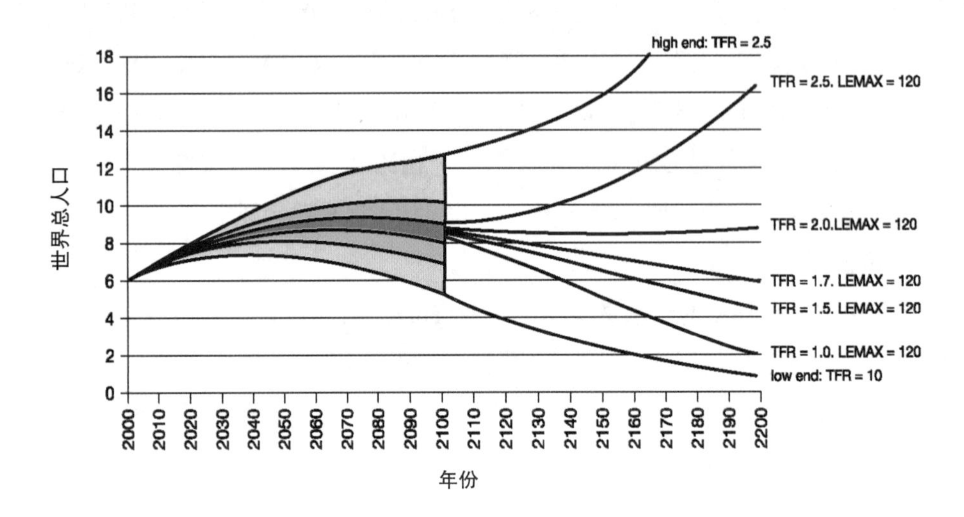

黄色,95%置信区间;绿色,60%置信区间;蓝色,20%置信区间;并将预测结果扩展至 2200 年。TFR,总生育率;LEMAX,最长寿命。引自:Lutz 和 Scherbov,2008。

图 2.3　2100 年世界总人口(以 10 亿计)预测结果

全球人口在 2011 年秋天超过了 70 亿,其中 8 亿~9 亿是最近 10 年新增的。考虑到人口增长趋势和全球许多地区的高生育率水平,2050 年人口还将增长 20 亿。到本世纪末,全球人口可能继续增至 100 亿~120 亿,或者达到 90 亿峰值后开始下降,但这取决于未来的生育率。生育率和死亡率在一些居民受教育程度较好的国家开始下降。在一些人口密度较高的国家如孟加拉国也开始下降,过去 25 年,孟加拉国育龄妇女人均生育小孩的数量已由过去的 7.0 降至 2.3(UNFPA,2010)。研究发现,孟加拉国的邻国,人口总和占全球的一半,生育水平也在下降,育龄妇女人均生育小孩的数量为:中国 1.6 个,印度 2.7 个,巴基斯坦 3.5 个和印度尼西亚 2.1 个(UNFPA,2010),已远远低于稍早水平,有些专家认为上述国家实际生育率甚至低于联合国公布的结果。Lutz 和 Samir(2010)预测了未来不同生育水平下的全球人口数量,部分研究成果如图 2.3 所示。

研究发现,部分水资源以及自然资源匮乏的地区,生育率仍然较高,例如乍得育龄妇女人均生育数为 6.1,中非共和国为 4.7,刚果民主共和国为 5.9,刚果共和国为 4.6(Lutz 和 Samir,2010),如图 2.4 所示。上述地区的农业生产(第 6 章)和城市供水(第 5 章)还承受着气候变化带来的压力。2010 年,人类历史出现了一个里程碑,城市人口数量首次超越农村人口数量,城市人口从少数变成多数。城市人均水资源需求量总体上高于农村,城市居民商品和服务需求的增加将直接影响农村地区水、土地和能源的利用。

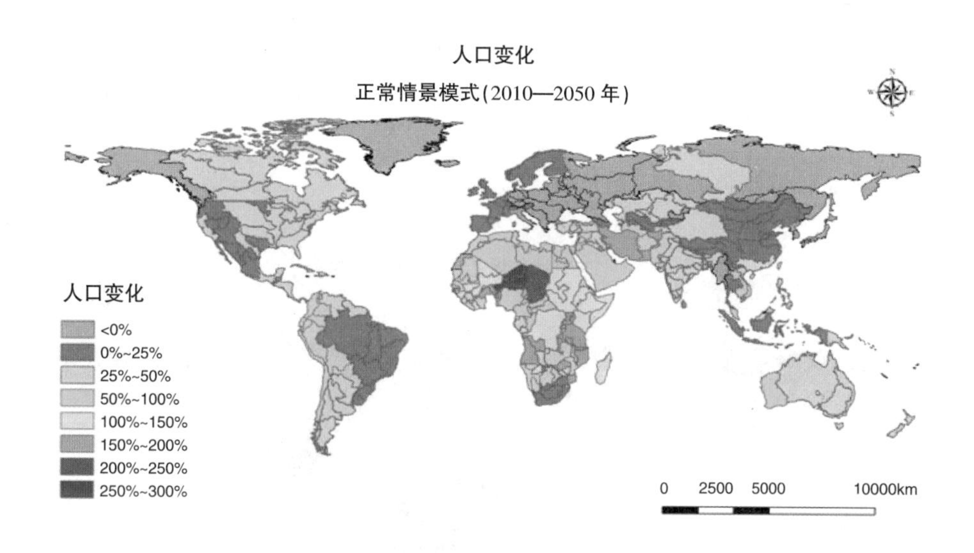

引自:国际粮食政策研究所,2010(由国际水资源管理研究所计算);Sood等,2013(图由Aditya Sood绘制,国际水资源管理研究所)。

图2.4 2010—2050年人口比例变化

2.8 世界经济格局

20世纪全球经济增速变化与经合组织国家密切相关(见图2.2)。当前经济形势表明,全球经济格局已发生重大调整(见图2.5)。2012年全球经济发展结果显示,高收入国家的经济增速下降,撒哈拉沙漠以南的非洲国家经济增速依然强劲,2011年、2012年和2013年的增速分别为4.95%、5.3%和5.5% (World Bank,2012)。

与人口增速预测相比,经济增速预测充满了不确定性,短期存在较大波动。未来几十年,全球部分地区的经济将保持较长时间的快速增长的趋势,与此同时,全球人口年均增速呈现逐渐下降趋势(UN,2004)。人口增长和GDP增长背后存在一些重要差异。简单来说,人口增倍意味着消费数量的加倍,但GDP加倍并不意味着居民购买力或可支配收入的加倍。

人口分布决定了商品和服务的获取状况。尽管经济多年快速增长,但收入分配的不公平造成了全球大多数国家的大部分人口收入水平仍然较低。受收入限制,他们能够获取所需的商品和服务的能力十分有限。这种状况对生产者不利,比如农民,因缺钱不能购买高质量的种子和其他生产资料;此外,还会伤害低收入或无固定收入的消费者。对于穷人来说,生产资料和商品价格的小幅上涨也会造成灾难性后果。全球20%人口(约14亿)的收入低于1.25美元/(人·天)的国际贫困线(Shah,2010),全球超过50%人口的可支配收入不足贫困线标准的2倍[2.5美元/(人·天)],平均可支配收入不足10美元/(人·天)的人口数量超过50亿(Shah,2010)。这些数据表明,世界上大多数人获取所需商品和服务的能力有限。

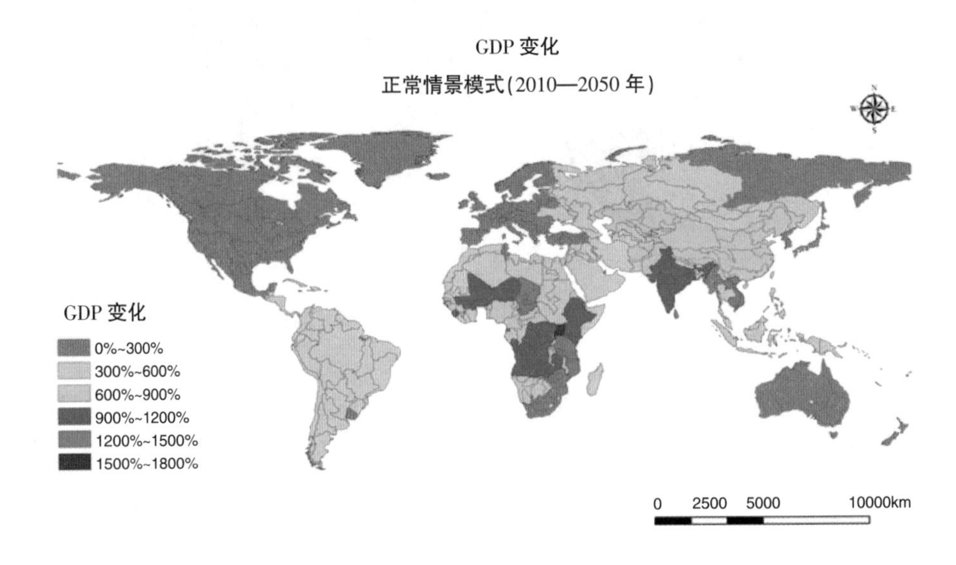

引自:国际粮食政策研究所,2010(由国际水资源管理研究所计算);Sood 等,2013(图由Aditya Sood 绘制,国际水资源管理研究所)。

图2.5 正常模式下2010—2050年GDP增长预测

对于低收入人群来说,他们绝大部分的收入将用于食物、住宿和其他生活基本所需的商品和服务。而高收入的人群,新增的购买力主要用于高质量的食物、旅游和住房等。GDP增长不仅能增加商品供给,也会改变商品需求,追求那些耗水量更高的商品或服务。收入分配、人口特征和社会政治环境是造成水资源和其他资源需求压力增加的主要因素。水资源和其他自然资源需求量的增长,主要来自于城市、工业和其他服务业都发展很快的多元经济体(diversified economy)。如第8章讨论的那样,多元经济体不仅能促进资源利用效率的提高,还会激发人类的潜能。然而,GDP的增长及资源利用效率的提高并不意味着社会形势的改善。可以肯定的是,人均GDP增长和供应食物的增加有助于减少营养不良人口的数量,但遗憾的是,这种现象在全球并不普遍。

2.9 需水量预测

全球多个研究机构利用各种模型预测了未来数十年的需水量 (Reilly 和 Willenbockel,2010)。其中,国际食品政策研究机构(IFPRI)的 IMPACT 模型,联合国粮农组织(FAO)的世界粮食模型,国际应用系统分析研究所(IIASA)的基本关联系统模型(the basic linked system model)和国际水资源管理研究所(IWMI)的 WATERSIM 模型均以人口增长和GDP(购买力/可支配收入)变化趋势作为输入变量。

本书的研究基于 WATERSIM 模型,考虑了 3 种不同的人口和经济增长模式:低人口增长和高 GDP 增长,中等人口增长和中等经济增长,以及高人口增长和低 GDP 增长,评估 3 种模式下需水量增长的压力。

图 2.6 给出了 2010—2050 年期间,全球七大地区水资源消耗状况预测结果。图 2.7 给出的信息类似,但进一步细分了水资源利用的组成,如农业灌溉、工业(制造业、能源和农产品工业)生产、居民生活和牲口饮用等。农业用水主要来自种植区。图 2.6 和图 2.7 的水资源损耗主要指蒸发和蒸腾(evaporation and transpiration)。与取水量和供水量相比,蒸发和蒸腾损失的水资源量相对较低,且主要发生在农作物生长季节。

比较乐观的是,全球灌溉用水所占比例在 2050 年将大幅下降(见图 2.7),这可能与模型假设(地表与地下可利用水资源量有限)有关。模型计算时还考虑了环境流量。当总需水量高于供水量时,水资源分配将优先考虑生活用水和工业用水。在此逻辑下,分配的农业用水必须减少,这些结论与早期用其他模型计算的结果一致(CAWMA,2007)。

灌溉需水与气候条件和灌溉面积有关。对于图 2.6 和图 2.7 的 3 种情景来说,气候变化忽略不计(水文输入使用的是近 30 年的月均值),水和农产品等价格波动较小,灌溉面积变化也十分有限,因此模型假设和参数选择仅仅是为了估算未来的一种趋势。当采用其他假设条件时,可能会出现不同的评估结果,因此假设的合理性和预测与实际的相符性也是值得探讨的重要问题。

需水预测对未来水资源利用的影响主要体现在以下方面:

- 在可预见的未来,水资源可利用量对很多国家的水文、科技、环境和金融等制约作用增加;
- 随着城市化、工业和服务业等快速发展,全球大部分人口(主要是城市居民)的购买力增加,需水量也会增加,分配给城市的水量相应增加,而分配给农村的水量将减少;
- 水资源充足的国家与水资源短缺的国家地理差异方面更加突出。

应对需水量增加挑战的措施包括:

- 更加高效地开发利用各种可利用水资源;
- 改善食物供应链,减少粮食从田间到餐桌的损耗浪费(Lundqvist 等,2008);
- 改善即将失去基本生计的居民获取商品和服务的能力。

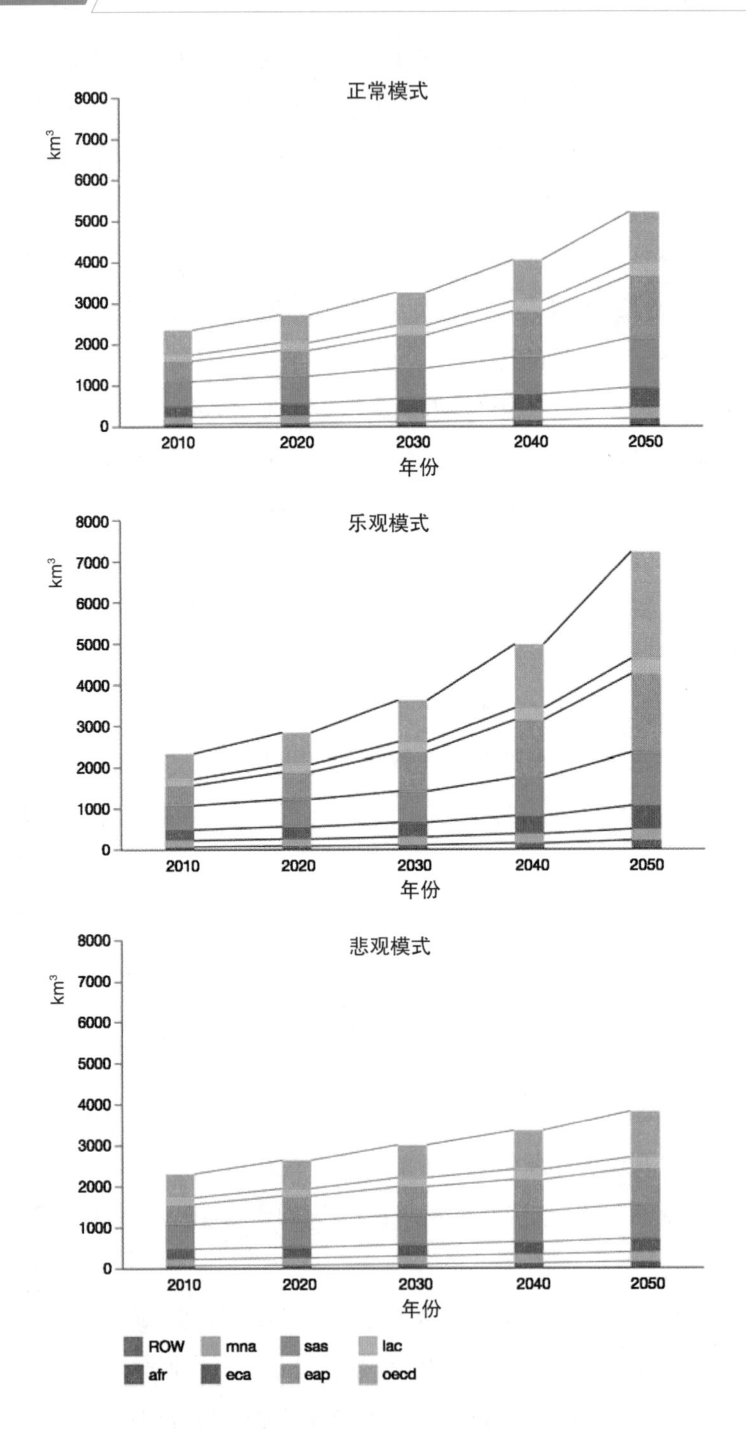

BAU 是正常模式，OPT 是乐观模式，PES 是悲观模式，sas 是南亚，oecd 是经合组织成员国（34 个国家），mna 是中东和北非，lac 是拉美和加勒比地区，eca 是东欧和中亚，eap 是亚太地区，afr 是撒哈拉沙漠以南非洲（图由 Aditya Sood 制作，国际水资源管理研究所）。

图 2.6 2010—2050 年全球 7 个地区用水量需求预估

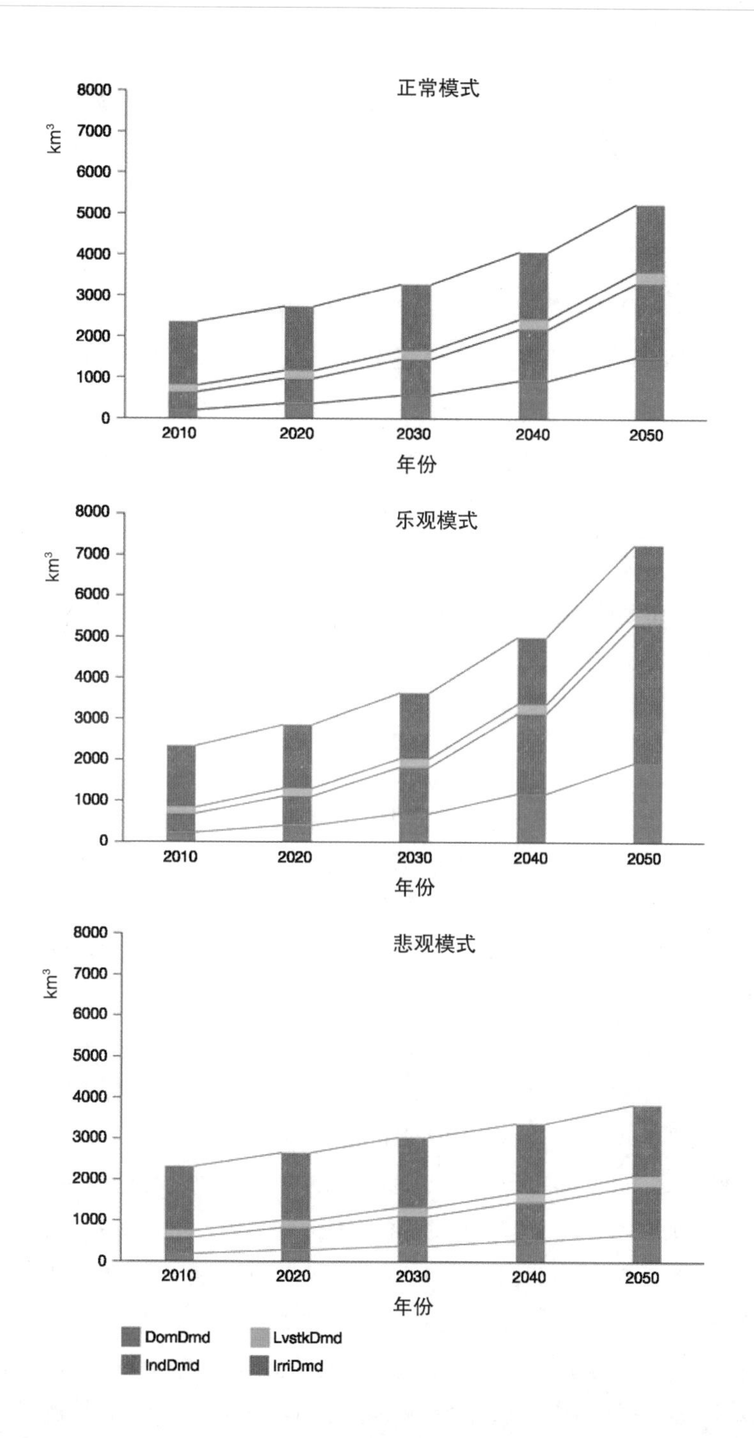

工业用水需求包括了农产品加工。BAU是正常模式，OPT是乐观模式，PES是悲观模式。DomDmd是生活用水，IndDmd是工业用水，LvstkDmd是畜牧业用水，IrriDmd是灌溉用水。引自：Sood等，2013（图由Aditya Sood制作，国际水资源管理研究所）。

图2.7 全球主要用水行业的水资源消耗量预测

(1)提高用水效率和节水

图 2.6 和图 2.7 预测了全球总耗水量，凸显未来满足人口增长带来的水资源、商品和服务等需求的困难。水资源高强度的开发，反过来也会影响食物(第 6 章)、能源(第 7 章)和环境(第 4 章)。预测中的需水挑战、可利用水资源量的不确定性和可变性，促使人类不得不提高水资源利用效率(例如提高农业灌溉用水效率等)。全球很多国家的水资源与其他自然资源的利用效率得到了提高，且这种趋势还在继续。然而，资源利用效率的提高并不能确保社会其他方面与之相匹配。因此，很有必要思考另外两个问题：一是资源开采和利用效率的提高，推动了资源的开采而非保护；另一个问题与社会分配及获取生产的商品和服务的能力有关。资源利用效率提高和总产量的增加，并不能保证低收入者受益。可支配收入分配和社会政治环境决定了商品和服务的去向。比如，1995 年后，全球人均粮食产量增长和营养不良人口数量的增加几乎同步(Lundqvist，2010)，这表明，资源开采利用和社会收益之间似乎存在矛盾，这就是所谓的耶方斯悖论(见专栏 2.2)。

专栏 2.2　　耶方斯悖论

1865 年，英国经济学家史坦利·耶方斯观察到一个有趣现象。他发现，能源利用效率的提高并没有降低能源需求和使用量，相反，还刺激了能源的消耗。耶方斯的观察处于蒸汽机时代，在瓦特发明蒸汽机(1765)后约 100 年，此时蒸汽已成为工业革命后的主要清洁能源。蒸汽机从 17 世纪初用于矿井排水，后来逐渐发展成熟，在工业生产(包括采煤)中广泛应用，耶方斯的研究对象正是采煤业的能源利用状况。

看似矛盾的观点自然能引人注意。耶方斯的原创性论文发表以后，大量能源部门开始关注与研究所谓的 Jevons 悖论。有意思的是，反驳耶方斯理论也非常有趣，这种现象也可叫做“悖论”。

耶方斯悖论的逻辑如下：提高效率意味着固定投入能够获得更多产出，与之相对应，同样的产出需要更少投入。这两种逻辑存在重要区别。前一种情形的潜在好处是能够更好应付社会尚未满足的需求。后一种则暗含了资源保护，产出既定商品和服务时能够减少资源的开采和消耗。资源保护的理念涉及多个方面，主要包括价格、供需以及产业升级等。当然，如何分配收益也很重要，这一方面存在着社会和政治挑战，需要进行协调，充分考虑自然资源状况与社会管理实践需要。

环境问题也不能回避。生产过程中，假如消耗同等能源，商品和服务产出不断增加，而其他费用和投入不增加或低速增加，那么单位商品和服务的生产成本则在下降。上述过程实现后，生产商能够降价销售产品。市场价格下降后，个人消费者受益，更多消费者能够购买该产品，进而增加了产品需求和潜在社会受益者。对生产商而言，生产成本的下降以及市场需求的扩大，促使生产商扩大再生产。

专栏 2.2(续)

因此,提高效率并不能真正节约资源。保护和节约下来的资源将部分或全部用于扩大再生产。资源利用率的提高还可能增加资源开采,这恰恰有悖于资源保护。不难看出,提高资源利用效率增加了社会效益,扩大了产出和市场供应,但并不能真正保护资源。因此,需要制定一些补充政策才能保护资源。耶方斯悖论在解决能源问题时非常有名,但在水资源管理中很少应用。

总的来看,提高用水效率的政策是成功的,但在满足人类基本需求方面仍不理想。保障社会底层数十亿人口用水,以及动态平衡水资源供需是一个社会和政治难题。想要达到这一目标,不仅需要增加资源的开发利用效率,还需要形成公平、有效和健全的供应链。尽管 GDP 增长速率、人口增长速率和水资源开发利用效率无相关关系,但水和其他自然资源的开发速率仍在增长,只是速率与早期相比变慢了很多而已(见图 2.1、图 2.5 和图 2.6)。例如,2009 年 FAO 在世界粮食大会预测,2050 年全球需要增加 5500km^3 农业用水,实现增产粮食 70%的目标。但最近的预测结果表明,同期全球粮食增长速率已从 70%降至 60%(Alexandratos 和 Bruinsma,2012)。

无迹象表明贫富差距的减小,全球许多地区贫困人口在减少,但并非通过收入再分配实现的。全球目前仍有 10 亿贫困人口缺乏食物和商品服务,迫切需要开发更多的水资源。提高雨水利用效率是个选择,但同时也需要取用更多的地表水和地下水。如图 2.6 和图 2.7 所示,日常生活和工业生产用水将继续增加,但这些新增用水从哪里以及如何获取呢?从河流或其他水源取水的限制因素较多,如河流干涸后便无水可取。农业用水存在两大机遇,一是增加灌溉用水效率,这将在农业用水管理综合评价中进行阐述(CAWMA,2007);二是采用替代和补偿策略,更好地利用降水(Wani 等,2011)。频繁极端降水和快速大气环流等气候变化给依赖降水和土壤水的粮食生产构成极大风险。对保障粮食安全来说,还有第三种途径,通过减少田间到餐桌间的损失浪费,提高粮食供应效率。

(2)破解新旧难题的机遇

社会底层 10 亿人口的悲惨生活不能全部归咎于水资源、商品和其他服务的匮乏,而是缺乏获取产品或服务的途径。从这方面来看,它与低效率的供应链有关。据估计,田间到餐桌间损失浪费的粮食占全球粮食生产总量的 30%~50%(Lundqvist,2010;Parfitt 和 Barthel,2010;Gustavsson 等,2011)。 如果大部分粮食不能很好地被利用或被需要的人群获取,食物供应链的效率和效益则十分低下(Nellemann 等,2009)。如果效率仅指生产,或者商品和服务的销售,那么有必要将效率定义拓宽。通过减少贫困、地区间发展不平衡或其他目的,农业和其他部门正逐步获得政府资金补贴。官方声称,采取粮食补贴政策后,粮食增产速率高于人口增长速率,有助于保障粮食安全。但统计发现,粮食生产和供应早已能满足人类食物需求，过去 15 年粮食生产和供应的增加并没有提高粮食的安全水平。

(3) 可持续生产和公平获取水资源

水资源综合管理(IWRM)主要聚焦协调不同部门、行业、用户对水资源的竞争性使用，极少关注水资源垂向(从生产到用户)管理，以及水资源获取情况。水资源的水平和垂向管理结合如图 2.8 所示。从第三象限到第一象限的箭头代表思维趋势和实际策略。与垂向相比，水资源管理在水平方向的进步更大。如果垂向管理获得更多关注，那么无需增加水资源利用量，人们获得商品和服务的机会也会增加。因此，制定一些导向性的改善政策能够提高社会的资源利用效率，满足人类各种需求。

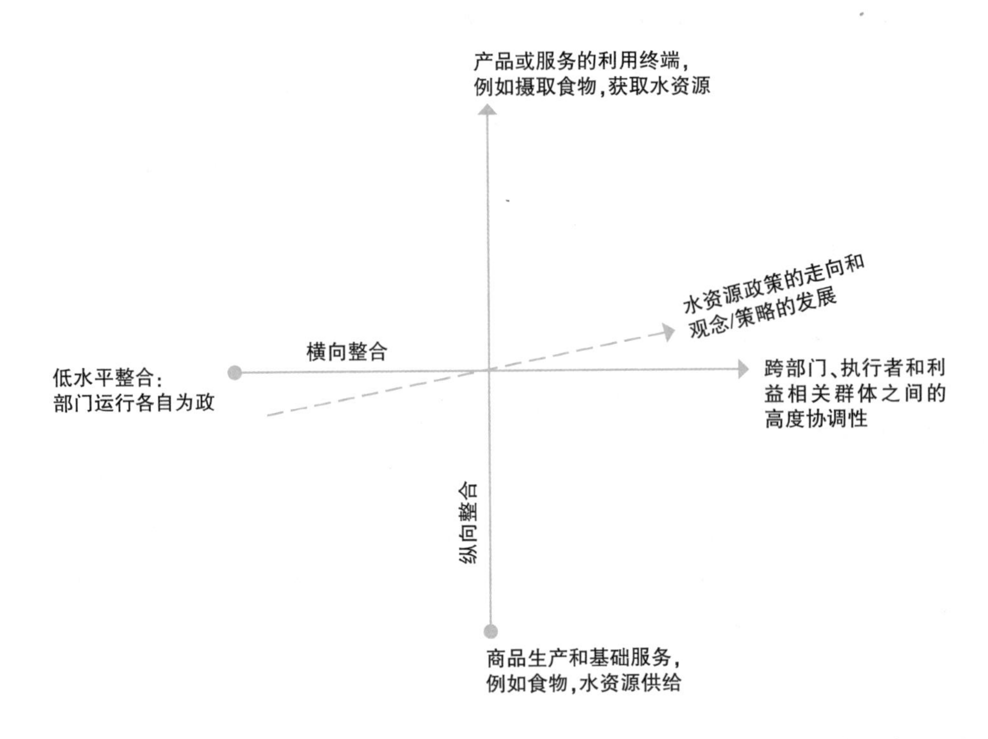

图由 Britt-Louise Andersson 绘制，国际水资源管理研究所。

图 2.8 政策、资源管理、产品和服务生产等水平和垂直整合示意图

2.10 另一种问题

本章介绍了水资源利用的主要驱动因子变化及其在水资源供需中的应用，探讨了开发和利用不同来源的水资源的重要性。人类需要重视商品及服务的获得途径。直接用水量比间接用水量小很多，尤其是粮食生产。生产用水效率与消费者获取水以及消费各种资

源、产品和服务等密切相关。

以二次世界大战后主要驱动因子的变化为参照，评价了其发展趋势，分析不同部门和地区的水资源利用状况。和其他前瞻性研究一样，水资源利用预测也具有很多不确定性。然而，与经济预测相比，未来几十年全球人口趋势的变化预测还算可靠。可利用水资源量的预测可变性较大，估算可利用水资源的储量十分困难。为了更好地了解不同发展阶段的机遇和挑战，开展水资源供需的预测很必要，也很关键。研究认为，当今一代(90亿人口的大部分)将面临未来水资源的急剧变化。自然而然的，过去的发展策略和发展道路已不再适用。发展不断地改变了历史进程，眼下和未来这些驱动因子深远地改变水资源开发利用轨迹。一个简单的原因便能说明这种变化是必然的，那就是全球很多地区的淡水资源正在枯竭。依靠非传统技术如脱盐等大规模生产淡水，在近期似乎还不能满足图2.6和图2.7中的新增用水需求。

减少供应链的损失和浪费，以及提高商品和服务获取便利程度可能是机遇(见图2.8)。当水资源和其他自然资源利用构成限制条件时，把握好这个机遇非常重要，这点已在文献和政策中详细地讨论过了。事实上，人类在这方面也取得了一些令人称赞的成绩。毫无疑问，资源的利用效率和生产力还有待于进一步提高。然而，总产量和生产力的提高意味着化石能源消耗和财政补贴的增加，并会对自然生态系统造成更为严重的后果。

第3章

气候变化下的水资源管理

地球的未来充满了不确定性，世界处于千变万化中，气候也正发生着变化。但是我们可以确定的是行动决定未来。所以，抛开气候变化幅度是否增加或气候变化是否正在进行等问题，我们就从未来不确定性角度理解气候变化，从而开展水资源管理工作。气候变化方面研究已有相关报道，相应的研究方法也在持续改进，我们可以提高和改进在气候变化模拟中对未来情景(scenarios)的设计，并且减少已知因素的不确定性。开发新的研究方法和提高未来规避风险的能力，可以在更广领域里，通过有效和有力的方式设计、管理和实施我们水资源管理蓝图，从这个角度看不确定性是一种机遇。

3.1 气候变化和水资源管理

气候变化对水资源可利用性、安全性、湿地生态系统有重要影响。每年有数百万人受极端水文事件影响，如干旱和洪涝灾害。气候变化导致了极端水文事件发生频率和强度都有所增加(Bates 等，2008)。气候变化引起的降雨量和蒸发量改变了水资源可利用性，但是所有地区径流变化并不一致。在地球上某些地区，可利用的水资源量增加了，而其他地区供人类和生态系统利用的水资源量则减少了。

水资源的可利用性及变异性随着气候变化而发生改变，但人类活动对水资源需求持续增长。目前，农业仍是第一用水大户。随着人口数量的增长和饮食结构的调整，未来农业生产所需的水资源量仍有可能保持增长趋势。过去几十年里，一些地区的工业和生活用水量也大幅上涨。大多数欧盟国家工业和生活用水量已经超过农业用水量，预期未来生活用水量还会继续增长。水资源可利用量和需求量等变化正引发愈演愈烈的水资源危机。在半干旱地区，水资源危机尤为明显，淡水资源越来越稀缺。

大多数从事水资源规划人员意识到，全球气候变暖正改变着水文循环过程，最终影响水资源管理。然而，采用气候变化情景来进行未来的水资源规划仍存在困难。气候变化对水资源可利用性影响方式和极端气候事件仍具有高度不确定性,正是这种不确定性,造成利用气候变化信息进行水资源管理难度相当大。

本章将提供与气候不确定性和与气候变化相关的水资源管理政策、措施等内容。另外,简明扼要地介绍了气候科学,并详细阐述了气候情景,特别是与水资源管理相关、以及有局限性的气候情景,重点关注最近几年新开发的模型。在过去的几年里,可以从网上免费下载改进后的气候情景资料,以及气候变化影响下的水资源管理适应性政策研究也有所增加。本章首先简要介绍了气候变化对水资源质和量的影响,然后阐述气候科学,以及分析和讨论了气候变化对水文单元影响研究的主要过程。不确定性是确定气候变化适应性策略的最重要问题之一。因此,未来的气候变化和不确定性,也可以将气候变化情景中获得的信息应用到水资源管理中。本章最后介绍了三个应对气候变化的适应性策略案例。第一个是荷兰应对气候变化的适应性策略,第二个是中国应对气候变化的缓解性措施和适应性策略,以及在水资源管理和规划中的应用,第三个是介绍孟加拉国海平面上升和河流径流改变对海水入侵的影响,以及该国采取的针对性和有效的适应性对策。

3.2 气候变化对水资源的影响

(1)地球上能源平衡和水文循环

辐射到地球上的太阳能其中一大部分用于驱动水文循环。太阳辐射到地球能量的25%,或一半辐射到地球陆地表面的太阳能,用于蒸发,将水从液体变成气体,然后又在重力作用下形成降雨。其余太阳能驱动海洋环流和大气环流,决定降雨的位置(Lindsey,2009)。温室气体含量过高,地球表面多余的热量就会增强水文循环过程(IPCC,2007;Ludwig 和 Moench,2009)。降雨受气候变化影响很大,因此,从一定程度上认为降雨的变化是受温室气体排放的影响。集总式气候模型(ensemble climate models)预测降雨结果显示(见图 3.1),部分地区降雨过量,而另一些如亚热带地区则降雨量偏小。水文循环加剧导致了极端天气事件的频发,例如干旱和洪涝,发生更为频繁,这些变化对人类活动产生了根本的影响。

气候在全球范围内是多变的,气候变化在不同尺度上发生。气温、降雨以及其他气候变化因子在全球、区域和地区尺度上均发生变化(Jacob 和 van den Hurk,2009)。最新研究结果显示,人类活动很有可能影响全球气候,已经开始关注并研究气候变化中人类的脆弱性和应对气候变化的适应性对策(IPCC,2007)。

不同时间尺度气候变化对水文单元的影响。区分不同的时间尺度对于水资源管理和应对极端气候事件很重要(Jacob 和 van den Hurk,2009)。

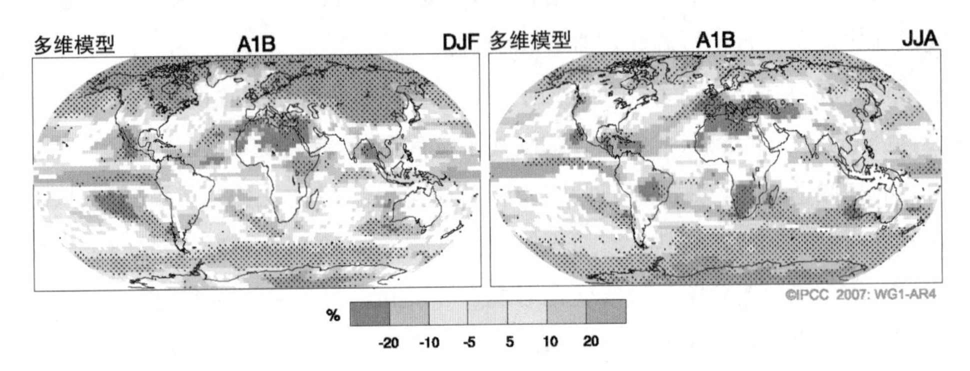

计算结果采用多维模型，基于专题报告 A1B 排放情景计算出的平均值，其中左图是从 12 月到 2 月，右图是 6 月到 8 月。低于 66%的模型支撑白色区域的变化，90%的模型支撑点状区域的变化。引自：图 1.4，IPCC，2007。

图 3.1 与 1980—1999 年相比，2090—2099 年期间降雨量变化

- 气象尺度：单一极端气候事件对水文循环的影响，如洪水；
- 季节尺度：通过长时间的降水或干旱引起的洪涝、旱灾或季节性水资源短缺。准确预测季节性气候模式对于农业的规划和管理意义重大；
- 年际尺度：统计高于或低于平均降水量年份有利于水资源规划，如调整政策和基础设施的建设；
- 多年至世纪尺度：有利于设计和规划相关的储水、供水和洪灾防护等水利基础设施。

(2)温度和降雨变化最近观测情况

应对未来气候变化的水资源管理策略，不仅需要采用情景和模拟手段，还需要量化近年来区域和全球尺度气候变化情况。联合国政府间气候变化专门委员会的年度报告显示：从 1970 年开始，全球地表温度开始上升，很有可能是受人类活动的影响。

但是，对于水资源管理部门来说，降雨变化比全球气温变化要重要得多。因为在年际尺度上降雨变化较温度变化更多，难以从观测数据中找到其中的趋势和规律。地球上大多数地区降雨的统计规律不容易被识别。但也有例外，如澳大利亚西部、欧亚大陆和阿根廷北部。澳大利亚西部在过去的 30 年间，降雨量减少了 10%~20%(Power 等，2005；Ludwig 等，2009)，该地区以冬季降雨为主，地中海气候影响了冬季的降雨量，降雨量的减少导致了超过 50%的河流径流和大坝流量的减少。阿根廷的潘帕斯高原地区出现了相反的情况，部分雨量站的降雨量增加超过 20%(Asseng 等，2012)。由于降雨量的增加，之前受限于水资源，只适于做牧场的区域，可以种植农作物了。欧亚大陆北部地区的雨量站同样也显示了降雨量有明显增加趋势，北极地区河流径流量增大(Adam 和 Lettenmaier，2008)，该地区河流的径流主要来源于雪水和冰川的融化。据观测，在过去的50年里，地球上大多数地区的冰川和积雪覆盖面积都呈减小趋势(IPCC,2007)。

(3)水资源可利用性的变化

在人类活动和气候变化的双重影响下，水资源可利用量在过去几十年里发生了显著的变化。人口数量增加和经济发展增速提高了水资源供应量和污废水排放量，这一变化在亚洲地区尤为明显。由于人类社会的飞速发展，很难界定气候变化和其他社会和经济因素对水资源可利用量的影响程度。此外，降水在时间和空间分布上也存在自然差异。地表水资源历史数据记录显示，径流值在年内和年际间呈现很大的差异，因此，用上述指标难以评估气候变化给降水量带来的影响。

径流变化并不总是和降雨变化保持一致。研究分析显示高海拔地区包括北美和欧亚大陆径流量增大了，与之相反的，非洲西部、欧洲南部和南美部分地区径流量减小了。高气温以及高蒸发量导致了径流量的减小。

通常来说，干旱地区由于蒸发量大，越来越干旱。干旱地区蒸发量提高导致了湿润地区降雨量和降雨频次都有所增加，湿润地区越来越潮湿。然而，气温也会因气候变化而变化，因此，降雨的普遍性规律归纳得过于简单了，并不适合于所有地区。

另外，冬季冰冻地区的河流径流量变化的时间节点也发生了显著的改变(Barnett 等，2005)。随着气温的升高，积雪融化时间提前，以及冬季里降水代替了降雪，二者共同导致了春汛的发生，而河流夏季的径流量相应地减小了。用水高峰期通常是在夏季，河流径流量分配量季节上的改变，给水资源管理带来了很大的挑战，如果基础设施和管理措施没有及时调整，很容易导致夏季水资源短缺问题。

气温升高也会减少冰雪覆盖面积，已有的观测资料发现地球上冰川面积逐年缩小(Oerlemans,2005)。例如，秘鲁过去30年里冰川覆盖地区的面积已经减少了30%(Barnett 等,2005)。在安第斯山脉地区，冰川面积的减小导致了严重的后果，大多数安第斯山脉西部地区的居民，依靠冰川供水的河流作为生活水源(Mark 和 Selzer,2003)。已经观测到全球在过去十年里降雪时间缩短和积雪深度变小了。在喜马拉雅山地区，高温增加了积雪融化而产生的径流，导致了冰湖被填满。一旦冰碛山坍塌，就会暴发泥石流。永久冻土的消失导致了土壤层稳定性减弱，也会增加泥石流、岩石坠落和雪崩的发生几率。

在一些地区降水减少已经引起了河川径流量的减少，引发了系列问题。尤其在半干旱地区，降水量的微小变化都可能导致径流量的显著改变。一份记录完好的澳大利亚西部降水量和径流量的数据资料显示，自1970年以来，小幅减小的降水量导致了河流径流量的大幅降低，引发了珀斯地区可利用水资源量严重不足(Preston 等,2008;Ludwig 等,2009)。

(4)水文极端事件

由于人类活动导致的气候变化,而引发的极端降水事件概率将会增加(IPCC,2007)。极端降水事件,顾名思义,发生几率小,很多地区极端降水事件发生的频次波动很大,很难从中找出清晰的规律。但是,从全球尺度上看,过去十年里极端降水事件的发生频次提高了,高强度飓风(4级和5级)数量也增加了。极端降水事件多发生在非洲西部和澳大利亚北部(Usman 和 Reason,2004)。

近年来洪灾的发生频次增加。洪灾的总数量,以及洪灾带来的损失,在过去几十年里急剧增加(Bates 等,2008)。然而,人类活动引起的气候变化对洪灾的影响机制,目前尚不清楚。IPCC 第四次报告的作者们得出了洪灾的趋势与人类活动引起的气候变化之间没有明显关系的结论(IPCC,2007)。洪灾损失增加也有洪灾发生区域的社会经济因素,如人口密度、经济活动和资本等。与过去相比,有更多的人选择位于海边或者河边的大城市居住。因此,规模相近的洪灾,现在导致的经济损失比过去大得多。另外,土地利用类型发生改变,增加了地表径流的径流量和径流速度,对洪灾数量的增加也有贡献。人工种植森林和原始森林的滥伐提高了径流量,导致了强降雨过程中洪灾暴发频率的增加。红树林和其他滨海植物的消失,削弱了堤岸对沿海洪水的抵御能力。

除了洪灾以外,1970 年后旱灾的强度和持续时间也增加了(IPCC,2007)。尤其在热带和亚热带地区,干旱更为常见。旱灾是由降水减少和温度升高共同作用所致。在过去的 30 年里,非洲的布基纳法索的萨赫勒地区遭受的旱灾越来越严重和持续时间越来越长,但 1998 年后萨赫勒地区降水量有恢复的迹象(Nicholson,2005)。过去几十年里澳大利亚南部和东部地区变得越来越干旱,2003 年澳大利亚东部地区经历了有历史数据记录以来最为严重的干旱,影响了旱地和灌溉地作物的生长,很多农民濒临破产,农业可利用水资源量急剧下降,与此同时也影响了工业和生活用水的供给。澳大利亚几乎所有重要城市的生活用水都受到限制,自来水公司只好寻找新的生活用水水源(见澳大利亚案例研究报告)。北美半干旱地区,如美国西南部以及加拿大南部地区,过去几十年里降水的减少导致了旱灾增加。北美很多地区人口和经济发展也提高了水资源的需求量,使得这些地区应对旱灾能力更为脆弱。

(5)未来水资源可利用性的变化

气候变化对河道流量影响可能最为明显。气候变化不仅影响河道年径流量,也影响其季节性流量,例如,积雪融化时间的变化对河流季节性流量的改变。气候变化对河道流量影响相对简单,强降雨增加河道流量,降水减少则降低河道流量。但是,不同气候条件下降水和河道流量之间的变化响应关系表现不同,在半干旱地区,河流径流量对降水变化较为敏感。简单来说,半干旱地区只有很少一部分降水能形成地表径流,大部分降水会蒸发至空气中或者渗透到土壤中去。正是由于降水和蒸发间差异微小，降水的小幅改变就可能导致河流完全干涸。非洲年降水量低于500mm的干旱地区，降水量减少10%，相应地就会导致河流径流量减少50%（De Wit和Stankiewicz，2006）。与此类似，强降雨时间拉长就会出现这种情况：已经发生洪灾的地区降雨量小幅增加就会扩大新的洪泛区面积。世界上很多地区未来都有可能出现上述情景。半干旱地区河流的径流量存在着季节性差异，气候变化加剧了降雨的差异性，最终导致河流流量季节性和年际间差异更大。采用多维气候模型和水力学模型模拟20世纪末和21世纪末平均径流量以及二者径流量之间的差异，结果如图3.2所示。

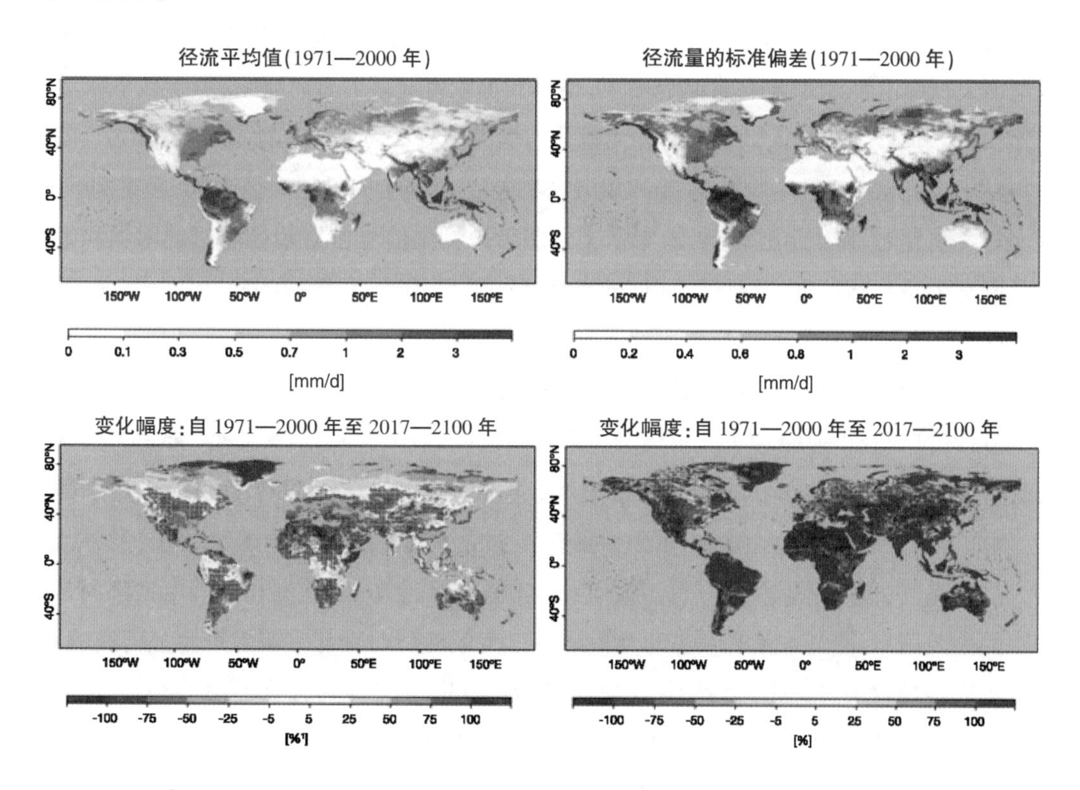

阴影部分表示没有显著变化。引自：Gudmundsson等，2011。

图3.2 基于多维模型的全球水文模拟结果以及采用A2气候情境的全球气候多维模型计算出的月均径流及其标准偏差

生活用水和工业用水很大程度上依赖地表径流，地表径流的变化会对社会发展产生巨大影响。水资源分配（包括水利发电、灌溉和湿地保护用水等）的矛盾冲突随着水资源紧缺而加剧。

寒冷地区积雪融化产生的径流是年总地表径流量重要组成部分，径流的季节性波动会很大。例如，预计到2050年，美国西部地区地表径流高峰可能提前1个月，对水力发电和可利用水资源的量产生显著影响——该地区储存水资源能力太弱，无法留住提前到来的季节性雨水(Barnett 等,2005)。在莱茵河流域,气候变化导致了冬季径流量偏高,原因是冰川和积雪融化的强度增大以及冬季降雨量的增加(Middelkoop 等,2001),由于冰雪融化量提前和蒸发量增加，夏季径流量反而减少，上述这些径流变化会导致一系列不良后果。为降低未来洪灾风险,上游地区的水土保持能力和河道分流能力都亟需加强,与此同时,需要构建完善的洪水预警系统(Middelkoop 等,2001)。夏季径流量偏低将给航运、工业、农业、生活以及水生生态系统(如鱼和湿地等)等依赖河流水资源供给的用水需求带来问题。同时,因气候变化造成的高温天气很可能会增加夏季用水量。

地球上几乎所有的冰川面积都在缩小,在接下来的 100 年里,将有很大一部分冰川会逐渐消失。例如,预计到 2035 年,青藏高原的冰川面积将会减小 100000km^2(IPCC,2007),而 5 亿印度人和 25 万中国人依赖这些冰川融化产生的径流作为生活水源(Stern,2007)。起初冰川融化会引起径流量的增加,而当冰川融完消失后,最终会降低地表径流量。上述例子中,水文对气候变化的初始响应会给未来水文预测带来错误信号，初始径流量的增加和未来的急剧减少是喜马拉雅山地区较常见的水文预测结果(Barnett 等,2005)。

(6)气候变化对需水的影响

气候变化不仅影响水资源的可利用性和分布特征，也会影响到水资源需求量和使用量。温度升高导致工业冷却水需求增加、蒸发量提高以及人类和动物活动需要更多的水资源,生活、能源、工业冷却和农业用水量也都会不同程度地增加。第 7 章将会做详细的讨论,例如,发达国家用水大户之一的电力部门,水资源消耗量的份额迅速增长,世界范围内,煤、天然气、核燃料等发电厂每年使用约 4000 亿 m^3 冷却水。欧洲和美国电力部门是冷却水的主要用户,冷却水消耗量占总量的 40%。气候变化对冷却水需求产生显著影响,全球气候变暖导致水温升高,削弱了水的冷却能力,因此,工业生产需要更多冷却水。此外,由于空调使用频次增加,气候变化很可能增加夏季用电量。为保护河流生态系统,电厂排入河流中冷却水的量和温度均有限制。河流径流量相对较低的高温季节,水环境质量、接受冷却水的河流容量以及降低发电量的经济负作用之间的矛盾愈发凸显 (Van Vliet 等,2012),说明了气候变化会加剧水环境和工业生产之间的矛盾。

农业仍是全球范围内最大的用水户(详见第 6 章),消耗了大约 70%的水资源。世界上约 17%的农用地需要灌溉,而这 17%的土地贡献了 40%的粮食(FAO,2002)。气候变化给农业生产带来的任何变化，都会对水资源产生很大影响，相应地影响了农业部门需水量。气温升高改变了农业需水量,但作物生长季节变长了,每年同一块地增加了耕种高产作物的品种或者能够种植更多作物(间作)。在忽略气候变化本身带来影响的前提下,预计 2080 年气候变化对农业灌溉的需水量影响，计算得出的结果是增加 20%(Fisher 等,

2007)，但这种估算结果具有相当大的不确定性。气候、农业和水资源之间的关系是多重和复杂的，气候变化改变了地区适宜种植作物的种类以及作物间作模式。

某一地区适宜作物种类和种植作物种类的调整，改变了水资源需求量。气候变化对自然界植物、生态系统和物种的影响是一致的，在很多案例中，高海拔地区越来越适合农业种植，而干旱地区气候逐渐变得不适宜种植作物。图 3.3 提供了一个例子，显示了 20 世纪末到 21 世纪末适宜耕作旱地小麦土地格局的变化，适宜耕作旱地小麦的土地向北迁移。

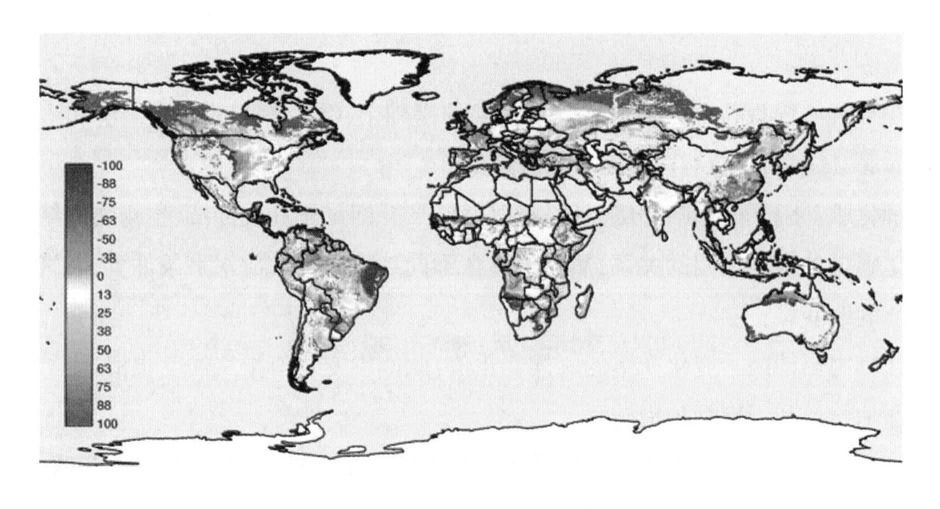

图中绿色区域表示更适宜，红色区域表示不适宜。引自：Fischer 等，2002。

图 3.3　采用 HadCM3 模型自带的 A1F1 情境模拟 2080 年旱作麦子耕种适宜区变化情况

图 3.3 也说明了如果在某地区长期种植同种作物，作物需水量会随着蒸发量改变而发生变化，然而植物的生物学特性使得预测植物蒸腾作用变化程度相当困难。高温导致蒸发量增加，但二氧化碳含量升高对植物有施肥作用，加速植物生长和削弱植物蒸腾作用。然而，到目前为止，大区域范围内二氧化碳对植物的施肥影响机制尚不清楚，任何产量的增加都有可能被农产品质量较差抵消，此外，高温对植物生长有负作用。

气候仅是地球系统的一部分，预测气候变化引起的未来需水量变化非常复杂。需水量因我们土地和水资源利用的方式改变而改变，人类行为的变化包括水资源使用方式、能源构成、饮食结构、水资源利用效率以及技术革新等，都会影响水资源的利用。例如，高温冷却技术的革新相应地降低能源部门的需水量；我们饮食结构和耕作模式很大程度上决定了农业用水量；为保障供水修建的水库可从其水面蒸发很大一部分水资源。

最后，水资源的消耗对水资源供给和气候系统有反馈调节作用。土地利用格局调整会改变蒸发量，反过来影响气候和降雨模式，从而影响整个水文循环过程。气候变化正以多种方式改变水文循环系统，包括水资源供给和需求，从而影响不同的单元，而这些单元正是复杂地球系统的组成因子。

3.3 气候科学：水资源管理基础知识

(1)气候变化评估过程

气候变化评估的主要步骤和水资源管理步骤是一致的：

1)收集气候原始观测数据和信息，描述气候现状，分析时间上气候变化趋势以及影响因素；

2)在理解气候现状和气候变化驱动因素的基础上，结合当前的社会经济和生物物理结构(biophysical structures)，预测未来情景；

3)量化驱动因子的影响程度。气候变化例子中，即量化社会经济、生物物理结构变化与二氧化碳排放水平之间的关系，然后计算在不同二氧化碳排放水平条件下，大气中二氧化碳浓度的改变量；

4)计算因驱动因子变化产生的气候变化值，此例中变化值指气候变化情况；

5)评估结果和制定管理措施。

气候模型的输出结果不能直接用来评估所有因子的影响结果。上述5个步骤中，第五步继续细化成一系列分步骤，利用分步骤实现气候变化对水资源的影响评估，分步骤具体包括：

- 更准确界定和精简气候变化情景，预测特定对象的影响，从而更具针对性；
- 降尺度的气候数据；
- 运用更多的数据和模型评价影响结果。

过去IPCC报告中采用的气候和水资源信息链，是基于A1,A2,B1和B2的描述，A1,A2,B1和B2分别表示未来不同社会经济模式下的发展情况。不同的社会经济消费水平下温室气体排放量，是基于现有经济模式下的温室气体排放定量估算得到的。模型的定量计算结果显示温室气体排放强度的改变，导致大气中温室气体浓度的变化，打破原有的能量平衡，引起气候变化，并引发以下问题：气温和降水模式改变、海平面上升等。上述评估结果均是由气候模型定性和定量计算得到的。

模型计算过程中每个步骤中都存在误差和不确定性因素，源于：

- 原始数据；
- 未来情景各种可能的描述；
- 反映未来情景的定量指标；

- 模型本身的误差和偏差(气候模型,降尺度方法和影响评估模型);
- 结果的阐述和评估。

气候学界和水文学界长期致力于修正模型计算过程中的误差和不确定性。目前,气候情景的质量和空间分辨率已经有所改善。目前正致力于解决科学家和水资源管理部门等气候数据用户间的双向沟通问题,使科学研究更能贴近用户需求。下文将分步骤介绍计算过程不确定性修正的最新研究进展和新方法。

(2)历史数据

为了模拟温室气体排放量对水文循环过程和水资源管理的影响,需要设计各种未来可能的社会发展情景。然而,这种情景设计是基于对当前社会状况的掌握。我们必须厘清驱动气候变化的各种相关变量的变化趋势,包括人口、经济、能源、土地利用和技术变革以及其他任何可能影响我们决策的变量,完成这一工作需要收集相关历史数据,全球气候模型需要收集全球范围内的数据。收集数据需要耗费多年的时间和重要的资源。

任何途径收集到的数据都有可能包含误差和矛盾。这些误差和矛盾包括:

- 测量工作本身的误差;
- 测量数据记录的错误;
- 不同国家和不同时期的测量方法及技术差异;
- 测量位置的差异;
- 影响测量结果的周围环境差异;
- 记录缺失和其他。

因此,数据收集工作完成后,需先进行分析、校核和统一数据格式。可喜的是,国际方面持续致力于气候数据的勘误工作,可以获得经校核后的准确的气候数据。

我们需要继续努力获得更多气候方面的可信数据和信息,进一步严格校核和升级现有数据库,确定数据的波动性。近期努力通过各种途径获得了大量的关于气候的原始观测数据。获得数据的途径包括自带卫星监测的气象站、船舶、飞机和无线电设备等,并采用数字天气预报模型对数据进行修正,进而产生更多一致性良好和准确度高的时间序列气候数据库,这一过程被称为数据的再分析,已经在国际上几个著名的气象中心实施。这些气象中心包括:

- 欧洲中尺度天气预报中心——EAR40;
- 日本气象厅——JRA-25 和 JCDAS;
- 美国航空航天局——MERRA 数据;
- 美国能源部国家环境预测中心——CFSR,NCEP/DOE Reanalysis II,NCEP/NCAR Reanalysis I,NARR;

- 国家海洋与大气管理局——20CR。

很多情况下,再分析数据过程能够持续、自动更新实时、自动和在线监测仪器采集的数据,直接输入数据进行分析和建模,并对再分析结果进行整合。再分析结果和原始实测数据的比较,为数据的不确定性评估提供参考。由于越来越容易获得海量数据,数据的不确定性分析变得切实可行。此外,推荐采用模型对数据的不确定性进行评估,例如水资源影响评估模型。模型的综合评估在模型章节中将做详细论述。

本节所说的数据再分析对象是气象数据。数据每 3 小时或 6 小时获得一次,但是空间分辨率仍达不到做影响评估的精度要求。水资源影响评价需提高数据分辨率以及与水资源管理相关的因子准确度。通过第一步应用——数据再分析的二进制插值获得分辨率更高的网格,提高了数据的分辨率和质量。气候变化受海拔高度影响,可通过高精度的高程数据进行海拔高度的校正。最后,比较再分析数据和原始观测数据,应用偏差校正方法纠正再分析数据中的系统偏差(Weedon 等,2010)。

气象局可以提供评估水资源可利用性和水文模型所需的数据信息。此外,还需要很多其他类型数据和信息,如物理和社会经济结构等,总结当前水资源状况,以及评估未来水资源变化趋势以及可能的影响因素,其他类型数据和信息包括人口统计、经济、土地利用、农业、林业、能源生产和使用、技术变革、环境和生态系统、文化价值观和喜好等,它们与水资源之间的相互关系,将在本书的其他章节中论述。获得上述时间序列和空间序列的数据和信息比较困难,并且很多情况下这些数据包含了很大的不确定性,尤其大的空间尺度和全球范围内的数据和信息。但是,随着数据的质量和可利用性不断提高,某一地理位置的其他相应的信息包括人口、国内生产总值(GDP)、能源、土地利用、农业生产潜力和实际产量等都是可用的。

下面列举的是能够提供上述数据和信息的研究机构:

- 人口统计数据——联合国人口司和国际应用研究所(IIASA);
- 国内生产总值——世界银行;
- 能源——IIASA 全球能源评估中心,国际能源机构;
- 土地利用——荷兰环境评估机构的全球环境历史数据库,IIASA 的全球农业—生态区域软件 3.0 版本;
- 农业生产——麦吉尔大学的土地利用和全球环境实验室提供的 IIASA GAEZ V3.0。

(3)情景开发

我们无法预知未来,但是可以运用最准确的信息和总结过去来模拟未来可能发生的情景。情景在第 2 章和第 8 章都有讨论。简单情景开发技术如内推法或外延法,将过去几十年的发展趋势推演到未来，补充一些重要参数比如人口数据等，这种外推法是较常采用的，通常用于规划，由于前置条件修改和规划调整可行，外推法在短期和中期规划中较为常见。

但是，未来长远规划和大型基础设施建设规划不宜采用趋势外推法，需进行更深入的研究。气候变化背景下水资源管理具有很大不确定性，不是由于数据或模型造成的，而是未来本身的不确定性带来的。通过开发未来各种可能的情景，更好地理解未来不确定性，然后进行分析，以此确定未来社会经济结构及其对气候变化的驱动和对水资源的影响。IPCC第四次评估报告中，做了排放情景的专题，采用了代表不同类型未来的四种排放情景。2014年IPCC第五次评估报告方法将稍作调整，但仍基于四种基础和典型的温室气体排放量，我们称之为典型排放浓度路径。由于模拟全部情景和运行所有气候模型花费大量时间，因此，第五次气候变化评估报告中上述两个过程并行开展，利用典型排放浓度路径运行气候模型，同时开发全社会经济情景，与典型排放浓度路径一致，描绘未来社会经济可能的发展水平，以及影响模拟排放浓度路径反馈机制。

驱动气候变化的因素多种多样，因此，气候专家、水资源专家或者其他任何领域的专家，都不可能独立完成情景开发工作。目前已逐渐意识到，很多不同部门和学科包括规划决策部门以及利益相关群体都应该参与情景开发工作。多方参与开发的情景，不仅被不同的部门认可，而且符合相关用户的兴趣和使用习惯。来自不同学科的专家保证了开发的情景是科学可信的，科学家们量化未来情景，并将交流得到的信息反馈给各自部门，进一步细化、改进、沟通和理解模拟的未来情景。上述量化过程降低了未来的不确定性，有助于对未来事务和未来情景的不确定性的理解。

(4)模型

一旦开发出定性的未来场景后，就可以采用数学模型进行定量分析各种可能的未来。大气环流模型(general circulation models)，也被称为“全球气候模型(GCMs)”，已经被开发出来，并应用到过去和未来的气候研究中。大气环流模型是“地球系统”典型的数学表达式。该模型最基础技术层面是计算地球系统的能量平衡，掌握到达和离开地球的能量，以及地球系统中能量转化情况。如果到达地球的能量超过离开地球的能量，那么地球会变得越来越暖和。温室气体像地球表面的一层毯子，给地球保暖，防止热量和能量从地球大气层散失。

由于太阳能是驱动气候变化的主要和唯一因子，理解了能量平衡意味着理解了整个气候系统。当然，我们更多的想知道改变能量平衡会怎样影响地球系统和人类社会。因此，大气环流模型包含了尽可能多的地球系统的物理、生物和地球化学过程，从而完成整个能量平衡计算。大气环流模型采用排放不同浓度的温室气体和气溶胶进行计算。未来温室气体排放浓度的预测是基于经济发展模型计算得出的，由不同排放情景计算得到的温室气体浓度驱动了整个大气环流。为了测试不同大气环流模型的准确性,科学家们利用模型对过去时间段进行模拟,模拟结果与历史记录进行比较。气候模型的准确性在过去几十年里已经有了提升,可以很好地对大尺度的气候过程进行模拟,如管理活动导致平均气温的改变,然而,在降水模拟中仍存在系统误差或偏差。由于模型存在较大的偏差,大气环流模型的降水输出结果不能直接用来驱动水文或水资源模型（Hansen 等,2006;Sharma 等,2007;Piani 等,2010)。大气环流模型日降水量的偏差覆盖了整个频谱范围——太多雨天、平均降水量偏差太大以及已发生的强降水事件无法重现等。为了合理分析气候变化对水资源和水文极端事件的影响,有必要减小模型误差。大气环流模型水平分辨率是 200~300km,大气环流模型的偏差某种程度上因分辨率低增大了。大气环流模型在模拟物理过程和分辨率上都有所改进。最近模型已经在赤道地区 20~50km 比较高的水平分辨率基础上运行。图 3.4 给出的前四次气候变化评估报告结果,模型的分辨率正逐步改进。尽管气候模型利用计算机进行密集计算，但目前仍需要花费一年时间运行一个气候模型下的工况。高分辨率气候模型所需要的计算次数将会翻倍,因此,测试模型和分析超大数据库的计算结果,需要耗费大量的时间。

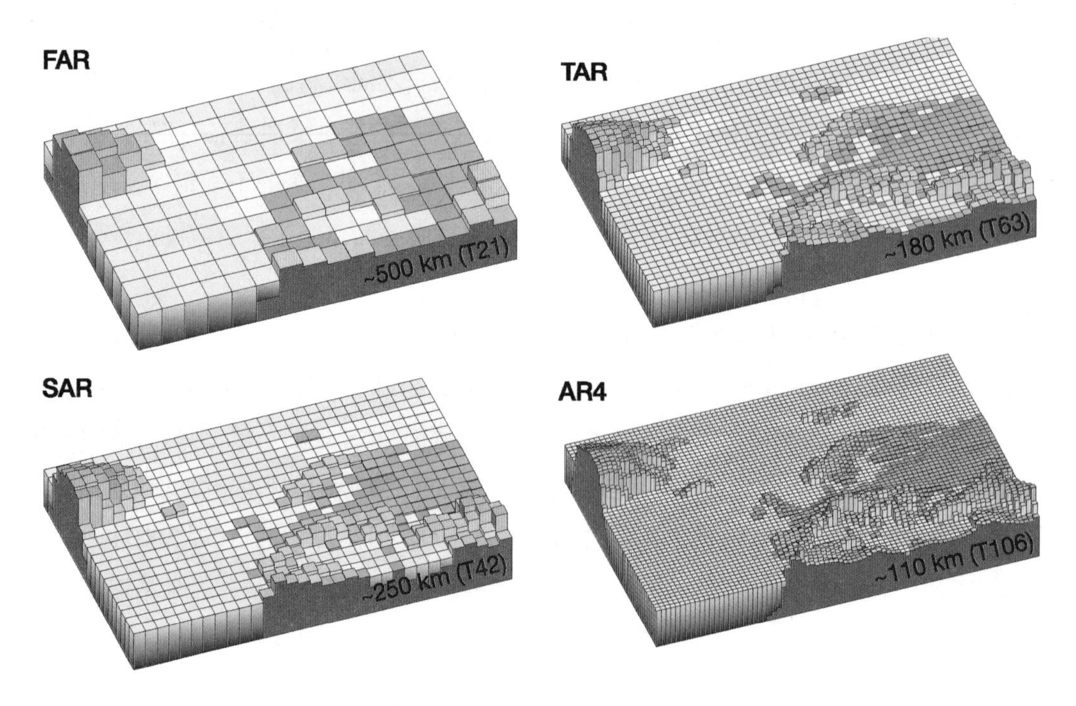

FAR 第一次全球气候变化评估报告,SAR 第二次全球气候变化评估报告,TAR 第三次全球气候变化评估报告,AR4 第四次全球气候变化评估报告。引自:SPM.7,IPCC,2007。

图 3.4　全球气候模型的水平分辨率的精度随时间推移改进情况

大气环流模型模拟物理过程的精度和分辨率正在逐步改进。降尺度(downscaling)和偏差校正方法已经被开发出来了,可以使大气环流模型基于低分辨率的数据,得出的模拟结果适用于全球和区域的影响评估,有助于理解模型方法的不确定性。通过下面两种方法了解模型不确定性范围:对比模型的计算结果和原始观测数据;比较应用同一组数据的不同大气环流模型的计算结果。从不同的大气环流模型输出结果来看,模型模拟过程中的确存在不确定性,并且给使用气候模型数据的用户提供了宝贵信息,如对运用几个模型计算得到的一致结果更有信心。多个模型可以自由组合成耦合模型,并结合不同模型的输出结果,得到具有不确定度范围的单一结果。图 3.1 是上述方法的实施案例。

然而,不同模型间的比较和多模型自由组合成的耦合模型,都不能完全消除模型偏差(系统误差导致了气候变量值过高或者过低)。科学家们确实提高了模型的分辨率,满足很多影响评估工作的需要。降尺度和偏差校正方法已经开发出来了。降尺度初步分为两组:一组是统计学尺度,另一组是动态尺度(Jacob 和 Van den Hurk,2009)。降低动态尺度即采用高分辨率的区域气候模型,该模型是大气环流模型的子模型。区域气候模型涵盖了更为详细的信息例如地形结构、海岸线、以及大量的土地利用信息。该方法的主要缺点是模型计算昂贵以及需要培训运行和分析区域气候模型的人员。此外,和大气环流模型提供自身边界条件类似,区域气候模型存在自身边界条件的模糊和系统偏差,必须进行模型校正。

统计学上的降尺度技术是确定大尺度的气象数据(大气环流模型是典型例子)与区域观测值之间的相关系数,如掌握区域降雨和气温观测值,再利用相关系数预测该区域未来的降雨和气温变化趋势。该技术可以在固定站(点)尺度上产生一系列未来时间序列数据,往往模型采用一个或多个站点的气候数据进行校准。统计学降尺度技术是利用某个站点的未来时间序列气候数据进行气候变化影响分析,其最主要的问题是不同气象间的相关性很容易改变,这种改变由全球气候变暖所导致。采用统计学降尺度技术时,气象变量间往往缺乏物理一致性。在面积更大的区域内,单一因子空间上的物理一致性也难以保证。尽管上述提到降尺度技术并不完全适用于全球分析,但应用该方法开展全球水循环和未来水资源匮乏等方面研究的科学家仍兴致不减。采用简单的"差值法"对气候变化影响水资源供应进行整体分析。基于大气环流模型的输出结果,计算温度和降雨相关变量未来时段的模拟结果和历史模拟"基准值"之间的差值,然后差值应用到由观测数据组成的历史数据库中。该方法缺点在于,它虽然可以比较平均降雨量和气温的变化,但不适用于校正时间序列的降雨分布偏差。随着全球气候变暖,不仅平均气温发生变化,降雨和温度的分布也会发生改变,这些分布变化对于水文过程分析和水资源管理很重要,因为它们影响了旱灾和洪涝的发生频次。

为克服上述问题，科学家已开发出了统计学和降尺度耦合的方法（Piani 等,2010；Hagemann 等,2011），该技术首先将大气环流模型的输出结果划分成 0.5°×0.5°的网格，然后对每一个网格进行统计偏差的校正，从而校正了整个模型的输出偏差，最后产生与观测数据统计频次一致的计算单元。采用这种方法可以计算和分析极端气候变化，显著改进了标准插值法。它已经应用到调整参数过程中，参数包括降水和气温等变量。过去的做法为保持变量间的一致性，假定气候模型的偏差随时间变化是恒定的理想情况，但实际上所有气候变量并不完全保持物理一致性，这是该方法的短板。保持所有气候变量物理一致性的最佳途径是进一步改善气候模型，减小模型偏差。同时，上述技术在校正气候模型偏差的研究方面，提供了更好的研究气候影响的可能性（不仅给出了物理参数的平均值变化，还给出了变化的概率分布）。对于水资源管理来说，理解和掌握极端气候事件非常重要。

适当降低气候变量尺度和校正模型的偏差，就可以用来驱动水文模型，并分析气候变化对水资源的影响。水文循环过程的建模面临着与气候建模类似的挑战和局限性，其中包括：

- 数据质量和可用性；
- 开发反映不同水资源用户利益和需求的真实情景，以及确定水资源可利用量的可能变化范围，并应用到对未来的预测中；
- 社会指标和物理过程的准确性，由模型来反映；
- 满足水文分析要求的分辨率。

建模的精确度和准确性之间总有一个折衷。添加额外复杂的社会和物理过程，使得模型难以进行参数优化和运行，延长模型运行时间。通过上述手段提升了模型的精度，但缺乏足够的数据，模型的准确度可能不会改进，甚至变得更糟。

上述描述水文模型不确定性的步骤，也可应用到水资源影响评估模型中。气候因子和社会经济驱动因子的数据库已经有所改进，驱动因子包括土地利用、人口、经济、技术和能源使用等。与此同时，水资源数据库也更丰富了，例如流域边界、径流、水质、地下水和各个行业水资源需求、使用以及技术变革，数据库在持续改进。开发并比较了与气候变化一致的多种情景，在社会经济和气候变化情景下，具体描述未来的水资源因子变化情况。以前只有水利专家开发与水资源相关具体情景，但现在很多部门和学科利益相关群体及专家也参与开发，使得开发情景运用了最前沿的技术和信息，开发的情景对于所有用户都是相关的和有用的，其中还包括了满足多需求和多用途的水资源管理的反馈和权衡机制。目前已经开发出很多水文模型了，随着采用数学表达式来表征水资源使用和管理的影响因子和变化趋势，水文模型被不断地改进。由于存在很多可用的模型和方法，进行多模型对比来评估模型的不确定性成为了可能。图 3.5 是基于气候模型的土地利用子模型和水文模型进行了模型间的比较，得出了较为丰富的信息。

由于偏差校正方法和模型自身的不断改进，耦合模型不仅能评估平均值的变化情况，还可以细致评估气候变异性和极端事件的变化。图3.5给出了历史时期变异系数和平均值的模拟结果，而图3.2是采用耦合模型分析得到的结果，该方法提供了模拟未来变化所需的平均值和标准偏差，虽然不能完全消除气候变化对水资源影响的不确定性。但模型中每一个步骤的改进，都可以减小其不确定性，以及提供更多有关不确定范围的信息。数据库也在持续改进，有了更多不同来源的数据，以及更好的数据审核和分析方法。多种情景也正在开发中，并被多部门利益相关者以及决策者比较。总之，不同的利益群体为模型提供了丰富的资料和输入，保证了开发的情景可行性和实用性。目前，采用更多先进的模型量化情景，该类模型有更高的精度和准确度。采用降尺度、偏差校正、多模型对比和耦合等方法，仔细分析、校正和比较输出结果。最后，模型结果提供给利益相关方，保证了结果的可信度和未来情景的代表性。认识和减少不确定性的所有努力都将改善水资源管理的融资条件。

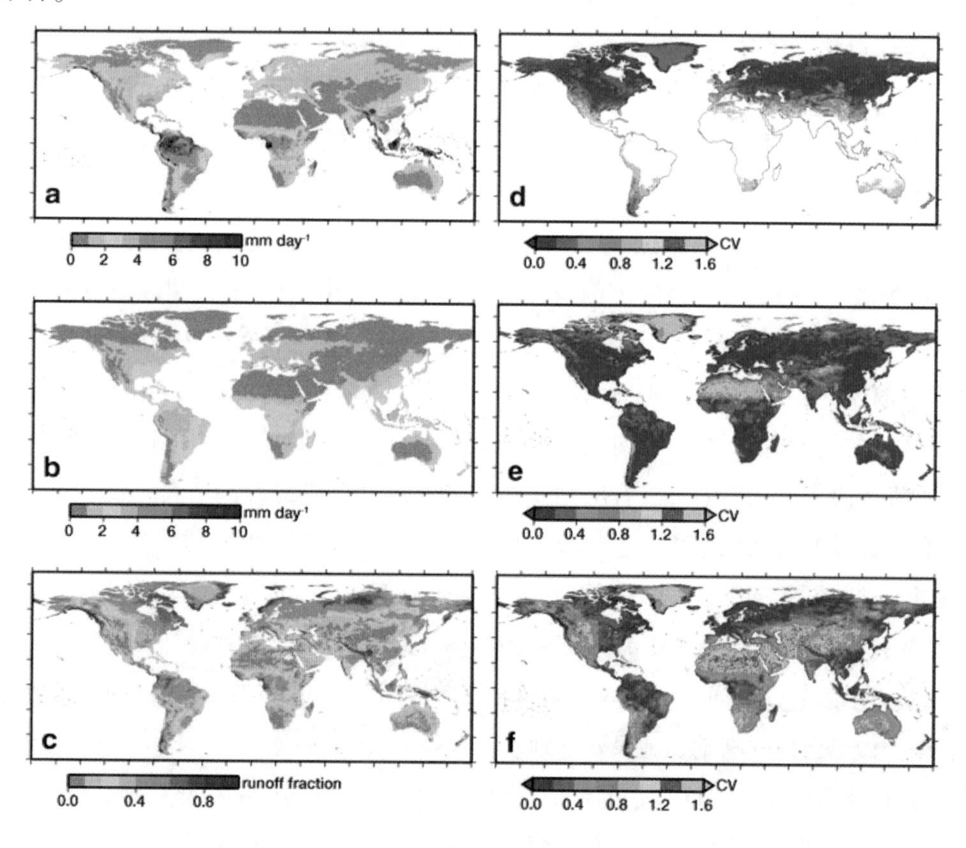

地图下的数字是不同模型计算出的全球平均值范围。所有的模型采用的统一的降雨数据作为输入。根据模型全球年蒸发量从415mm到586mm，降雨占径流组成比例从33%到52%。引自：Haddeland等，2011。

图3.5 由多重水文模型计算出的降雨、蒸发和径流组成以及它们的变异系数

3.4 水资源管理的不确定性

规划水利基础设施建设和水资源管理系统一般是基于对历史气象观测资料和水文数据的统计分析。例如，通过分析可信的长时间序列气象数据，掌握某一极端事件发生概率，规划抵御发生该概率规模事件的基础设施。规划抵御百年一遇洪水的基础设施，即根据历史数据记录任意年份发生该规模洪水事件的概率是1%。此类计算隐含着假设：气候和水文条件是恒定不变的，例如从历史记录资料中获取的降水和径流数值，未来不会改变。水利工程师和水务管理者都知道这与实际情况不符，但也只能利用已有的数据信息开展工作，有时会添加安全系数，以减少未来变化的不确定性。气候变化总是在发生，气候静态假设难以成立，历史观测数据不能满足制定应对气候变化和极端事件对策的要求。

水务管理者应对气候变化的管理方式一直偏保守，并认为未来气候情景的不确定性是工程措施投资的主要障碍。未来气候不确定性是关注焦点，水利基础设施建设是基于极端事件发生概率设计的。管理者需要掌握气候变化对极端事件发生概率的影响，以做出科学、合理的投资。图3.6显示了怎样提供理想的气候信息。管理人员可以利用历史数据开发概率密度函数(PDF)，如图3.6中实线所表示的。自然系统和人类社会以现有的知识和技术水平可以适应一定程度的气候变化，称为"自主适应"。例如，农民调整作物结构和播种时间以适应气候变化，其他适应性策略需要更多投资和体制变革。就以刚举的例子来说，气候变化一旦超过自主适应范围，农民可能需要改变作物种类、新建灌溉设施以及其他的应对措施。某些时候可能难以承受气候变化的风险。刚才的例子中，难以承受气候变化风险的时候，某区域气候和土地已经完全不适合于农业种植。如图3.6所示，气候变化改变了风险的整个概率分布，平均值(图中X_1到X_2部分)和变异性(图中钟形曲线的宽度所示)均发生改变。从图中可以看出，平均降水量的减小和变异性的增大导致了发生干旱事件概率急剧增长，而洪水事件发生概率也随着变异性提高而增大。P_1表示旱灾发生概率急剧增长，相同频率下，P_2表示的降水减少和干旱事件更为严重，当前系统不能接受这种程度的风险。当然，采用新技术可以改变可接受风险的水平。水务管理者主要想了解未来的风险概率函数，以便做出相应的调整和投资计划。通过这种途径提供的信息较为理想，有助于做出合理的基础设施投资计划。

气候模型适用于大尺度过程的模拟，能很好地表征平均温度的变化趋势。但是，降水是区域事件，大气环流模型还不能准确模拟区域的降水变化和变异性。因此，单独使用气候模型不能为水务管理者提供区域尺度的降水信息。数模科学家、水文学家以及其他与建模相关的参与者已经开发出了多种大气环流模型降尺度的技术方法，使模型能够应用于流域尺度。气候变化评估过程的每一步误差和不确定性，都使得模型的输出结果难以解释,由于建模技术不断地完善,这种状况已有明显改善。不确定性正逐步减少,哪些地方可信,哪些地方不可信,通过理解更多的不确定性信息掌握更加准确的事实。虽然气候变化仍存在不确定性,但气候变化下风险的概率分布变化信息可以帮助水务管理者决策。这些信息会变得越来越可信,但不可能完全消除不确定性,未来必须在气候变化条件下做水资源规划。本节提供的案例:无论未来怎样变化,采用气候模型得到的信息,设计更为有效和灵活的解决方案。

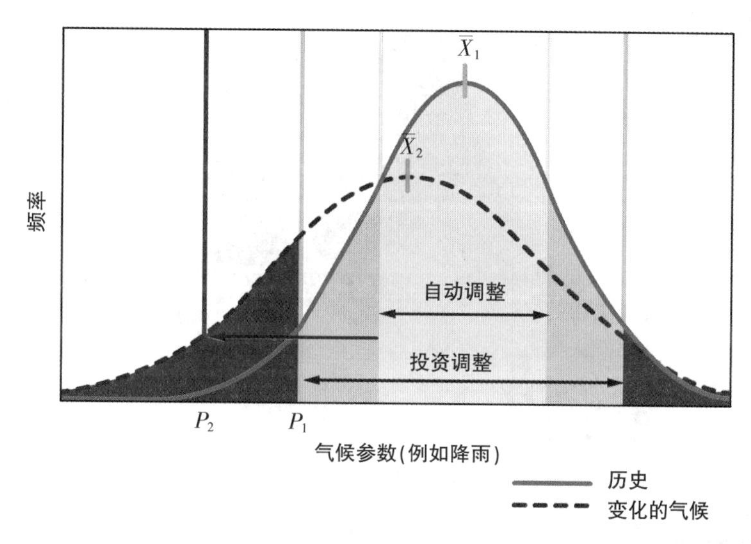

图 3.6　气候的概率函数随气候变化而变化情况

(1)荷兰三角洲:应用风险概率管理洪泛区的案例

荷兰面积约 400km²,人口超过 160 万,它位于欧洲三条主要的河流(上游由多个国家使用和管理)莱茵河、马斯河和斯海尔德河的三角洲地区,是个海滨国家。由于人口和地理位置的特殊性,该国水利工程和水利管理的历史悠久。荷兰土地资源紧张,从而产生了很多水利工程——修建堤坝和防洪堤来围海造地，防止海水和洪水的侵袭。荷兰有 3500 余 km 的防洪堤，几百个水闸和泵站。大部分居民和经济活动区域都位于海平面以下,整个国家都依赖防洪堤坝的保护。1953 年的洪水事件,造成了毁灭性的生命财产损失,因此荷兰议会决议提高防洪标准,海岸线以外建造的堤坝必须抵御万年一遇的洪水,如图 3.7 所示,这些堤坝防洪标准目前仍有效。但是,堤坝运行了50 年后,已达不到防洪标准要求了。此外,气候变化和海平面上升正改变着极端降水事件发生概率。受防洪堤坝保护区域的人口数量和经济发展水平也稳步上升，因此，发生极端事件带来的后果更为严重。荷兰政府意识到必须进一步投资水利基础设施建设,防止洪水的侵袭。政府决定设立三角洲委员会,综合考虑应对洪灾和旱灾的保护措施,以及气候变化带来的不确定性,制定荷兰未来长期水资源管理的决策和规划。三角洲委员会将更新水利基础设施作为契机，实施新的水资源管理政策，新建的水利设施更灵活、适应性更强以及环境友好，并考虑了未来各种不确定性以增进其稳定性。

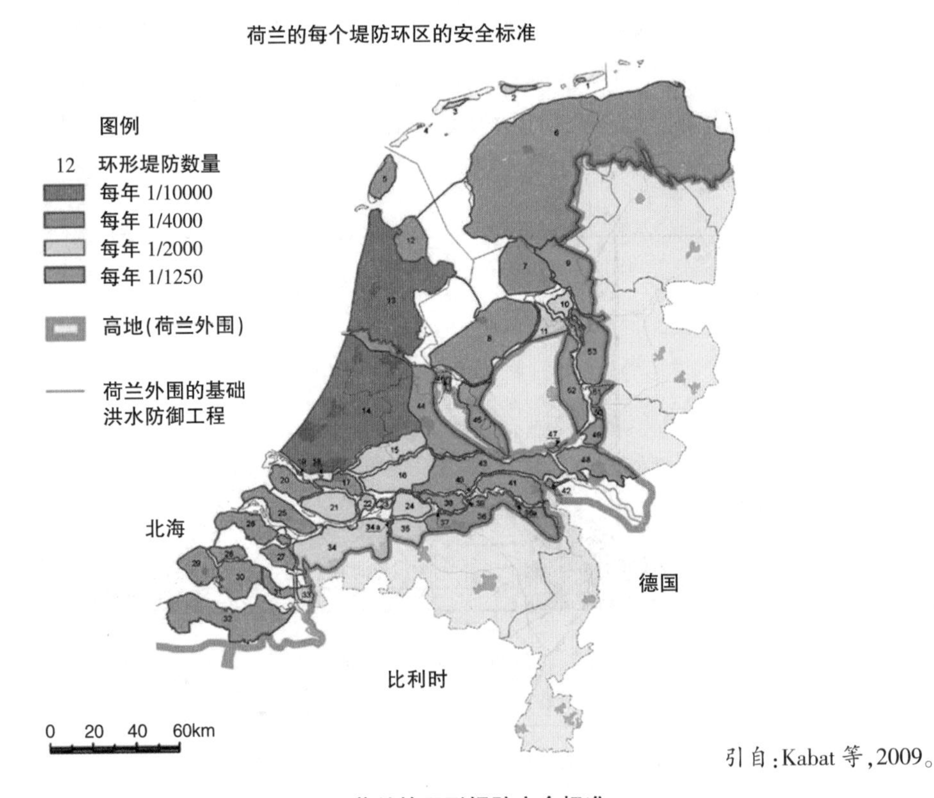

引自：Kabat 等，2009。

图 3.7 荷兰的环形堤防安全标准

三角洲委员会规划和决策的关键是评估以下内容：

- 全球性海平面上升和以及由此造成的荷兰海滨地区海平面上升问题；
- 气候对河流径流的影响，以及在“自然构造(building with nature)”和“给河流留一定空间(room for the river)”主题下，尽可能采用生态友好的适应性措施。

科学研究结果显示，适应性措施需应对海平面上升、海水入侵、河流径流改变、气温升高以及极端事件等，与此同时，适应性措施仍需保障居民和经济活动的淡水资源供给。

“自然构造”理念的核心策略是给沿海区域贫瘠沙滩补充含营养盐的沙子。海水对沿海区域的侵蚀导致了洪水天然防御屏障——沙子和沿海生态系统的损失，同时堤坝限制了自然河流和潮汐挟带的沉积物在沿海区域的沉降。此外，该理念还包括给沿海堤坝打开些缺口，恢复潮汐动力以及海水—淡水盐含量的浓度梯度，修复河口自然格局和生态系统平衡，以及改善恶化的水质。发生洪灾时，闸门能阻挡风暴潮和洪水，而内陆湖泊可以进行洪水分流。为弥补淡水区域水资源的损失，淡水主产区的淡水湖水面将提升至与海平面相平。多余的淡水资源仍可以通过堤坝向海洋中排放。利用淡水与海水之间盐浓度差发电，产生的电量用于水务管理部门所有的堤坝和泵站能量需求(Deltacommissie，2008)。

“给河流留一定空间”理念是后移堤坝、移除或减低洪泛平原的堤防工程，给河流发生洪水泛滥时留更多空间。同时，降低河床，清除过量的淤泥(清除的淤泥可以用于海滩的营养补给)，更多湿地和圩田用于蓄洪和排涝。非传统的结构调整措施也正在试运行和实施过程中。

长期以来防汛建筑是减少洪灾损失的有效手段。诺德维克市将这一想法提升至新层次，建造浮动城市，采用水来降温以节约能源成本。此外，通过在温室下方建设储水设施，利用储水设施来蓄洪水，同时给温室供水。

非工程型的水资源管理措施包括：

- 调整水资源管理政策和制度等；
- 明确不同部门职责；
- 资助水资源开发的投资计划；
- 在欧盟水资源框架指令内开展与邻国的河流管理合作；
- 当局制定合理水价；
- 明确土地利用规划的责任。

土地利用规划要求所有建筑都不得降低河流径流量和减小湖水水面面积，洪泛区的任何建设项目都需要成本效益分析，个人和居民都需要为此承担投资项目的损益。从传统工程技术如提高堤坝高度，向新的工程技术如浮动建筑发展，以及增强河口生态系统的自然属性。非工程措施，如制定水价、国际合作以及土地利用规划和分区，荷兰正实施灵活的、适应性强和稳定的水资源综合管理系统，并采用协调解决方案，为居民的生命财产安全提供持续的保障，并维持50~100年内生态系统的稳定。尽管实施新的水资源管理战略成本很高，但与应对水文极端事件发生的损失相比，经济效益还是比较可观的。

(2)中国：区域管理巨大差异性、社会经济快速变化以及应对气候变化的挑战

中国是另一个极端例子，土地面积接近1000万km^2。中国的多样化和经济快速发展给水资源管理带来了一系列挑战。如图3.8所示，中国年降水量地区差异性很大，西北部高原地区和沙漠地区年降水量低于50mm，而东南部分地区降水量高达2m多。中国70%以山地为主，只有10%~15%的耕地，超过13亿人生活在城市化极快的地区，这些区域位于具有良好的农业用地条件的东部平原和盆地地区。城镇化和工业化加快导致了生活和工业用水量急剧增加，而水利基础设施建设未能跟上社会发展的节奏。由于部分经济发展很快的地区水资源匮乏，部分河流一年内多个月都处于干涸状态。地下水开采速度已经超过了补给速度，造成地下水水位下降和海水入侵。

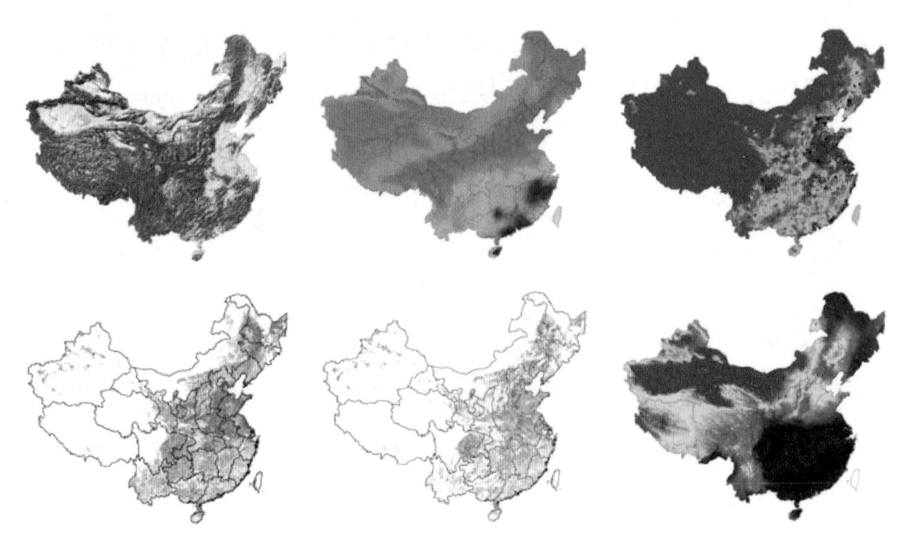

左上角是高程地形图,中国多数区域是山区,只有小部分深绿色区域是平原。中上方的图是从极干旱的西北地区到湿润的东南地区的年降水分布图。右上方的图是人口密度分布图,大多数的中国人口都居住在东部地势低洼的平原地区,该地区最适宜于农业耕作。左下方图显示的每平方公里耕地比例,深绿色表明耕地密度最高(超过80%),过渡到黄色、红色、褐色、灰色和白色,耕种面积逐步减少。中下方图是水浇地占耕地比例。右下方图显示了作物水分亏缺,其中深蓝色表示没有亏缺,而深红色和紫色亏缺均超过1000mm。水分亏缺表明降雨提供的水分不能满足农作物需求。它是潜在蒸发量减去实际蒸发量,本例仅参考标准作物。

图 3.8 中国地理空间分布的多样性

中国的水资源不仅空间分布差异大,时间分布上也很不均衡。中国洪涝、干旱灾害的历史很长,有的灾害已成了河流的名字。黄河的径流量年际差异很大,年径流量从200亿m^3到900亿m^3不等。黄河之所以是"黄"色的,是由于它携带了大量由降雨径流侵蚀下来的黄土高原泥沙,导致了灾难频发,它也被称为"中国的悲伤"。季风给南方地区带来了大量的降水,也造成了很多极端事件灾害的发生。气候变化给中国水资源供给带来压力,主要表现在降水和径流变化大、洪涝和干旱发生频率增加、冰川萎缩以及海平面上升等,其中部分压力已经显现。总体而言,气候变暖趋势对中国农业产生了积极影响,更多地区的作物变成了一年两熟或三熟,耕地面积不变,而作物产量预计到2050年将增产20%。上述预测结果是采用了RCM和区域生态农业结合的方法,调整作物结构,在每个时间段内种植最适宜的作物。然而,作物增产也是有代价的,农业部门需要做实质性的变化和调整。整体而言,40%以上的现有耕地受益于双熟和三熟制,农作物灌溉用水量将相应增加10%。

中国水资源管理的历史悠久,尽管目前的水利基础设施满足不了经济发展需求,但同时也是调查和评估气候变化风险以及建立灵活多变的水资源管理措施的有利时机。中国有世界上年代最久远的人工灌溉设施——建造于2000多年前的都江堰工程。从那时起,中国水资源管理的重点是管理和抵御洪水及建设供水工程措施。中国有超过83000座水库,280000km 堤防,其中一些年久失修,丧失了堤防功能(Zhou 和 Wang,2009)。然而,中国政府已经开始行动,采用科学信息和建议,逐步向灵活的和综合性的工程与非工程措施相结合方向发展,以应对气候变化的风险。已经采取的措施包括以下这些:

- 1988 年,中国水法确立了水资源综合管理的原则,环境问题优先,并要求在全面科学的调查和评估基础上发展。水资源以行政区域管理为主,但重点流域实行以行政管理和流域管理相结合的管理体制, 遗憾的是法律没能始终如一地贯彻和执行 (Wouters 等,2004)。
- 2000 年,中国水利部完成了全国水资源调查和评估工作。
- 2002 年,水法进行了修订,确立了流域管理机构职责,以及明确了国家和区域水资源规划的重要性,中国水资源总体规划正式启动,第一个阶段截至 2004 年,评估当前水资源的开发、利用以及生态环境现状,并建立信息平台。
- 水资源总体规划第二个阶段是从 2005 年到 2009 年,制定有关资源节约、保护、配置和可持续利用的行动计划,覆盖了各个部门的涉水问题,勾勒出了水资源管理制度发展框架,重点关注水资源保护和可持续发展以及水资源安全保障和供给机制,形成了水资源综合管理的基础。
- 2007 年,中国启动了应对气候变化的国家行动方案和成立了应对气候变化的国家领导小组,总理任组长,成立了专门部门协调和解决问题。此外,还要求各部门在区域层面启动协调机制,并成立机构监督和协调减缓、适应气候变化的活动。
- 2010 年,应对气候变化的规划经国务院批准,正式成为法规。
- 2011 年,水利部部长讨论应对气候变化的议题。
- 2011 年,制定国民经济发展的“十二五”规划,该规划重申了水资源综合管理和水资源安全保障,还强调了解决当前和近期的气候脆弱性和相关灾害带来的贫困问题,并鼓励公众参与水资源管理。

水资源总体规划是迈向水资源综合和适应性管理重要的第一步, 建立了流域层面的水资源管理机构,实现了全流域水资源综合管理。规划还建立了强制性控制手段和目标,例如,从法律角度规定了 2020 年用水上限是 6700 亿 m^3,2030 年用水上限是 7000 亿 m^3,上述时间节点是预测出现人口峰值的时间。此外,还确定了 2020 年和 2030 年河流最小生态流量的目标值,以及 2030 年即使发生干旱整个生活用水的目标值。不同行业部门都有规定的用水效率目标。建立水资源综合和适应性管理的法律和体制机制,已经成为适应性的有效解决方案。当前的重点是实施总体规划中各种工程和非工程措施。中国是庞大而又多样化的国家,解决方案因地区而异,而部分方案需要跨地区协调,工程性措施包括:

- 提高洪水抵御能力;

- 修建水库；
- 水处理系统；
- 先进的海水淡化技术；
- 清除洪泛区无关设施，并在安全区域内重建，允许河流流动和洪水泛滥；
- 水资源循环；
- 雨水资源化利用。

工程性措施的一个特殊案例：南水北调工程，每年从长江流域的三条主要河道中调450亿m^3的水到北方缺水地区。调水工程将缓解北方水资源紧张的局面，中国北方平原地区地下水资源过度抽采，导致地下水位以每年1~2m的速度下降，部分地区海水入侵到地下水含水层。由于调水工程自身存在着环境问题，调水过程中需采用严格的环境保护和污染控制措施，其中包括新建260个工程项目和几十座污水处理厂，减少水污染，保障饮用水水质安全。

目前正在实施的非工程性措施包括：

- 技术革新和建立数据采集网络，提高洪水预报能力；
- 应急响应系统和恢复服务；
- 洪水风险图；
- 部分城市实施水务一体化制度；
- 开发节水技术，调整农业种植结构；
- 生态用水补偿机制；
- 启动水土保持和水土流失治理项目；
- 修订水资源法律和法规；
- 水资源定价机制；
- 购买和租用其他国家的土地进行农业生产。

显然，中国已经采取了措施积极应对气候变化，气候变化的减缓措施和适应性策略已经成为水资源综合管理战略的重要组成部分。在社会经济变化节奏快和规划众多的环境下，相关规划的实施、监管和执法过程中仍面临困难和挑战。然而，构建法律和体制框架以实施稳定和适应性的管理模式已经顺利开展，各种协调机制和解决方案也已经初步确定。

(3)孟加拉国应对气候变化的适应性策略

孟加拉国人口非常稠密，其中大部分人口以农业为生。国内贫穷现象仍很普遍，但过去十年里该国经济以5%~7%的速度稳步增长。孟加拉国是公认的最易受气候变化影响的国家。孟加拉三角洲是三条河流(恒河、雅鲁藏布江和梅克纳河)末端的汇集处，三条河流的年径流量总和为1200km^3，它们都是季节性河流，降雨集中在5个月，达到了全年降雨量的75%~80%。由于季节性的强降雨模式，三角洲的低洼地区洪水灾害时常发生，每次洪水事件中孟加拉国大部分地区都被洪水淹没。

恒河和雅鲁藏布江枯水期流量受上游修建堤坝和拦河坝的影响。其结果导致旱季孟加拉国段的河流流量低于天然条件下的径流量。气候变化研究预测表明恒河和雅鲁藏布江枯水期流量持续减少(Van Vliet 等,undated)。旱季径流量降低和海平面上升导致了西南沿海地区大规模的海水入侵。海水入侵影响农业生产、城市供水和损害具有重要生态价值的孙德尔本斯红树林。孟加拉国适应性政策重点关注气候变化的三个方面。首先，雨季降雨量和河流径流量的升高，以及极端降雨事件频繁发生，导致了洪水频次和危害严重性都增加了；其次，旱季降雨量和河流径流量减少，导致干旱时间延长，可利用水资源量减少；最后，由于海水入侵导致了水质恶化。

目前，孟加拉国已经制定和实施了一些应对气候变化的适应性措施。引入耐盐作物解决灌溉用水盐度增高的问题，以及收集和利用雨水资源保证旱季淡水的供应。沿海区域的水产养殖和水稻种植由其他活动取代，以适应海水入侵，孟加拉国第三大城市库尔那，受海水入侵影响严重，部分居民在旱季只有盐水饮用。为了改善城市供水水质，新建了供水设施。为解决水中含盐量高的问题，上游含盐量低的水会被抽提出来，储存在新建水库中，保证旱季海水入侵地区淡水资源供应(ADB,2010)。

为降低孟加拉国应对洪水灾害的脆弱性，需国家和地方同时发力。过去几十年里，沿海地区已经新建了堤防，减少风暴潮的侵袭，保护孟加拉国免受海平面上升的困扰，此外，未来有必要建立更高和更坚固的堤防(Inman,2009)。然而，保护整个国家免于洪水危害是很难实现的。洪水有利于供水和农业土地的营养供给，因此，还需改善目前土地利用规划。人口稠密地区和经济活动发达的地区需要提高保护标准。容易受洪水侵袭和保护难度大的土地被预留出来，用于农业生产或者其他活动，抵御频繁的洪水，这就需要不同尺度上土地利用规划。国家尺度上制定一项孟加拉国三角洲规划，应对下一世纪各种挑战，包括气候变化。三角洲规划不仅包括与洪水相关的土地利用近期规划，还包括与水资源匮乏和海水入侵相关的水资源管理长远规划(Choudhury 等,2012)。

未来，孟加拉国不仅要储备更多的淡水资源，也要采取其他措施应对旱季水资源匮乏的问题。由于气候变化，旱季河流径流量减少，不仅孟加拉国的水资源匮乏，其上游邻国尤其是印度也面临水资源危机。上游地区印度建设水利基础设施和开采地下水已经显著降低了恒河枯水期的径流量，严重影响了下游孟加拉国西南地区水资源主要供给来源 Gorai 河的径流量。气候变化和印度发展进一步降低了孟加拉国西南部水系枯水季的径流量。目前，孟加拉国采取了应对性措施，包括疏浚河道和建造拦河坝来增加 Gorai 河径流量，既保障了农业和生活用水供给，又保护了遭海水入侵危害的孙德尔本斯红树林。为保证孟加拉国在气候变化条件下有足够的水资源供应，开展印度、中国、尼泊尔和孟加拉国之间的对话合作非常重要，孟加拉国一直遭受着严重气旋带来的频繁的洪灾，多年来，执政党对气候变化已经有高度的适应性，制定了强有力的灾害风险削减计划。例如，与20世纪类似规模的飓风相比，2007年袭击该国的飓风Sidr导致死亡人口的数量已经明显降低。孟加拉国应对气候变化的挑战是巨大的，但也是制定最先进的适应性措施的发展中国家之一。孟加拉国的主要挑战是如何将适应性策略整合到未来的发展目标中。

3.5 发展的道路

本章阐述了气候变化对水资源的影响、如何理解不确定性，以及某些情况如何采用可用的工具和信息作出明智的决策，并创建强有力和灵活的方案来管理不确定的未来。

气候变化下的水资源管理规划是良好、综合水资源管理的延伸。人类无法了解和预知未来，但我们当前决策和行动对未来将会产生影响。为了使规划更为有效，必须持续地充实自身的知识水平和提高理解能力，利用最佳的信息做出明智的决定。现有的获取和分析信息方面已经有显著的进步，但这项工作仍需持续改进。必须积极利用现有知识、信息、成功案例，继续寻找解决办法。

然而，我们做决策不能仅靠等待更多和更好的信息，而更多的是利用现有的不确定条件下为未来做规划。我们永远做不到准确预知未来，但是，更好地理解物理和社会进程及发展趋势、未来可能的变化以及技术和管理措施等，有利于我们寻求有效、综合、多种和可行性的未来解决方案。随着气候变化带来的不确定性增加，管理系统必须设计得更灵活、稳健并融合多种水资源管理技术。构建适宜、灵活的管理系统，未来有助于我们根据变化作出决策调整。

第 4 章

水与环境健康

社会和自然环境能够决定我们的生活质量。精心设计和妥善维护的社会环境可以提供各种经济与社会收益。自然环境也能够为我们提供诸多好处,包括从自然生态系统中获取产品和服务,如提供食物、能源,改善空气和水体质量,调节径流和气温,提高土壤肥力,释放氧气,储存碳和营养物质,回收废物以及文化、娱乐和休闲等。水和沉积物状态是决定自然生态系统健康和可持续性的重要因素。城市扩张、粮食增产、产能增加均会导致维持环境和生态系统健康的水量减少,我们遇到的挑战是在上述各种变化和不确定的需求中找到水资源可持续利用的道路。

4.1 生态系统、环境和人类

环境包括我们周围各种看得见、听得着、感觉得到的事物。它是由多种相互关联的因素组成的生态系统。人类也是生态系统的一部分,并依赖各种因素维持生存。上述“环境”的定义也得到了联合国大会的认可(见专栏 4.1),写入宪章,并确立了社会环境政策的总体原则(Munthe,2011)。但水资源管理的适用范围,以及适用的水资源管理方式仍不确定。

(1)自然界取水的限制

地球上所有生命均离不开水。35 亿年前,出现的第一个单细胞生物就开始消耗水与能量进行生长和繁殖。从那时起到最近的地质年代,生命需水和可利用水之间保持一个平衡。不到 1 万年前人类出现,我们学会了耕种作物,逐步取代了捡拾食物。我们建立了文明,开始长距离迁徙。在过去的 200 年,人口数量迅速增长,更多的人需要供养,人均需水量也快速增加。今天,50%的可利用淡水资源用于满足人类需求,这个数值是 35 年前的 2 倍(Young 等,1994)。我们不确定维持良好的生态系统需要多少水,然而事实说明,在很多地方我们取用的水量已经逼近甚至超过极限值(Cosgrove 和 Rijsberman,2000)。

人类和自然环境离不开水,水还没有替代品。因此,有效管理水资源非常重要,特别是

专栏 4.1 联合国宪章中自然部分

序言:

- 人是自然的一部分,生命依赖连续运行的自然系统,以便确保能源和营养的供给。
- 文明植根于自然,自然塑造人类文化。
- 人类可以改变自然,通过人类活动消耗自然资源;因此,必须清醒认识保持自然质量及其稳定性,和保护自然资源的紧迫性。

总体原则:

- 尊重自然,自然的基本过程不能被破坏。
- 遗传多样性不能受到威胁;所有生命形式,野生的和家养的,其数量水平应至少能维持其生存,还应保护其栖息地。
- 地球全部区域,包括陆地和海洋,均应得到保护;对一些代表不同生态系统的区域和珍稀濒危物种栖息地还应特别保护。
- 生态系统、生物体以及陆地、海洋和大气,均需要很好的管理,以便实现和维持最佳可持续生产力,但不能威胁生态系统完整性或共存物种。

引自:联合国大会决议 A/RES/37/7,http://www.un.org/documents/ga/res/37/a37r007.htm

它变得越来越稀缺,同时需求量又逐渐增加(WWAP,2009,2012)。水是生物圈的血液,联系着自然与社会。生物圈可利用淡水总量是有限的,而取用淡水的需求却不断增加。河流、湖泊及其他地表水体提供了各种好处,包括垂钓、旅游、维持水体和河岸植被生长、灌溉、发电、工业和生活用水等,水资源通过提供各种服务功能满足了人类需求。我们可以预测,为了保护生态系统,未来河道内和河道外的用水户可能会发生冲突(Falkenmark 等,2004)。最近几年冲突已经发生,但很幸运,人类已经认识到了水资源对维持环境和生态系统完整的重要性;并研究了水在生态系统中的作用,提高了水资源评价的能力,了解到了大尺度、长期生态系统过程及其对水资源的需求(Oki 等,2006)。

认识水资源在生态系统的生物物理和化学过程中的作用是维持其健康的第一步。排水水质同自然界原水水质一样重要。水质的细微变化将导致生态系统的改变。与单一污染物累积影响相比,多种污染物能产生放大和复合的影响。持续地排放污染物最终会超过生态系统的承载力,导致生态系统质的变化和不可逆损伤。地下水是极其脆弱的淡水资源,一旦污染,修复难度和代价极高。

洪水和干旱对湿地和森林生态系统具有重要影响。干旱和洪水循环是生态系统的组成部分,生态系统可以自身调整适应它们。洪水及其携带的泥沙能够给自然生态系统带来丰沛的水量,以及植物(包括庄稼)生长所需的肥沃土壤。城市化和其他土地利用变化、落后的农业耕作以及工业化能够改变生态系统的水量和水质，并对生态系统造成不利影响(Palaniappan 等,2010)。

(2)生态系统服务

生态系统可为生命和社会经济发展提供基本服务。健康的生态系统能够提供多种经济和社会效益。健康的自然生态系统,无论是陆生还是水生,能够提供多种多样的服务。生物多样性维持了湿地、河流、湖泊、洪泛平原、潮间带和海岸生态系统的功能,还支撑其提供各种有益服务(Daily,1997;MEA,2005;Boyd 和 Banzhal,2006)。若不能维持足够的环境基流,将危害生态系统的生物多样性。

生态系统,甚至沙漠中植物和动物的栖息地,都离不开水。有些类型的生态系统,如森林、沼泽、草地,对雨水依赖较多。其他的如湿地,更多地依赖地下水。海岸生态系统则依赖淡水和海水不同程度的混合。

为保护特殊的生态服务功能,如反硝化,人类需要保护一些生态系统,如湿地,以确保提供这种服务(Falkenmark 等,2004)。纽约城市大学和国际保护机构的研究提供了一种生态系统服务的全球评价方法，主要关注水质保护、流量稳定性和洪水消纳等服务功能(Vörösmarty等,2010)。具体结果如图 4.1 所示,从图中可看出,淡水系统提供了支持人类

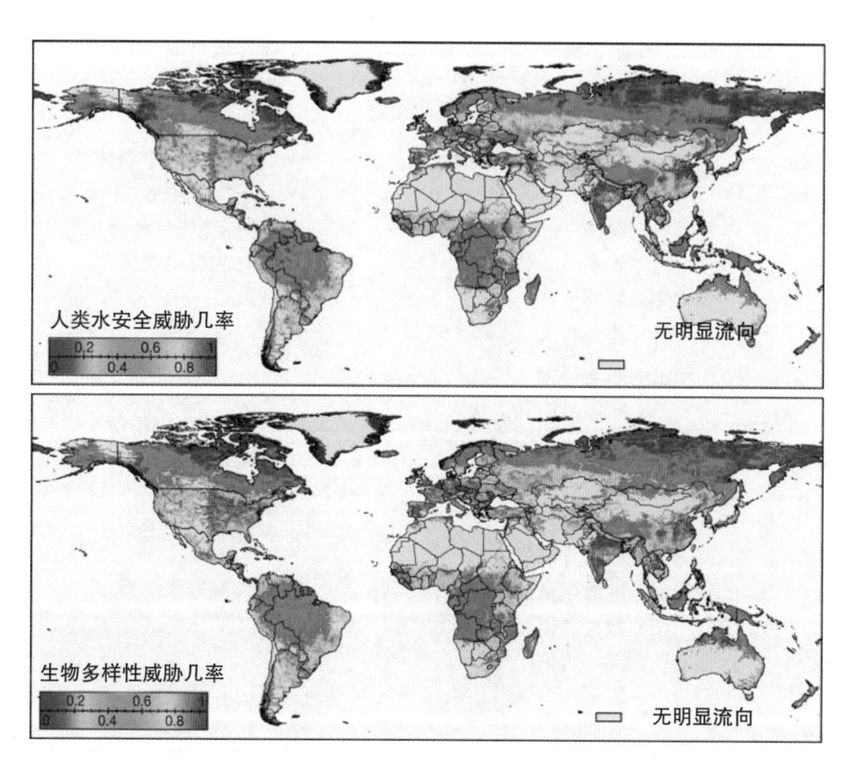

引自:Vörösmarty 等,2010。

图 4.1 淡水系统维持全球范围内人类用水安全和生物多样性方面提供的服务

用水安全的各种服务。虽然，人类采取措施降低了水资源短缺的几率，增加世界范围内的生物多样性。但生态系统的威胁依然存在，全球范围内迫切需要开展各种具体的修复行动。此外，研究还发现，人口密度是人类用水安全和生物多样性的决定性影响因素。

(3)生态系统服务和贫穷

联合国和世界银行的研究表明，严重依赖当地环境和生态系统的人更容易贫穷。与此同时，依赖生态系统提供服务的人，当生态系统退化时也相对容易变得贫困(Shackleton等，2008；World Bank，2011；Brocklesby 和 Hinshelwood，2001)。

文献报道，海洋和海岸生态系统服务支撑了大量穷困人口的生存，包括了联合国千年生态系统概念框架中定义的的四种类型的生态系统服务(见表 4.1；UNEP，2006)。

表 4.1　海洋和海岸生态系统为沿海居民提供的生态系统服务(Brown 等，2008)

生态系统服务类型	生态系统服务	提供服务的主要生态系统
支持	· 提供栖息地 · 支持水体生命循环 · 水文循环 · 营养物质循环	· 珊瑚礁、红树林和海草 · 开放的洋流 · 海岸森林、湿地和红树林 · 各种海岸生态系统
供给	· 建材(石灰石) · 燃料(木头和焦炭) · 渔业 · 水产 · 农产品 · 其他自然产品(蜂蜜) · 就业和收入 · 医药 · 淡水 · 海藻生产 · 旅游收入	· 红树林、珊瑚礁 · 红树林、珊瑚礁、森林 · 海洋栖息地 · 海岸陆地、红树林 · 海岸陆地 · 红树林和海岸森林 · 系统提供服务 · 森林、红树林和海水 · 森林和海岸水道 · 浅海 · 珊瑚礁、海滩
调控	· 防治侵蚀 · 防御暴雨和洪水 · 维持水与大气 · 废物处置 · 气候调节 · 病虫害防治	· 岸滩 · 红树林、海岸植被 · 红树林、海岸森林和珊瑚礁 · 外海、潮汐流 · 各种海岸生态系统
文化	· 沿海生活的文化属性 · 教育和研究 · 遗产价值 · 娱乐 · 宜居环境	· 各种海岸生态系统

穷人对海岸生态系统服务功能的影响包括：

- 种植庄稼或岸边放牧，增加海洋生态系统的沉积物积累；

- 采用小孔渔网捕捞等破坏性渔业作业方式，导致渔业栖息地退化；
- 过度捕捞高价值和易捕获物种比如海胆，导致藻类大量增长等连锁反应；
- 过度开发红树林和海岸森林获取木头和建筑材料。

渔业是重要的经济财富和自然资本（FAO，2007），如果管理得当，能够成为经济增长和脱贫的重要手段（FAO，2005）。小规模的渔业为沿海贫困人口提供有价值的蛋白和重要生计。据估计，发展中国家约 2000 万人从小规模渔业中获取经济收益，此外还有数百万人通过渔业获得额外收入。水产也日益成为亚洲和东非等国家的重要食物来源（Rönnbäck 等，2002）。

（4）环境流量

维持生态系统健康所需的水量通常称作环境流量。环境流量包括地表水和地下水部分。实施水资源综合管理条件下，环境流量的定义取决于很多因素（见专栏 4.2），关键是要识别分配水资源的决定性环节以及如何决策（Dyson 等，2004；Richter，2009）。

专栏 4.2　　布里斯班宣言

2007 年 9 月 3—6 日，第十届国际河流研讨会和环境流量大会在澳大利亚布里斯班举行，来自 50 个国家近 750 名科学家、经济学家、工程师、资源管理者和政策制定者共同发布了布里斯班宣言。主要观点如下：

- 淡水资源是经济、社会、文化的基础；
- 淡水生态系统严重受损并以惊人的速度持续退化；
- 水流入大海不会浪费；
- 流量改变威胁淡水和海岸生态系统；
- 环境流量能够为维持淡水和海水生态系统及其共存的农业、工业和城市提供所需水量；
- 气候变化加剧了危机；
- 尽管已取得了进步，但尚需更多努力。

大会参与者承诺：

- 评估各地的环境流量；
- 在土地和水资源管理中应用环境流量管理；
- 建立体制框架；
- 加强水质管理；
- 利益相关者积极参与；
- 实行和强化环境流量标准；
- 甄别和保护全球自由流河流；
- 能力建设；
- 积极实践。

引自：http://www.eflownet.org/download_documents/brisbane-declarationenglish.pdf

本章后面部分将介绍具体措施和案例。维持自然生态系统可能需要自然流量节律性变化，然而，事实证明取用一部分流量后，生态系统并未发生可衡量的退化，而且最大可取用水量难以评估。不同流域环境流大概为自然流量的40%~95%，此时仍能维持其自然流态。一旦取用流量超过此值，河流生态学家便会认为流态和流量的改变将导致河流自然条件一系列的变化。上述变化可用作寻求生态系统需水与经济社会需水间的平衡的理由。即便缺水导致水体和河岸生态系统退化，但很多时候这些自然生态系统还是有可能修复的(Rood 等，2003；Dyson 等，2004；Hall 等，2011)；有些情况下，流量不足导致的生态系统破坏也是不可逆的。

4.2 人类对环境的影响

随着人口的增长，有些地区环境已经不可持续。我们的行为活动可能会干扰甚至破坏赖以生存的生态系统。人类不仅遍布全球，还改变了基本的地球物理和生物物理过程。

(1)农业

农业是全球用水大户，土地使用面积也最大。2000年，全球25%的陆地是农业用地。大量的农田需要灌溉。从自然水体取水用于粮食生产会挤占环境用水。当今超过一半可利用淡水资源供给河道外人类需求，造成的后果如图4.1所示。专栏4.3描述了农业用水引起的影响及其减缓应对措施，具体细节可参照农业用水综合评价(2007)。此外，农业生产之一的水产，越来越成为河流和海洋的主要营养物质型污染源。

专栏4.3　　农业与生态系统间的联系

为满足日益增长的粮食需求，多水、土操作模式被用来提高农业土地的生产力，这些均会影响到生态系统。尽管技术创新及强调生态系统可持续性能够一定程度上减少负面作用，但农业不可避免地会导致地表景观发生改变。水、土操作模式主要包括：

- 改变植物和动物分布。最明显的变化是本土植物被季节性和年际性的播种植物取代，野生动植物被家禽家畜取代。

- 确保粮食生产，安全用水应对气候变化。水是光合作用的主要原料，农业生产力与作物生长需水保障情况密切相关。水安全应考虑以下方面：季节性缺水能够通过灌溉补充，进而延长作物生长季节并增加产量；如果主要依赖当地降雨，即使小规模农业，潮湿季节的干旱也需一定的水量进行缓解；反复干旱需要调整种植的农作物，如果可能，应从收成好的年份作物转为主要依靠干旱年份作物。

- 保持土壤肥力。传统防止土壤渍水的方法包括：增加根区通气，通过排水和开沟确保雨水下

专栏 4.3(续)

渗。然而,强风和大雨带来的土壤侵蚀和肥料流失,可以通过少耕或不耕等水土保持措施予以减缓。

- 满足农作物营养需求。农业土壤的营养物质主要来源于施用的农家肥或化肥。理论上来说,施肥量应该等同于作物需肥量,进而限制过剩的水溶性养分随地表径流进入河流和湖泊。
- 维持景观。当自然生态系统转化为农业生态系统后,一些与景观相关的生态过程如物种迁徙性、地表水流量出现变化,给害虫繁衍、昆虫授粉、营养物质循环、土壤盐渍化带来影响。越来越多的研究通过景观设计,在增加农业生产力的同时产生一些其他生态服务功能。

引自:Comprehensive Assessment of Water Management in Agriculture,2007。

(2)城市化和工业化

2010年,全球城市人口数量首次超过总人口的50%。城市人口还会继续增加,到2050年城市将容纳全球60%的人口(Cohen,2010),给当下和未来带来新的挑战,将在第5章进行探讨。以中国为例,快速城市化和工业化耗用了大量的能源,也产生了大量的工业废物。尽管工业化带来的经济增长改善了居民生活质量,但排放的有毒化学品导致部分地区出现环境灾难,并威胁到人类健康。与此同时,能源用量的快速增加还加大了引发全球变暖的温室气体排放。全球气候变化(见专栏4.4)将不可避免地加重中国环境问题,气温和降雨大幅变化造成潜在的灾难性后果(Xie等,2009)。中国正面临快速工业化、水处理和市政基础设施的不完善、水资源管理体制的薄弱、水资源地区分布的不均衡带来的水质和水量剧烈变化的诸多挑战(Gleick,2009a)。

无论我们居住何地,农村还是城市,均在一个流域内生活。我们居住的流域,人类开发、利用水、土和植被等资源,满足自身需求,其后果是经常改变和污染了自然环境,对水文循环的影响已远远超过了气候变化的影响(Vörösmarty等,2000)。不幸的是,人类社会只有自觉意识到这些问题严重时才会警醒,因此,采取行动减缓不利影响是个长期的过程。

(3)荒漠化

砍伐森林、草原火灾、不合理耕作和放牧等土地利用变化,导致流域退化或荒漠化,进而减少下游可利用的、安全和清洁的水源。河流和水库淤积、淤塞后,荒漠化进一步加剧土壤侵蚀,减少土壤持水能力,降低地下水补给量和地表水的存储容量。湿地排水也会降低地下水补给水量,导致地下水位下降,造成长期的缺水。全球近2000万km^2(约为中国国土面积的2倍)的土地已经严重退化,甚至有些还是不可逆的。世界水安全评估计划(WWAP,2012)报道,全球约1/4的土地在1981—2003年间退化,影响人口1500万。

荒漠化、土地退化和干旱以及缺水的主要影响是部分国家,特别是干旱地区发展中国

专栏 4.4 中国城市化的环境影响(Zhang 等，2010)

中国正处于环境风险快速变化的发展阶段。过去的 30 年，空前的农村人口大规模进城带来了很大的风险。从 1978 年到 2007 年，居住在城市的人口从 18%增加到 45%，总共增加了 4.22 亿城市居民(WHO-UNDP，2001；Wang 等，2006；Brocklesby 和 Hinshelwood，2001)。在此背景下，农村和城市的环境风险发生了很大的变化。农村的移民留下了不安全的供水设施，并置于水源性传染病的风险之中。移民进城后，又暴露在新的风险中，比如城市大气污染、无医疗保障、住房条件差及相关传染病等。此外，随着全球气候变化对健康影响的增加，中国的环境风险不再局限于地方或国内，还是国际性风险的重要组成部分。另外，职业暴露、土地利用变化、电子有害废物处置、食品安全等易被忽视的问题也出现了，这些也将影响居民健康。系统数据的缺乏影响了可信的风险分析。

主要健康影响		受影响或风险中的人口
传统		
不安全饮用水和落后的医疗	传染病(例如腹泻，甲肝，伤寒，血吸虫病)	>40 % 农村人口（>2.96 亿）；>6.2 % 城市人口（>4600 万）
现代		
工业水污染	胃、肝、食道和大肠等消化系统癌症	受影响人口规模不确定，估计占消化系统癌症病例总数的 11%(每年约 95.45 万)
新兴		
气候变化	热浪、洪水、火灾和干旱等造成的死亡；增加的传染性疾病	中国各地，包括海岸、缺水区和城市人口，以及全球人口

在传统、现代和新出现环境问题叠加背景下，中国承诺大力改善环境质量。中国意识到了国家面临的环境健康挑战，并在全球环境改善的国际事务中扮演了重要角色。为了改善环境健康，需要跨部门和机构的风险管理活动，并要特别强调社会和环境公共物品属性。

加强监督管理执法也是需要的，包括巨额罚款和刑事处罚，以及监管行动效果评级体系。中国最近发布了第一部《国家环境与健康行动指南》，强调了不同部门间协同的必要性，认识到协同、数据分享和环境监测是未来环境健康政策的主要特征。降低环境风险的成功政策是这次改革的基础。中国已承诺改善环境，在“十二五”期间将经济增长方式转移到环境可持续性上来，并在哥本哈根重申不管其他国家是否行动，中国将减少单位 GDP 温室气体排放量。如果中国政府制定、实施和执行的环境健康政策能够实现的话，这些环境目标将会带来实质性的影响。

家，造成粮食不安全和人口饥饿等。

荒漠化、土地退化和干旱相关的缺水带来的不确定性，不可避免地导致部分国家更加脆弱。如果干旱地区的国家能够减轻上述问题给水资源带来的负面影响,保障水安全,相应地保证粮食安全的能力将大大提高。目前,已有很多治理荒漠化的措施。例如,亚洲山区的稻田通过梯田耕作方式防止水土侵蚀;在缓坡地采用等高线耕作;保护性农耕活动包括不耕或少耕,也能很好保持土壤肥力(WWAP,2012)。

(4)海岸区

部分水生生态系统,中等营养水平能够增加有经济价值鱼类数量。同一片水域如果营养物质含量过高时,就会导致渔获和生物多样性减少。先前营养物质匮乏的河流、湖泊和海岸水体,氮磷等营养物质增加后,将促使水生生物食物链中的浮游植物(藻类)的大量繁殖。藻类大量生长将导致水体富营养化(水华),并引发水生生态系统发生一系列问题,尤其是溶解氧消耗。营养盐、光照和溶解氧等变化有利于部分物种的生长,导致浮游植物、浮游动物和底栖动物群落结构改变。例如,红棕色赤潮等有害藻类水华,变得更加频繁和广泛,有时会造成人类因摄食贝类中毒,以及海洋哺乳动物死亡。溶解氧耗尽会造成鱼类死亡并产生死亡区。浮游植物和其他生态因子的细微变化将造成鱼类种类减少和渔业产量降低(Howarth 等,2002)。

即使营养物质输入提高了部分生态系统的鱼类数量,但其他生态属性如生物多样性却会下降。海岸生态系统应对富营养化问题是相当脆弱的,因此,少量的营养物质输入也会彻底地破坏生态系统平衡。珊瑚礁、海草对环境条件变化极其敏感(Lapointe 等,2000)。全球海洋中的主要缺氧区或死亡区如图4.2所示。

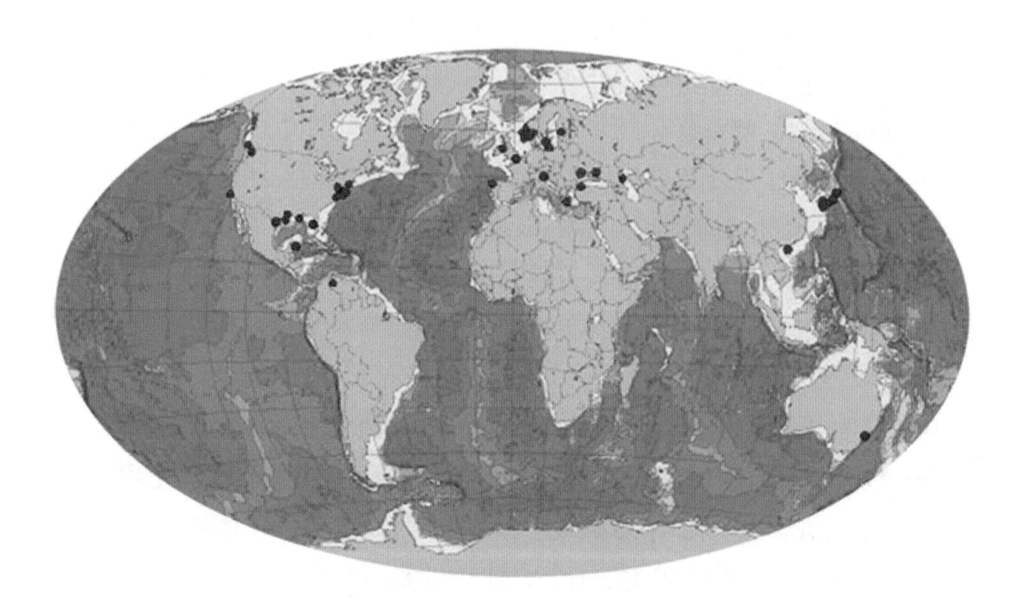

引自:圣戈达德地球科学,数据与信息服务中心。http://daac.gsfc.nasa.gov

图4.2 主要的沿海"死亡区域"

墨西哥湾就是典型的死亡区。每年晚春和夏季密西西比河大量营养物质随水流进入海湾,造成溶解氧(DO)季节性的减少。在 2010 年,死亡区面积达到 22000km^2。硝酸盐能造成水体缺氧,其主要来源为肥料,但流域内氮的其他来源还包括动物粪便、大豆、苜蓿、生活污水、大气沉降和土壤氮溶出(Goolsby 等,1997)。

世界上主要的大城市均位于海岸,营养物质富集对海岸的威胁也随着城市化加速、人类排放的废物(仅近岸少量废物得到过处理)增加变得越来越严重。海岸面临的另一个威胁是海平面上升。联合国发展计划署(UNDP)报道,1870 年至今海平面平均上升了 20cm,且上升速率在增加。据他们估计,如果维持现有的海平面上升的速度,2010 年的海平面平均值将比1900 年上升 31cm。在涨潮和陆地风条件下,有些地区海平面上升幅度更大,常见于频繁的热带气旋中。到 2050 年,海平面将上升 50cm,届时将淹没约 100 万 km^2 陆地,影响约 1700 万人口(UNDP,2011)。

因此,海岸生态系统将被城市扩张和海水淹没挤压,与此同时,还要受纳更多的污染物和人类及有害物种的入侵。如果不采取有效措施,海岸水体和海洋生态系统中的死亡区还将继续增加。咸水将向河口上游运动并影响当地自然生态系统。淡水含水层也会因海平面上升咸化,导致咸水往上游迁移。

(5)未知变化

我们掌握的水流和水质知识有限,导致不确定性风险增加。第三届世界水资源发展报告(WWAP,2009)指出:

- 世界范围内的水质监测网络为水资源管理和预测提供了不完整和不兼容水质和水量数据,此外,地区或全球范围缺乏污水产生、处理以及受纳水体水质的综合信息。
- 受数据获取途径、政策及安全问题限制,数据共享机制缺乏。因商业利益因素水文数据共享程度低,阻碍了基于数据共享、以科学和应用为导向的地区或全球项目,比如季节性地区水文观测、预测,全球变暖与应对,及跨界流域水资源综合管理等。
- 改进水资源管理需要增加监测,有效利用现有数据,包括传统地面观测数据和新的卫星数据,很多发达和发展中国家需要更加关注和投资水资源的监测、观测和持续评价。

我们仍然不能全面掌握水—土界面,以及水体和土壤中的生物。水质是物理、生命和非生命过程间复杂的相互作用结果,进而确保了生态系统一些重要的服务功能,比如净化水体污染物和供给清洁饮用水。在区域或生态系统的尺度定量了解上述过程是当今水科学遇到的主要难题之一。新西兰国家河流水质网提供的一些数据或信息可能有助于未来的研究(见专栏 4.5)。

专栏 4.5　　　　新西兰国家河流水质网(NRWQN)

新西兰国家河流水质网(NRWQN)已开展了30年的水质监测。NRWQN长期稳定运行是值得称赞的,连续监测能有效识别水质变化趋势,及开展特殊目的的特定监测。NRWQN是在学习其他监测经验的基础上花大力气详细规划的。全国一半以上的地区例行监测,共计35条河流,主要监测指标包括:电导率、pH值、温度、溶解氧、浊度、溶解性有机质、粪大肠菌群及不同形态的氮磷。底栖动物监测包括藻类(每月一次)和大型底栖动物(每年一次)。

NRWQN数据用于统计分析水质的变化趋势。NRWQN部分监测点位的数据最近用来评估水体中的光照,以及致病微生物污染和水体光化学过程。

国家水和大气研究所(NIWA)与其他机构研发出一个基于GIS的模型体系,用于分析未来不同土地利用情景下的环境和经济变化。模型的核心是预测流域尺度内的氮磷负荷。NEWQN获得的底栖动物数据在应用范围上与水质数据相似,包括解决水资源管理中的科学研究和实际问题。整合的NRWQN长序列底栖动物、水文和水质监测数据对新西兰土地和水资源管理来说,越来越有价值。

引自:Davies-Colley等,2011。

(6) 临界点

临界点通常指一个临界阈值，此时相对小的变化能够不可逆地改变系统的状态和发展趋势。生态系统损失和退化可能导致临界点出现,在快速和灾难性崩溃后再次稳定。部分变化可能是不可逆的,或通过新的适应方式满足人类需求,或系统发生彻底崩溃并最终影响人类(TEEB,2009)。气候变化能够导致临界点的产生。在过去的两个世纪里,人类通过化石燃料燃烧向大气排放了地球生态系统数百年的碳存储。尽管碳循环中,大气自然流入和流出的二氧化碳比人类排放量高得多,但人类的排放打破了自然碳循环的平衡,还包括大范围降雨分布和强度的变化,通过海平面上升破坏海岸淡水资源,增加植物蒸发蒸腾水分损失,加速了冰川和冰盖融化,影响人类赖以生存的水和生态系统。

另一个例子是农业大量使用和滥用磷肥。过量的磷从农田和郊区草坪随径流汇入湖泊和河流。如果超过临界浓度,极有可能发生富营养化和藻类水华,破坏淡水生态系统,造成水质恶化。有些情况下,水华能够产生有毒物质,直接威胁人和动物的生命安全。肥料造成的藻类水华,问题还会进一步放大,藻类死亡后,其富集的磷再次释放进入水体。

Carpenter和Bennett(2011)指出地球上淡水富营养化已经越界,未来海洋缺氧区已赫然显现。环境中的磷是工业化欧洲、北美和部分亚洲国家的主要问题。具有讽刺意味的是,北美土壤自身富含磷元素,但仍经常使用化肥。与此同时,磷矿仅贮存在世界上少数国家且越来越稀缺。合理的农业措施能够保护磷资源,并避免更大范围的地表水污染。

大西洋热盐循环变化、亚马逊雨林退化损失,及格陵兰岛冰盾融化均与临界点密切相关。在每个例子中,科学家相信在较长时间内系统变化是渐进的,当到达临界点后会变得不可逆,进而对这些系统产生深远影响(WWAP,2012)。

与人类对地球的其他影响不同,氮循环的变化颇有争议。在19世纪晚期,科学家为了满足全球粮食生产需要,发明了氮肥。受此影响,每年土地施用的氮肥总量增加了150%(Howarth 等,2002)。一方面,氮肥增加了农业生产力,与此同时,也增加了河流、湖泊及海岸等污染负荷。径流营养盐增加造成的藻类水华只是其中问题之一。眼下,需要更加注重知识和数据的整合,以便更好地了解水、生态系统与人类活动之间的内在联系。不仅要了解氮循环涉及哪些过程,更重要的是人类如何进行有效管理。

4.3 改变水资源管理方式

人类的能力在地球生物体系中是最独特的。我们是唯一能够破坏或保护自身赖以生存的生态系统(环境)的物种。如果人人都想保护环境,并意识到我们的一些作为或不作为正在破坏环境,就可以行动起来创造出适宜人类生存的环境。

生态系统被广泛用来调控水质和水流(干旱和洪水)的变化。发达国家成功使用坚固的工程措施降低风险,但需要高昂的基建和维护(有时包括环境)费用。然而,并不是所有的发展中国家具有资金实力采取同样的措施,而且也不一定必须这么做。如今,即使发达国家的财政也难以支撑混凝土工程。我们正在学习如何设计和应用“绿色”的管理模式,即使在城市区域,也可以合理利用现有基础设施,并充分享用健康自然生态系统的服务功能,快捷高效地管理中长期风险(WWAP,2012)。“绿色”管理模式需要整合景观生态学的经典方法以及流域生物地球化学的最新研究进展,例如河流缓冲区修复、河道形态自然化、改善地表下渗调节城市径流、改变河流流态调控营养物质供给、创造湿地系统以及运用生物操纵技术等。

(1)水资源综合管理(IWRM)和生态系统管理

广为流传的 IWRMA 定义源于全球水伙伴(global water partnership):协同发展和管理水、土及相关资源,在经济和社会效益最大化的同时确保重要环境系统的可持续性。

千年生态系统评价(MEA,2005)肯定了河流流域综合管理与生态系统综合管理的价值。有效管理水及流域资源能够提供高质量的生态系统服务功能(IISD,2011b)。

黄河是中国的母亲河,也是中国第二大河流。它是世界上泥沙浓度和年均输沙量最高的河流。自 20 世纪 90 年代起,黄河面临着严重的问题,例如水资源短缺、洪水威胁加大、流域生态系统退化等。1950 年后,黄河流域经济社会快速发展,随着人口增长和经济发展,中国以及黄河流域的社会、经济和政治发生了根本性改变。2007 年末,黄河流域有45个百万人口以上的城市,居住人口超过 1.13 亿。流域灌区提供了粮食总产量的60%。

2006 年,黄河流域主要工业如煤炭、电力、石油和天然气年产值超过 6.22 万亿元,占流域 GDP 的 36%和全国工业产值的 9%。黄河利用全国 2%的水资源,灌溉了全国 15%的农田,供养了全国 12%的人口。黄河水利委员会的水资源管理重点已由水资源供需调整到保障水资源的可持续性(见专栏 4.6)。

专栏 4.6　　黄河环境流的问题挑战及解决方式

黄河下游河段的频繁干涸断流给维持其环境流量带来了严重挑战。自 1972 年起,下游河段断流导致严重的水资源短缺。从 1972 年到 1999 年,黄河下游主河道有 21 年出现了断流。最严重的情况发生在 1997 年,河口处连续 330 天无水流汇入渤海,受影响河段长达 704km,占黄河全长的 90%。

为了维持生态系统健康,同时平衡工业、农业等用水,黄河水利委员会运用水资源综合管理的方式,将供水管理改为需水管理。黄河水利委员会的综合水资源分配计划平衡了社会、经济和生态发展需水。这种改进后的供水计划提高了流域内 1 亿人口的生活质量。黄河三角洲大面积湿地和生物多样性得到恢复,保证了河流的生命力。

调水调沙有效降低了灾难性洪水的风险,保障了下游近 9000 万人口的生命安全。在 9 个省和地区的 5464km 河段,黄河水利委员会通过咨询的方式,确保省政府和人们能够公平分配生活、工业和农业用水。遥感和自动化设施用于获得流域内水库的实时监测和控制信息。此外,通过应急响应计划,管理、控制和减缓大的突发性水污染事件。与 20 世纪 90 年代河道频繁断流不同,1999 年后黄河全年水流连续。

(2)双赢措施

在引入生态系统的商品和服务功能等概念后,生态系统健康成为重要关注点,并与贫穷、饥饿、供水和环境可持续性紧密相连。对环境可持续性越来越重视,增加了维持生态系统平衡的供水压力。很多流域水质退化与各部门用水水质标准提高交织在一起,亟需保护自然资源以及寻求更加廉价的水与废水处理技术。

以色列的 Kinneret 湖管理是一个很好的案例 (Markel,2005),Kinneret 湖面积 167km^2,为全国 30%的人口供水,是以色列唯一的大型地表水水源,并用于农业灌溉和旅游。流域污染及紧急时湖泊抽水是湖泊水质的最大威胁。Kinneret 湖及流域的水质和水量监测为工程规划、决策制定以及其他管理提供了基础。自 1999 年,一些先进的技术和手段引入了监测管理系统,促进湖泊流域的综合监测系统发展,强化了监测单位工作的协调,并推动监测网络不断改进完善。流域内的一系列管理活动削减了入湖营养盐负荷。与环境健康相关的水质问题,促使生态系统健康成为重要的社会经济问题之一,即使最贫穷的国家也不例外。哥伦比亚河流和流域保护采用金融借款、信托基金等手段,用于保障向其首都波哥大提供清洁饮用水(见专栏 4.7)。

专栏 4.7 双赢对策:波哥大信托基金

该基金能吸引从波哥大水处理设施到河流保护项目的自愿投资,从保护区的建设到发展可持续畜牧业,确保了泥沙和污染径流不进入地区性河流,并为波哥大 800 万居民提供清洁饮用水。如果没有这些项目,将需要花费数百万美元去除畜禽养殖污染物。

根据大自然保护协会及其分支机构的研究,通过积极投资流域保护,波哥大水处理设施能够每年节约 400 万美元。波哥大市长 Samuel Moreno Rojas 认为,政策最有亮点的地方是其自愿性,这将不会增加居民的水费。保护流域上游地区,既保护了关键的生态系统,也为许多濒危野生动物如眼镜熊、安第斯秃鹰和罕见的安第斯冠雉提供栖息地。大自然保护协会收集了广泛的公共和私人利益相关者(他们中的许多人此前从未合作过)的意见,制定了复杂的法规,签订了里程碑式的合作协议。该基金将由理事会管理,理事会成员包括大自然保护协会和水务公司代表,以及其他利益相关者,包括巴伐利亚的一个酿酒厂和哥伦比亚最大的私人公司。巴伐利亚捐助了 15 万美元的启动资金,美国的大自然保护协会提供了种子基金,以便于国家工作人员启动保护项目。大自然保护协会将通过国家机构投资确保波哥大水务基金增长。在接下来的 2 年,大自然保护协会计划在南美国家再实施 6 个类似的基金。

引自:http://www.nature.org/ourinitiatives/regions/southamerica/colombia/howwework/water-fund-bogota.xml

洪水是另一个环境问题。抵御洪水、保护土地和经济发展的工程设施一般投资巨大。一旦洪水引发经济和社会损失时,至少会在当时促使更多的防洪工程建设。工程措施的收益确实丰厚,但也有不能发挥作用的时候。自然环境可用作物理防洪设施的补充。例如,洪泛平原的湿地能够作为抵御洪水的缓冲区。在伦敦,拆除了保护生命财产安全的堤防,并通过恢复湿地吸纳洪水。在此影响下,降低了高昂的基础设施维护费用和城市居民防洪保险费(http://www.therrc.co.uk/lrap/lplan.pdf)。伦敦做法也值得一些小地区借鉴(Wilkinson 等,2010)。

加拿大的温尼伯湖是世界上第十大淡水湖，流域面积仅次于密西西比，位列北美第二。流域居住 600 万人口，5500 万 hm^2 农业用地，为 1700 万牲口和每年 200 亿加元的工业生产提供用水。湖泊水面面积占流域面积的比例低于世界任何其他淡水湖泊，湖泊的营养物质汇入量等同于稠密人口地区的湖泊。夏季叶绿素值显示，温尼伯湖是世界上富营养化程度较高的大湖(Lake Winnipeg Stewardship Board，2006)。红河，发源于美国北部，贡献了温尼伯湖 66%的总磷和 43%的氮。在入湖口，径流流经 Netley-Libau 沼泽，该沼泽是加拿大最大的淡水海岸湿地。遗憾的是，在过去的 100 年，沼泽的营养物质净化能力已被排水、疏浚、洪水以及其他人造景观严重削弱。自 2006 年起，马尼托巴大学和加拿大达克斯无限责任公司合作开展了一个生物经济创新项目。在小试研究中，收获株高较高的细叶沼泽植物，然后压缩，焚烧获得生物能源。该项目对营养物质去除、生物能源生产、碳减排、磷回收和栖息地改善均有好处(Cicek 等，2006)。此类项目的应用取决于经济和环境状况，Netley-Libau 沼泽的成功在温尼伯湖泊流域是可推广的，并能促使水质改善、湿地健康和区域经济发展。流域内的农业可以继续繁荣，同时维持了良性的生态系统。流域内的利益相关者支持这种模式的发展(IISD，2011a)。

(3)工程化的生态系统

几乎地球上生活的每个人都离不开工程化的基础设施。我们在工程化的建筑中生活、工作、旅行和游乐，并从中获得各种服务。对于水资源来说，工程服务包括清洁水资源供给、防洪，控制、收集和管理暴雨径流、污水处理和再生设施，河道内增流改善水质等。当今，我们的工程设施很大程度上忽略了自然环境提供的服务。但我们也正在努力学习如何将工程设施建设与自然环境保护结合，通过较低的费用、非工程化措施，为人类创造更加宜居的生活和工作环境，尤其是生活在城市的居民。

创新性的基础设施发展也能够提供从自然环境不能获取的服务。开发一些比传统投资费用更低的设计、运行和维护模式，用来减小基础设施建设对环境的负面影响(Fay 和 Toman，2010)。在环境可持续性的社会效益和环境保护费用方面，公共政策能够为民间投资和消费决策提供导向作用。在全球范围内，需要增加环境方面的研究和技术发展，鼓励国际间的环保绿色技术的合作与推广。

绿色经济议程是对寻求加强和加快可持续发展的呼应，涉及公共政策、个人和集体商业活动，以及私人消费行为等。该议程在水利基础设施建设中应用较多，有助于提高资源利用效率、推动废物和温室气体减排，将投资和消费调整到自然资源消耗更少的模式上来。

专栏 4.8 阐释了一个商业决策的过程，最初仅为获得生产性自然资源，后来为社区和环境提供额外的预留水资源，降低了未来水资源短缺的风险和不确定性。

专栏 4.8　　恢复 Italcementi 干旱区供水

Sitapuram 石灰石矿是由 Italcementi 集团 Zuari 水泥有限公司管理的一个机械化露天开采。它位于印度西南部的纳尔贡达地区的 Dondapadu。区域支柱产业为农业，两条常年性河流流经矿区，最终汇入 Dondapadu 村。

在开采完石灰石后，公司的目标是将开挖区（整个矿区面积的 75%~80%）转化为湖泊，并最终发展成附近的旅游区。公司还在湖泊周边建设绿化带，固化土壤，并保护植物和动物。

开挖区转化为湖泊包括创造小的池塘和大面积的水体，还要监测水质和水位。收集的流域排水进入矿坑，拦截流入矿区的淤泥和泥沙，降低了新储存水体的不确定性和开矿活动的潜在污染。自 1986 年起，采石场已开始运行，2000 年起建设周边绿化带。在矿坑坡面上种植灌木，滞留土壤，并防止矿坑壁塌陷。采矿区周边建设的绿化带形成了一个屏障，保护周边地区免受开矿活动的灰尘、噪声影响。在采矿区，种植了 9hm² 麻枫树（可用作生物柴油）。PVC 管线为采石场平台树木提供了永久水源。

所取得的成果如下：

- 创造的大面积水域吸引了其他地区的鸟类，包括鸭子、鹤和犀鸟，在鱼产卵时偶尔还有翠鸟，有助于保护生态环境。当地经常遭遇水资源短缺的社区也从水库获益，并使用水库的水进行农业灌溉和渔业养殖。
- 回灌地下含水层，提高周边地区的地下水位，增加了植被。
- 监测和管理泥沙淤积，防止矿区泥沙溢流进入环境，干扰当地植物和动物。
- 矿区绿化，通过种植树木和灌丛，保护了土壤，降低了大气中二氧化碳浓度。

引自：WWAP，2012。

政府层面，加拿大魁北克省多拉德—德索莫市采取的措施值得借鉴。在 20 世纪 60 年代后期，为了满足城市快速发展以及排涝需要，多拉德—德索莫市本来要建设大型的排水沟，但同等的费用下，多拉德—德索莫市购买了大量土地，在低洼区修建人工湖解决了上述问题。地表径流流入人工湖，围堰将湖泊出流调控在较低水平。与暴雨排水系统不同，该人工湖成为面积约 48hm² 的自然公园。公园以最初的提议者的姓名命名为 William J. Cosgrove Centennial 公园。它具有湖泊、森林和游乐场的特征，是人们夏天慢跑、自行车骑行和野餐，冬季滑雪、溜冰和乘橇滑雪的好地方。除此之外，每年还吸引了大量的野生动物。但也有不利的环境问题，郊区草地的施肥造成暴雨径流携带化肥污染物入湖，导致藻类生长。在国家层面，韩国的 4 个河流工程说明了如何让水资源管理成为绿色增长的驱动力（见专栏 4.9）。

专栏 4.9　　韩国 4 条河流修复工程

采用 4 条河流修复工程例子来说明水资源管理如何驱动绿色增长。经济危机期间，韩国决定在 2009—2013 年间每年将 2%的 GDP(总计 860 亿美元)用于绿色投资，解决短期的经济问题和创造就业。通过 4 条河流修复工程，20%的绿色预算(176 亿美元)投资于水利。项目涉及 4 个部门：环境，食品、农业、森林和渔业，文化、运动和旅游，公共管理与安全。项目的目标包括：安全供水 13 亿 m^3，管理洪水和干旱，改善水质($BOD_5$3mg/L)和修复水生生态系统(223 个修复项目)，发展河岸休闲，以及沿河区域发展。

通过清除 5.7 亿 m^3 的淤泥，建设 16 个小型橡胶坝和水库，削减包括农业地区的污染，项目完成了 95%的工作计划。

政府预计这个项目将为经济带来 328 亿美元的收益，带来 34 万个工作机会。最终，政府希望通过这个项目的经验和技术，在促进国家经济发展的同时，将韩国打造成一个水资源管理领域的领先国家。

引自：OECD，2012。2050 环境愿景。

在适应气候变化过程中，工程师需要认真考虑自然生态系统的需求和利益。例如，在很多地方，为了应对增加的降雨量，更换高速公路和铁路系统的排水沟渠和管道。在管道建造过程中，工程师需要考虑水生生物通道，重建被割裂的栖息地。另外，气候变化改变了降雨模式，水库泄洪的管理也值得认真考虑。当下泄流量与自然流量峰值相对应时，水生生态系统便能很好地适应，也有助于保护物种和提高生物多样性。

4.4　水资源评价与分配

联合国千年发展第 7 个目标是“在国家政策和计划中融入可持续发展理念，扭转自然资源损失的不利局面”。淡水是重要的环境资源。当水资源获取、处理和传输等基础设施建设费用超过用户或国家承受能力时，将会造成经济萧条。政治因素也会限制扩大储存和获得更多水资源的基础设施建设。取用或消费的水量可能越来越受到新政策的限制，为环境用水设置了最低限值。

水权、水资源的分配、分布和水资源利用等主要取决于可利用水资源的变化。与环境健康相关的水问题是发达国家及其环境活动的主要关注点。生态系统能够提供大量的商品和服务，比如为穷人提供食物和衣服原料，随着对生态系统这一功能的深入认识，即使在最贫穷国家生态系统健康也是重要的社会经济目标(Cosgrove 和 Tropp，2013)。

评估生态系统服务的效益并通过货币量化，有助于决策者在管理水资源与生态系统过程中平衡不同方案的成本和收益。想要让所有利益相关者接受生态有利和水资源有利方案有时也很难。当扭转退化生态系统、保护生态系统结构和功能不仅是生态有益也能带来其他经济收益时，该方案便相对容易接受。认识扭转退化生态系统趋势的潜在收益，是展示已有生态系统服务收益的一种方式。金融手段可用来量化个人与集体利益，比如购买土地来保护自然生态系统，或者资金补偿其他用户不再从事导致生态系统退化的活动，保护自然环境价值。不能准确评价不同利用条件下水和生态系统提供的全部收益，是政治上忽视水资源及管理不善的根源，导致了对水资源和生态系统重要性认识不足，人工和自然的水利基础设施投资欠佳，以及国家发展计划和脱贫战略上的相关政策给予优先等级低。

评估水资源价值，不同利益诉求需要平衡，这也得到了2002年海牙第二届世界水务峰会部长级宣言的支持：评估水资源是管理水资源的一种方式，能够反映水资源利用过程中的经济、社会、环境和文化价值，定价逐步向反映供水成本的方向发展，并需要考虑公平性，以及穷人和弱势群体的基本需求。

认识到水资源是有价值的，政府开始对公司企业用水收费。在巴西，6.50美元/GW·h代表了水力发电的价值，获得的收入由各级政府分享（Braga等，2009）。在魁北克，电力公司Hydro-Québec从净收入中扣除0.62加元/GW·h用作未来基金，削减政府债务（Ben Mabrouk，2008），预计在2011—2012年收入是6.08亿加元（Québec，2012）。

评价不同用水方式特别是用于维持生态系统收益的价值，其主要问题是如何统一不同的价值体系。正如Doorn和Dicke（2012）指出的，在水资源管理方面，某些价值有利益相关者代表，还有些价值没有代表。然而，未被代表的价值对当今和未来水资源管理非常重要。此外，水资源的各种收益不是很容易地通过金钱等常用方式衡量，经济学家很难识别水资源分配政策收益并将其社会福利最大化。衡量不同用水的经济价值是有争议的，对数据需求量大，也很复杂，需要很多技术和经济技巧。不同评估技术用于不同水资源利用方式和利用政策价值评估（Wilson和Carpenter，1999）。其中一个问题是，大多数成本效益分析基于现值计算，贴现未来，导致经济效益计算结果看起来比成本低很多。降低贴现率也行不通，需要更多研究充分处理可持续发展相关的经济问题（Wilde，2010）。

在水资源规划、发展和管理中已经融入生态系统可持续性理念，但实施起来仍是一个主要的社会难题，需要强烈的政治意愿和技术领域的持续努力去制定水资源管理战略，进而同时满足人类和生态系统的需要（O'Keeffe，2009）。

（1）绿色经济

大多数国内和国际政治组织尚不适应将水资源管理的可持续性问题置于优先位置。

正如第 7 章讲到的,能源管理与水资源管理密不可分。幸运的是,一个部门管理措施的改善能够推动另一个部门管理水平的提高。世界能源理事会报告指出,大量能源管理措施同样可以用于水资源管理:

● 彼此间更加和谐地居住在一起,包括世界上最贫穷、最饥饿和教育最落后的人民,以及自然环境中其他生物。

● 夯实管理、经济交易和人类交流的基础,尤其是公共管理;经济交易及其环境影响的独立审计和公众参与,商业活动的通用规则,安全与环境性能(World Energy Council,2001)。

联合国大会发现全球行动提高了各国家的响应水平。他们设置了 8 个千年发展目标,目的是建立全球伙伴发展关系。通过制度性安排,在国际水平解决每个国家可能遇到的环境挑战问题。参会国家间通过全球贸易或气候变化紧密相连,采取全球性响应,而不是每个国家或流域独立应对。

一个积极的信号是,在里约 20 国峰会时,水资源利用效率和需求管理作为绿色增长战略的基本要素获得认可。经济合作与发展组织(OECD)表明大量的政策导向正在加速绿色经济发展,包括一些软的基础设施比如自然湿地等,用于获得更多的水资源服务包括环境服务等(见专栏 4.10;OECD,2012)。

专栏 4.10　　OECD 绿色增长的政策导向

一些政策导向能够系统地协调经济增长中的水资源管理问题,具体包括:

● 在缺水地区投资水资源存储设施,资源可靠性是绿色增长的基础,然而,蓄水技术和基础设施能够干扰生态系统平衡,软的基础设施比如湿地、洪泛平原、地下水回灌,小规模堤坝、雨水收集或其他合理设计的基础设施是不错的选择。

● 评估水资源的价值,识别受益者,以及确保其成本投入和获益机制,设置可持续的水资源和水资源相关服务的价格是标定资源价值和管理需求的有效途径。

● 给附加值最高的地方分配水资源,这个目标应该避免水资源利用的定量租金方式,通过用水效率获得水资源配额,将水分配给高附加值活动,包括环境服务,这将导致水资源利用的重新分配,比如从农业到城市,这是个艰难的政策挑战,一些 OECD 国家在这方面获得了一些制度(取水许可证)、市场机制(水权交易)和信息手段(智能计算)等方面的经验,当合理权衡环境、社会发展和相关的经济利益时,这些措施非常有效。

● 供水和卫生等基础设施投资,尤其是城市贫民窟,饮水不安全和缺乏卫生设施导致巨大的健康费用支出且丧失了经济发展机会。

引自:OECD,2012。

(2)博弈

满足人类社会日益增长的用水需求和供水，降低对生态系统服务功能造成的不利影响,二者之间的博弈是不可避免的;需要对满足社会需求与保护环境之间进行权衡。例如,水是能源生产(如生物能源、水电、热电和核电冷却)的关键要素。能源对水资源的传输很关键,并且还用于生产不同类型的水资源(如海水淡化)。越来越多的地方,有限的水资源造成粮食和能源产品的竞争日趋激烈。将自然植被变为耕地增加粮食产量,是穷人最直接的方式之一，可能造成大量与生物多样性和土地植被相关的其他生态系统服务功能退化或减弱,成为很多地区冲突的根源。为了蓄水兴建大坝能够增加淡水供给,但同时破坏了健康河流必须的水文过程,以及洪水冲积形成的土地和文化遗址。建坝的影响可能出现在远离坝址的地区,并随时间转移,不会立即显现。穷人总是博弈的失败者,因为他们缺乏足够的力量去发声。例如,通过种树减缓或适应气候变化有助于恢复洪泛区的农业用地,进而削减洪水的不利影响,改善水质,恢复生物多样性,削减温室气体排放(OECD,2010)。

因此,开展经济、社会和环境的博弈十分必要,能够创造积极效益,增加提供服务的总量。在决策贯彻过程中，适应性管理和情景法能够改进评价、监测和学习的过程(Comprehensive Assessment of Water Management in Agriculture,2007)。发展这样的博弈,加强科学论证,特别是在条件不确定和未来不明朗的情况下。

4.5 谁为自然代言

地球为我们提供了生活的各种需求:大气、水、食物、温暖、季节以及不计其数的超乎人类想象的福祉。假如我们虐待和滥用地球,它将不再是我们的朋友。如果我们不知道如何公平地分配它慷慨赐给我们的礼物,它将不再是我们的朋友。如果不能通过积极和充满敬意的努力,保持它绿色、纯洁和生命流动,我们将如何为后代留下这个朋友?我们不愿意看到后代举起拳头反对我们。地球就像一个母亲,探索、理解和保护,使她的产出就像一个无尽的宝藏。如果将她视作我们的奴隶,她将不再是我们的朋友(Jean-Yves Garneau,地球是我们的朋友,2012)。

2012年6月,友好对待地球在里约宣言中得到认可。宣言中的39章和40章声明:

39. 我们认可地球和它的生态系统是我们的家园，地球母亲是许多国家和地区的通用表达。我们发现,有些国家为了促进可持续发展认可了自然的权利。我们相信为了平衡当今和未来经济、社会和环境,应该促进人与自然的和谐。

40. 我们亟需系统和综合的可持续发展方式,有利于促进人与自然和谐共处,以及恢复地球生态系统的健康和完整性。

保护生态系统而不仅仅将生态系统变成受害者，越来越被视作水资源问题的解决途径，我们正逐步提高对生态系统的服务、价值和维护生态系统必要性的认识，也增加了找到解决问题的意愿。从另一个角度看，增加了不同潜在水资源用户间的合理竞争，反映了可持续水资源管理方面的进步。它强化了水资源利用中不同利益主体间的对话和构建协商框架的需求。

利益相关者的有效参与，对透明和公开水资源分配决策十分必要(Cosgrove，2008)。增加可获得性的水资源信息，对做出正确决策十分关键。社区管理水资源的情况下，与管理政策的制定者不一样，利益相关者参与能够使方案更加合法、实践性更好并具有较好的经济效益。人类分析和调整自身与环境关系的独特能力，意味着决策者有道德和义务为"大自然母亲"代言。

Jack Moss 及其同事认为许多不同利益相关者和水资源趋势之间的复杂性导致"价值差异"变为"价值分化"(Moss 等，2003)。价值分化的极端化将阻碍对话和出台合理的管理方案。增进对价值差异的理解有助于找到共性和分歧，有益于协商谈判。

4.6　在可持续的地球上满足人类需求

本章已经强调了人类依赖生态系统，与其紧密相连并是其中的一部分。生态系统总是承受着自然变化。无论是有意(制造氮肥)还是无意(污染)，也无论是善良还是邪恶，我们人类正在快速改变自身的环境，且与自然变化方向明显不同。导致这一变化的部分因素如下：

- 人口快速增长和人均消费增加；
- 植物和动物驯化。

工业产品和其生产破坏了主要的生物地球化学循环过程。

在许多方面，生态系统包括水文循环已不能满足人类的需求。幸运的是，人类的希望仍然存在。通过更新人与自然的关系认识，我们可以利用经过几千年发展形成的独特集体智慧在地球上创造一个可持续的未来。我们可以思考新的生存方式，并通过合作与创新实现它。上述信息来源于公民社会中不同领域近 5 万名利益相关者，代表了 2012 年 6 月里约大会不同时代的公民对未来的期望。

水是促成合作达成的关键因素。水文循环维系着人类和景观在群落、局部生态系统和全球生态系统的尺度上相互关系(Falkenmark 等，2004)。Dooge 等在 COMEST 淡水伦理的报告序言中提出了以下理念：不知何故，水资源能够促使我们更深入理解敌对立场，并实现真正分享——这是对生命和幸福的一种尊重。水可以超越其自身价值，能够凝聚相互冲突的利益方，促使不同社会群体达成共识。在某种意义上，水资源问题谈判本身可被视作一个世俗和基督教式的和解与创新(UNESCO，2003)。

遗憾的是，直到现在，经济发展对生态系统的关注还是不够的，在构成威胁前很可能被忽视掉。为了避免形成威胁，人类需要展望未来，创造一个新的世界，实现社会福利与生态系统福利相平衡的局面(Steffen 等，2011)。里约会议中我们展望的地球未来是一种新的景象。本章许多例子中发展水资源满足人类需求的同时，还保证了生态系统提供一些基本服务。因此，未来正变得更明朗。

4.7 小结

地球或区域环境，是生态系统中的一部分，环境中的各组分相互独立又彼此影响。人类也是生态系统的一部分。我们依赖生态系统提供基础服务并确保生活质量。然而，随着人口数量增长和人均消费的商品、服务和自然资源增加，消费产生的废物排放对本已敏感的环境造成的压力也越来越大。我们对环境的有意改造，无论有益的还是有害的，都已导致生态系统处于失衡状态，有时还是不可逆的。

所有人都会受到生态系统破坏的影响，但缺水穷人承受的最多，也最难以应对。人类是地球上具有独特能力的物种，通过观察和反思创造一种新的平衡。这需要：

- 正确评价生态系统的价值和敏感性；
- 持续监测环境变化；
- 对预期新环境达成一致；
- 联合不同社会阶层共同行动创造新环境；
- 水循环、水资源管理、生态系统服务领域的专家需要共同参与这个过程。

第5章

城市水资源综合管理

世界人口的增长主要出现在城市区域，人类现在及未来数十年内面对的复杂挑战均与快速城市化有关。中心城市为经济社会发展提供了机遇，但前提具备完善的基础设施体系。提供安全饮用水、医疗卫生、排涝除渍、交通运输、固体废物处置和住宅保障等基本服务，是城市正常运转和实现宜居的基础。城市化进程中，管理与处置城市废物，更新老旧基础设施需要大量资金投入。采取新的水资源综合管理模式有助于降低城市运行成本，为穷人特别是发展中国家大城市贫民窟的居民，提供安全饮水和医疗卫生服务。

5.1　中心城市及城市水系

任何国家或地区的财富在地区与社会阶层的分配都不均衡，无论国家大小都是普便现象。对于一个国家来说，城市位于财富分配的顶端，农村地区则处于最底层，对中心城市而言尤为明显。因此，未来中心城市对人口和财富的聚集效应还将持续。无论发达地区还是欠发达地区，经济版图(economic landscape)连续分布，呈现出以大城市为核心龙头、其他类型经济区为支撑的特征。龙头城市后边，是一系列中小城市、城镇和村庄(见图5.1)。

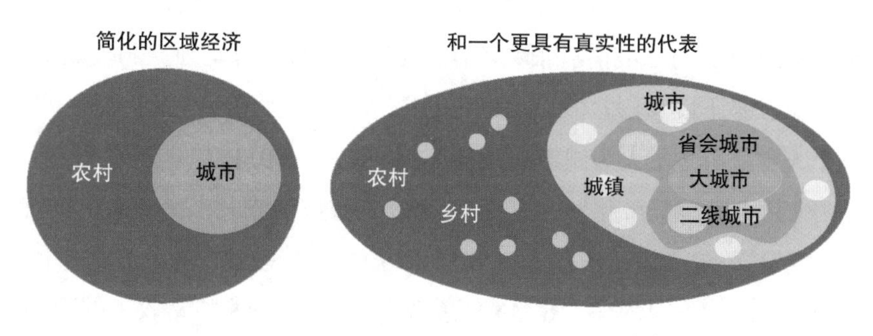

引自：Word Blank，2009。

图5.1　城市中心和农村地区的代表

中心城市人口稠密，是生产、消费和居住的集中区，日常消耗的资源和产品主要来自远离城市的外围地区(Rees,2003)。所有城市运行，均离不开水资源、粮食和能源供给；城市在消耗水、粮食、能源以及其他资源的同时，不断产生各种固态、液态和气态废物。很多学者尝试从环境或生态的角度去定义中心城市(Mcintyre 等,2000)。Odum(1997)提出，对个体而言，中心城市是农村地区的寄生虫，城市直接索取农村地区的粮食、水、能源及其他物资，并排放各种生产和生活废物，导致环境污染和退化。怎样合理有效处理处置各种废物至今仍然是很多发展中国家中心城市尚未解决的主要问题，安全饮用水不足和废水管理不完善又会引发新的公共健康问题。然而，城市仍然是一个国家科研创新中心，能够为农村地区提供新的知识和技术；此外，城市为农村地区的产品提供了销售市场，直接为农民提供了就业和收入增长的机会。

城市可以看做是社会、经济、土地利用、体制和机制等 6 个组分相互作用、相互影响的统一体。社会和经济是中心城市发展的主要驱动力，经济社会发展能够为城市居民创造更多的工作机会和更好的生活条件，同时也会造成很多负面的环境影响。国家的前途与城市发展密切相关，不经历城市化，任何国家都难以实现经济可持续发展或社会快速进步。人均收入较高的国家城市化率较高，低收入国家的城市化率较低。随着城市生产力的增加，企业对城市 GDP 的贡献加大(UN HABITAT,2011)。未来，城市规划管理者以及公众必须应对企业衰退对城市经济社会发展的不利影响。

为满足最低生活需求，城市发展必须开展土地利用发展规划。土地利用发展规划综合考虑了中心城市不同地区的各种因素，如住房、交通、水(供给、处理和分配)、废物处理、暴雨管理等。城市土地利用规划还必须考虑城市居民交通的便利性。土地利用发展规划中的社会—环境部分，是城市生态系统中人与自然环境和谐共存的基础。健全的体制是城市正常运转的保障，能够确保城市土地利用规划能够在未来得到贯彻与落实。

(1)中心城市现状

目前，全球 50%以上的人口居住在城市，据联合国预测，到 2050 年，全球几乎所有新增人口都是城市居民，与二战前有很大不同，当时城市与农村是独立和割裂的。到 2050 年，最发达国家和最不发达国家城市居民占总人口的比例将分别达到 85%~90%和 65%，平均每 10 个人中就有 7 个人为城市居民(UN HABITAT,2011)。

发展中国家的快速城市化一个显著特点是，城市与农村收入差距逐渐扩大。UN HABITAT 研究发现，贫民窟的居民人口数量年均增长速率超过 10%，发展中国家 30%的城市人口居住在贫民窟。UN HABITAT 还发现，衡量一个国家贫富收入差距的基尼系数(Gini,1912)，并不能充分反映城市总体上或单个城市的收入差距。例如，2005 年美国全国平均基尼系数为 0.381，而华盛顿、纽约和迈阿密等大城市基尼系数超过了 0.5。在欠发达地区，贫富不均现象更为严重，例如约翰内斯堡的基尼系数为0.75，且城市越贫穷，收入差距越大(UN HABITAT 2011)。因此，人口增长对城市水资源管理来说是个严重挑战，如何才能让贫民负担得起安全供水和医疗等城市基础服务？

为新增城市居民提供充足水资源、医疗卫生以及废物处理处置等城市基础设施，以及向城市贫民提供公共交通和保障住房，建设和管理城市雨水排放系统，都是欠发达地区大多数中心城市面临的巨大难题。目前，废水缺乏有效处理，部分工业废水和生活废水甚至未经处理就直接排放到河湖等开放水体(Tsegaye等，2011)，给公众健康带来严重威胁。目前，全球每年有200万5岁以下的儿童死亡与用水不卫生有关，全球每百美元经济投入的卫生支出为5.50美元(WHO，2002)。城市废物管理十分重要，监管权限分散，废物管理、排水、交通和住宅等行政主管部门间缺乏有效的沟通与协调，是造成城市污染、污染物无序排放和管理效率低下的重要原因。

(2)发达地区城市基础设施老化

目前，发达国家运行的城市供水和医疗卫生基础设施，大多数建于100多年前。老旧的基础设施对于保障公众健康来说，存在严重问题。最近，美国国家研究院评估国家供水系统的健康风险(NRC，2006)。更换老旧的供水和消毒设施是现有供水系统面临的最大问题。老旧管网的漏失增加了水媒介传染疾病的风险。研究报告显示，大多数供水系统相关的疾病或疫情与管网交叉连接和倒虹吸造成的污染有关。

美国供水管网的漏失水量达到3000万 m^3/天(Means，2012)，大量的水资源流失促使美国政府改变政策，通过修复/更新管件，改善供水服务(ASCE，2009)。最近，美国土木工程师学会完成了市政基础设施条件调查报告，将饮用水基础设施评价等级定为D，并推测升级改造美国供水管网系统将至少花费110亿美元。有意思的是，公众并不愿意为此项工程支付任何税费，却愿意花更多的钱购买瓶装水。或许有一天，当他们没有足够的水冲洗厕所时，才会考虑更新供水管网。

(3)城市水资源管理现状

城市水资源管理涵盖安全卫生的饮用水供给、防涝排渍、水传染性疾病防控、减小洪水对住宅和交通的不利影响等。从某种意义来看，城市水资源管理需要综合考虑城市空间内的全部活动。

城市的供水、医疗卫生、废水处理、排涝、废物处置等管理一般都进行专项规划。各行政主管机构在法律和政策指导下独立开展本部门的业务，缺乏部门间的沟通协商。传统的城市水资源管理模式不区分各用水户的需求水质差异(Bahri，2012)，导致优质水资源不经选择地被随意分配，甚至用于消防灭火和下水道污水输送(Van der Steen，2006)。上述现象在中心城市、中小城市以及村镇都很普遍。流域水资源管理也常常忽视淡水、废水、洪水和雨水间差异性和相互依存性(Tucci 等,2010)。

快速城市化过程中,发展中国家或地区的城市供水能力发展滞后,供水能力满足不了需求。为了解决这一问题,城市居民自寻解决途径,常见的措施包括抽取地下水。地下水开采不当容易增加污染风险(如抽取浅层地下水)或者咸水入侵(抽取滨海地区地下水)机会。另一个提高供水能力的措施是从流域上游取水或者跨流域调水, 然而水资源被利用后,产生的污水或废水通常未经任何处理排入下游。

大多数情况下,城市化逐渐从下游向上游、从沿海向内地推进,因此流域上游水源地或地下水供水水源地应该严加保护。然而,下游城市的发展将有损流域上游城市的发展和破坏水生生态系统的完整性。水源地水质监测分析是城市供水的重要任务之一,但发展中国家在供水过程中往往重视不够,研究发现综合水质分析能够削减 40%~50%的供水成本(ANA,2010)。人类生产和生活产生的污废水通常排入收集渠或化粪池,一旦污废水收集渠或化粪池溢流进入排水系统或者河流,则会成为河流或地下水相当大的污染源,导致河流或地下含水层不能用作安全供水水源。城市化进程一般逐步向上游推进,当上游河段污染后,城市也将失去清洁水源。城市化还与农业竞争土地和水资源。中心城市或多或少趋向在适宜发展农业的沉积平原地区扩张。历史上,为避免外敌入侵,大多数中心城市坐落于丘陵或高山地区,肥沃的冲积平原则用作粮食生产基地。如今,这种土地利用格局已经彻底改变。总体来讲,城市水资源管理仍与城市和区域总体规划脱节,发展中国家的快速扩张、人口高度集中的中心城市表现尤为突出(Angel 等,2011),城市化引入了大量移民包括穷人,城市扩张出现了很多不宜居住的贫民窟。除规划外,解决贫民窟的水资源问题还有替代措施,但政府和城市管理者通常缺乏实施这些措施的机制,结果造成城市非正式居民区和外围地区迅速扩张(Bahri,2012)。

目前,发达地区的城市供水和消毒系统还是罗马帝国的那一套,从远离城市的地区取用清洁水源,根据供水标准去除有害细菌。灭菌后的水长距离输送到城市中心,然后处理达到饮用水标准。达标处理的优质饮用水通过供水管网配送给各个用户,包括一些对供水水质要求不高的用户,如消防等。使用后的水要么直接排放到环境,要么经过处理达到出水水质标准后再排入邻近水域。

19 世纪早期,世界人口不到 20 亿,且以农村人口为主,上述供水方法对保护人类免受肠道疾病或洪水威胁具有重要作用。进入 20 世纪后,人口加速增长和城市化快速推进后,这种水处理方法在某些欠发达地区已不太适用。城市化后不透水地表面积增加,河道渠化严重,同等降水强度下洪水和洪灾发生频率增加。城市化还导致固体(泥沙和固体废物)产量、液态废物产量增加。当污染防治技术和管理体制不足时,地表污染物随着降雨径流进入河流,增大河道径流量,恶化河水水质。地下水抽取及地面硬化后雨水下渗量减少,共同导致低洼地区地面加速沉降。重力排水能力下降,洪水发生概率增加,地势较低的城市区域可能被强降水、上游来水和海水(海岸区域)淹没。

总体来看,城市水资源管理需要依据用水需求调控水量和水质。对供水而言,水量保证远远不够,水质还难以满足用水需求。水源地(溪流和地下含水层)污染主要来自未经处理的点源和面源排放。生活污水处理不当造成水质恶化,对城市居民的身体健康构成重大潜在威胁,更为严重的是,还会污染城市供水水源地(Tucci,2009)。

污染控制包括废物源头减量、废物收集、运输和最终处理。有些人享受到城市的便利,但还有些人需要承受城市供水和卫生设施的不安全性。当传统污染控制措施不奏效后,需要更多地考虑当地实际条件,因地制宜寻求解决方案。科技进步为家庭卫生保障提供了更多选择,家庭日常生活废物分类处理,以及将处理残余物运送至安全处置场等。这些先进技术包括尿液与粪便分离、干法消毒和废物分类处理等。然而,由于文化层面的敏感性,在规划和实施卫生方案时需充分考虑社会大众的可接受程度, 在发展中国家的中心城市实施起来还有难度。目前公众普遍认识到冲洗厕所对房间卫生的重要性,但冲厕废水可能排放到开放水体,造成开放水体污染,并成为附近地区水媒介传染性疾病的源头。

(4)中心城市的未来

预测中心城市的未来,以及预测水资源管理政策对未来中心城市的影响难度非常大,其前提是准确预测未来的社会经济和政治。若按现有趋势发展,未来中心城市的数量和人口规模还会增长。城市可以提供更好的就业、教育和文化娱乐等机会,未来更多人会选择城市居住。

气候变化的影响比较复杂,特别是发展中国家,气候变化将影响未来中心城市的宜居性。部分中心城市,30%~50%的居民住房条件极其恶劣,在洪水增多和地面沉降加剧的情况下将进一步恶化。改善居住条件的不利状况,未来需要长期投资。气候变化将增加风暴潮、干旱和洪水等极端水文—气象事件的频率和强度,进而加剧了全球很多城市的脆弱性(UNDESA,2009)。

在未来,发展中国家的城市面临了很多复杂因素,但也存在很多重大机遇。联合国人口基金会(UNFPA,2007)报告指出,非洲地区的未来城市化主要发生在新兴集镇和村庄,并非是大城市。一个大集镇(5万~20万居民)包括10个中小型集镇(2000~5万居民),其数量在未来30年将增长至少4倍(Pilgrim等,2007)。未来城市规划过程中,通过城市水协会、集镇的水理事会和小规模水务公司间的沟通与协作,有能力解决城市供水问题。为解决供水问题,开展设施运行维护和人员培训与能力建设十分必要。

5.2 城市水资源综合管理

30年前,全球开始探讨水资源综合管理。国际水资源协会成立之初,水资源综合管理便受到全球水资源规划和研究人员的热捧,并获得不同程度的成功。如今,水资源规划的复杂性对水资源综合管理提出了新的挑战,一些学者试图进一步厘清水资源综合管理的定义和内涵(GWP,2000)。事实上,水资源综合管理的最大难题在于水资源规划和管理自身的多学科交叉特性。

毫无疑问,水资源综合管理在应对城市扩张、经济发展和城市自然环境保护等方面扮演了重要角色。供用水的政策和管理层面,必须考虑部门间竞争性用水,满足多部门而非单一部门的用水需求,并更加重视从大气降水到生产生活排水的全过程管理。

水资源管理能够影响社会、经济、政治和自然环境。自然与社会环境各个方面都很重要。过去,水资源开发总是满足单一目的,如发电、灌溉、航运或供水。20世纪60年代以前北美和欧洲大型水利工程多为单一目标型,可利用水资源几乎被大坝和运河、堤坝和流域内调水工程等市政工程等瓜分,这种状况非常普遍,此后,在非政府组织(NGOs)和公众推动下,出台了环境保护相关法律,迫使自然资源规划者和管理者在考虑经济发展的同时必须关注环境影响。现如今,全球环境保护意识,无论发达国家还是发展中国家,均得到广泛的传播和高度认可。

水资源管理的多目标性,催生了新的决策机制,有助于水资源规划者和管理者综合评估不同方案的总体效益。传统单一成本分析方法和自上而下的行政命令模式,逐渐被多目标决策模式取代,包括NGOs和政府机构等利益相关者民主参与的决策模式。

流域水资源管理机构的"水议会(water parliaments)"就是这种新型决策模式的典型代表。新决策模式需要重组现行政治体制,汇集不同专业背景的人才,解决综合规划管理实施过程的难题。城市环境保护与治理需要采用这种新模式。在该工作模式下,需要工程建设专家、经济学家、社会学家以及政治家之间紧密合作。发展中国家或地区的大城市不仅面临社会经济发展压力,还面临环境方面的压力,亟需资金更新供水、城市排涝和医疗卫生等基础设施。为解决上述问题,还需协调其他城市管理部门,进行水资源综合管理。城市复杂水问题的解决依赖科学技术和社会管理的进步,但部门间协同合作是综合管理的关键。

城市管理体系十分复杂,系统分析方法对适用于多大规模的城市仍然不明,很大程度取决于参与分析的机构及其权力、职责和信息的需求。综合、整合、统一的规划管理看似具有理论优越性,但成功实践可能性较低。水资源综合管理是一个持续的"复杂化"过程(Vlachos和Braga,2011),需要考虑利益的多重性、资源获取的差异性、组织机构的复杂性、水资源政策的竞争与冲突等。随着时间的推移,目标、喜好、优先级、政治共识、赞助商等也将成为城市水资源综合管理者面临的难题。

中心城市数量的增加有助于推动水资源管理的发展，为实施城市水资源综合管理(IUWRM)创造机会。IUWRM不单单是城市水资源管理问题的快速有效解决途径,还重构了城市与水资源及其他资源间的关系(Bahri,2012)。

根据Bhari(2012),IUWRM本质上是一个过程,主要特点如下:

- 涵盖城市集水区域内的全部水资源:蓝水(地表水、地下水、外流域调水和脱盐水)、绿水(雨水)、黑水、棕水、黄水和灰水(废水)、再生水、雨水和虚拟水;
- 匹配用户和供水水源(地表水、地下水、不同类型废水、再生水和雨水)间的水质需求;
- 考虑存储、分配、处理、再生、循环等用水过程,规划相应的基础设施;
- 规划水源地保护和开发;
- 考虑同一水源的各个用户需求;
- 调整城市水资源管理的常规措施(组织、立法和政策)和非常规(道德和习俗)措施;
- 平衡水资源利用的经济效率、社会公平和环境可持续性之间的关系。

以上可看出,IUWRM的定义十分全面，体现了城市土地利用与水资源利用间的紧密联系。此外,进行水资源综合管理过程中,还应考虑其他城市公共服务,如交通、能源和固体废物收集与处置等。对城市洪水管理而言,特别需要从技术、体制和政治制度等方面综合考虑。在传统城市水资源管理转变为水资源综合管理的过程中，需要调整的方面如表5.1所示。

(1)供水与医疗卫生

IUWRM包括供水和医疗卫生系统,需要提高能源和化学品利用效益,并回收和利用生活污水中的营养物质。IUWRM提出了新的技术方法体系,包括当地雨水收集利用技术(如雨水收集和分散雨水管理)、水资源保护和降低水耗技术、水资源循环利用和重复利用技术、城市水资源分配管理办法、废水发电产热技术与营养物质回收等(Daigger和Crawford,2007)。

IUWRM在缺水地区的应用经验表明,上述技术能够有效降低生活和商业用水量,人均用水从超过400L/(人·天)降至120~150L/(人·天)。用水量减少的同时,污水排放量也逐渐下降,这对水资源利用十分有利。水资源消耗量的下降间接提高了当地城市水源的供水保障能力(Daigger,2012)。

供水和医疗卫生服务,与水利基础设施的空间布局密切相关,但其服务能力与基础设施的分散或集中布局无关。随着城市化和经济规模的增加,水利基础设施规模也会越来越大。然而,分散的基础设施布局可能更加经济有效,但却很难精确限定其适用条件(Starkl 等,2012)。水利基础设施分散还是集中布局,对发展中国家越来越重要,发达国家的集中式基础设施布局资金需求量太大,难以参照执行。正如 Starkl 等所述,集中式基础设施体系技术先进和管理能力强大,分散式基础设施体系操作不便,一旦管理不善,最终影响到终端用户。

在人口稀少的地区,适宜发展分散式基础设施;但对大多数城市来说,分散式和集中式系统的有机结合可能是最佳选择。在优化管理和废物/副产物回收方面,分散式或集中式系统,哪个系统更具潜力,则主要取决于管理水平和社会经济条件、用户观念和公众参与水平,以及政策制度的执行力等(Starkl 等,2012)。

表 5.1 传统城市水资源管理与城市水资源综合管理(IUWRM)之间的比较

传统水资源管理	IUWRM
水与废水系统设计基于历史降水记录	水和废水系统设计依赖多种水源数据,并适应更大的不确定性和变化性
水资源供给单一用户,然后再处理和处置	水从高质量到低质量进行多次循环或重复利用
城区雨水比较麻烦,需要快速排出	雨水可以收集用作供水储备水源,通过渗透或滞留补充地下含水层和河道
人类粪便比较麻烦,需要处理和处置	人类粪便是资源,可以收集、处理和用作肥料
单线条部署水的收集、处理和使用和排放等分散系统	基于修复和再生等综合系统,支持土地利用设计和社区健康相关的水、能源、资源回收
各用户的水质需求一致。市政基础设施规模取决于终端用户的总需水量。所有供水端的水处理到饮用水标准,所有的废水需要收集起来进行处理	水质需求多样。市政基础设施规模与终端用户水量、水质和供水保证率等相适应
"灰色"市政基础设施主要由混凝土、金属或塑料建造	"绿色"市政基础设施,除了混凝土、金属和塑料外,还包括土壤和植被
收集系统和处理厂集中设置,越大越好	收集系统和处理厂分散布置,小规模也是可取的
解决方案固定;水的基础设施管理来源于水利专业人才开发的硬件系统和技术	解决方案灵活多样;管理策略和技术包括更广泛专家提议的"硬件"和"软件"系统
追踪成本费用和关注记账	全程评估投资和科技进步的收益,关注价值创造
常用业务工具包	扩展工具包包括高新技术、传统技术和自然系统等选项
机制和体制阻碍创新	机制和体制鼓励创新
供水、废水和雨水体系的物理过程不同	供水、废水和雨水体系相互联系
合作被视作公共关系,其他机构和公众仅在预定方案需要批准时才参与	合作等同参与,其他机构和公众积极参与寻求有效解决方案

引自:Bahri,2012。

(2)科技进步

水资源循环、再生和再利用,被称为再生水,它是缺水地区的重要水源之一,再生水的利用对保障城市用水而言意义重大(Daigger,2007)。污废水经过处理后成达标干净的水,用于饮用或工业生产。高级水处理技术使原水、废水和雨水处理变得十分容易,出水标准更高、处理能力更强,还能处理传统技术不能解决的特殊污染物(Bahri,2012)。一种较为先进的处理方法是源头分离,其出发点是不同用户的水质需求存在差异。城市农业生产中,再生水被用于种植高经济价值作物;再生水的用途得到了延伸和扩展,少量再生水(人均每天30~40L)经过处理后,已达到了饮用水标准。

由于优异的处理性能和处理能力,膜技术和膜生物反应器在广大缺水地区得到广泛应用,能够循环利用废物,利用咸水和海水等替代水源。研究表明,最近10年膜处理成本不断下降(DeCarolis等,2007)。坚固耐用的膜材料,低能耗的膜处理系统(如重力驱动型)正在发展。其他技术,如可再生能源(太阳能)驱动的光伏发电系统和氧化系统,不断与催化以及膜技术融合,集合成一系列新技术,极大促进了公共基础设施的升级(Bahri,2012)。纳米技术也应用于膜处理中,减少膜污染,提高膜的水力传导性,增强膜的选择性。此外,利用废水有机质发电的微生物燃料电池正在成为具有突破性的创新技术。尽管这些技术仍处于初级发展阶段,还需进一步改进、推广和商业化,但它们具有提高污水处理性能和改善资源利用效率的潜力(Daigger,2008)。

自然处理系统。自然处理系统(NTSs)利用自然生态过程改善水质,维持自然环境,补充地下水。NTSs总体上具有较强的经济技术优势。湿地和氧化塘是典型的自然处理系统,正越来越多地应用于处理雨水、废水和饮用水。NTSs本身就是一个强大的处理体系,能够同时去除多种污染物,正被广泛用于污废水的资源再利用。

废水源头分离。若想成功应用新型水处理技术,必须根据污染物种类对综合废水进行源头分离。综合废水的主要污染物大多来自黑水。例如,有机污染物和病原微生物主要来自粪便(约占生活垃圾总量的25%),而氮和新型污染物如药物活性化合物和内分泌干扰物,则主要来自尿液。新技术,如真空排污系统和粪便分离厕所,能够有效削减氮和痕量有机污染物排放量,让处理低容量的浓缩废物成为可能。

脱盐。受益于高级膜技术和能源利用效率的提高,咸水和海水的脱盐变得越来越经济(Bergkamp和Sadoff,2008)。据估计,咸水淡化的生产成本为0.60~0.80美元/m^3(Yuan和Tolb,2004)。对可再生水资源消耗殆尽的国家来说,脱盐水可同时满足生活用水和工业用水需求。然而,海水淡化后在农业生产中的应用仍然受到诸多限制,目前仅用于大棚种植高经济价值作物。

新型水处理技术为灰水再利用、营养物质的回收和再利用提供了机遇;此外,还削减了规模庞大的下水道建设和运行费用，减少甚至避免了利用清洁水资源输送废物。支撑IUWRM的创新技术介绍如表5.2所示。

表5.2　水利创新科技及对城市水资源综合管理(IUWRM)的贡献

创新科技	IUWRM的收益
自然处理系统	· 增强了多功能性(综合管理和环境功能)
	· 改善环境质量
	· 利用自然元素、特征和过程(土壤、植被、微生物和水道等)
	· 功能强大、灵活、适应性强
	· 最低限度使用化学药剂和能源
	· 促进水资源再利用和营养物质回收
纳米技术和微生物能源电池	· 提供廉价绿色能源(直接利用废水有机质发电)
膜生物反应器(废水)	· 提高了水资源管理和水资源利用水平
	· 减少污水处理厂的不利影响
	· 容易改进废水处理厂，提高处理性能
	· 提高运行灵活性(适合远程操作)
	· 管理环境问题(景观、噪声、气味)
膜技术(水与废水)	· 促进分散式供用水发展，减少环境影响
	· 提高污染物去除性能，促进水资源循环使用
	· 最低限度使用化学试剂
	· 提高系统的灵活性，适宜小规模处理系统
源头分离	· 促进水资源利用和营养物质回收
	· 推动易管理的小型分散系统应用
	· 避免水质复杂化，降低处理混合废物的费用
厌氧发酵(UASB)	· 产生沼气
	· 促进废水能源回收

引自：Bahri，2012。

需求管理。在不增加城市水利基础设施投资的前提下，管理用水需求是应对城市缺水的办法之一。城市居民能够在各种日常活动中提高用水效率。一些发展中国家的城市，例如印度新德里，城市人均用水量已接近澳大利亚等世界富裕地区。随着财富增加，用水量也不断增加，这就是富裕的代价。城市家庭是数量巨大的用水个体，但以往管理极少考虑家庭用水增加的后果。当城市居民对高耗水生活行为或方式习以为常后，城市需水不得不与其他用水尤其是农业用水竞争。澳大利亚的城市人均生活用水为每人每天320L，位于美国之后的世界第二位。面对连年严重的干旱，澳大利亚率先通过了用水效率标识和标准方案(Water Efficiency Labelling and Standards scheme)规划和立法。美国在环保局的推动下,也出台了类似计划。这些计划虽然是非强制性的,但有利于消费者作出选择。用水紧张的新加坡也制定了自己的“WLFS”,与澳大利亚类似,涵盖了家庭生活中淋浴、冲洗厕所等各种卫生用水标准(见专栏 5.1)。

专栏 5.1　　加利福尼亚的节水计划

工业化国家很早就建设了大量水利基础设施,但直到最近才开始关注用水效率。较高的供水保证率和较低的市政用水费用,导致了城市水资源的低效使用和水危机意识缺乏(缺水地区早已广泛存在)。这种形势正在改变,随着人口数量的增加,有限水资源的供给压力逐渐增长,即便水资源充沛的地区,也在大力减污和提高用水效率。

全球很多城市地区的用水效率大幅提高,用水总量和人均用水量均大幅下降。加利福尼亚北部,东湾区的市政公用部门需向附近 140 万居民供水。过去 20 年,尽管该区人口数量持续增加,但生活、工业和商业用水量基本维持不变。由此可见,全州的城市人均用水量在大幅下降。从 1995 年到 2010 年,城市人均用水量大约下降了 25%。尽管加州取得了显著进步,但提高用水效率仍有空间。据太平洋研究所分析,城市经济有效的节水潜力为总用水量的 30%,本指标已被纳入全州用水计划 (Gleick 等,2003;CALFED,2006;California Department of Water Resources, 2009)。

加利福尼亚的节水成就和世界其他地方相似。城市节水主要通过以下途径实现:提高室内卫生设施和电器的用水效率、改进工业生产过程、减少城市景观用水。例如,21 世纪早期,澳大利亚经历严重干旱后,昆士兰居民开始节水,人均用水量降至不足 265L/(人·天),略高于全国平均水平。在以色列和西班牙,城市人均用水量也较低,分别为 320L/(人·天)和 290L/(人·天)。

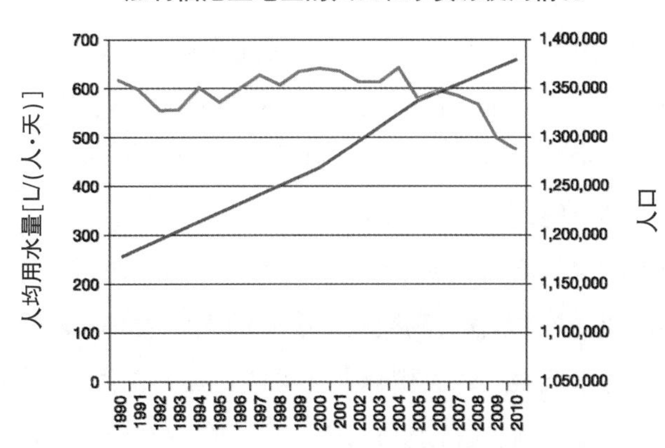

加利福尼亚北部东湾区的市政公用事业部门的人口（红色）和城市人均用水(蓝色)情况。尽管人口数量增长，但用水量保持稳定或略有下降。图中的用水包括全部居民生活用水、商业用水和工业用水，其中居民生活用水占总用水量一半以上。

引自:http://www.usbr.gov/mp/watershare/wcplans/2012/EBMUD_2011_WMP2.pdf

随着财富增长，家庭用水量不断增加。英国的环境、食品和农村事务部研究发现，与1980年相比，户均用水量增加了55%。工业企业为应对日益增长的消费需求，不得不新增用水。有些装置可以节水，如绿色建筑中用到的无水便池和感应水龙头等，但价格昂贵；在水价较低的情况下，绝大多数人不愿采用。

生活污水收集管道的工程设计规范也影响用水效率。现有污水管道的设计流量是固定的，当人口数量增加后，就需要更多清洁的水资源输送下水道中的排泄物，否则水流降低可能导致排水系统堵塞。现有管道流量设计条件下，水流不仅冲洗厨房垃圾，还要通过排水系统进一步将垃圾输送至主下水道管线。然而，澳大利亚工程师发现，主下水道管线的堵塞主要是因为年久失修而非进水流量下降。尽管无下水道地区不会发生下水道堵塞，但它给城市未来新的污水管道设计标准修正带来了机遇。最后，利用公共意识和阶梯水价等经济手段激励节水是用水需求管理的一个相当重要的方面。

(3)雨水排放

城区雨水排放管道通常伴随着下水道建设，城市径流通过下水道直接排入受纳水体。在1970年以前，城市排水系统的设计主要目标是尽可能快地排出雨水。然而，1970年后，地表径流的水质逐渐被关注。雨水中的污染物含量及其对受纳水体的影响被重视起来，采取措施保护受纳水体免遭城市地表径流的污染非常关键。1990年后引入了可持续发展理念，受此影响，城市排水的社会影响成为人们关注的焦点(Stahre，2008)。

从传统排水到可持续排水主要经历了以下阶段：

- 1975年前仅考虑水量；
- 1995年开始同时考虑水量和水质；
- 2005年后加入环境舒适性；
- 现如今包括水资源综合管理。

1975年前的“城市传统排水”已转变为现在的“可持续水资源管理”(Stahre，2008)。

城市可持续排水的特征是同时考虑地表径流的水量和水质，并考虑排水的社会属性。例如，许多排水方法可引入城市，提供一些建筑美学和艺术价值，比如景观型的雨水径流储存和处理设施(生态绿色屋顶，雨水花园)。

城市洪水可能是两种不同原因导致的：城市中心降雨造成地表径量流量超过管网设计能力形成的局部洪水；流经城市中心的大江大河溢流造成的区域性洪水。雨水管网维护不善或可透水地表土地面积减少均可能造成局部洪水几率增加(见图5.2)。城市化过程中不透水表面如屋顶、人行道和街道取代了自然景观，导致了本应渗透到地下的雨水更快地流经不透水地面，然后到达排水沟、管道、涵洞和渠道。地表平均径流量从降雨量的5%~15%增加到超过60%(见图5.3)。峰值流量与城市化前的自然状况相比增加了3~7倍

(Yoshimoto 和 Suetsugi,1990)。

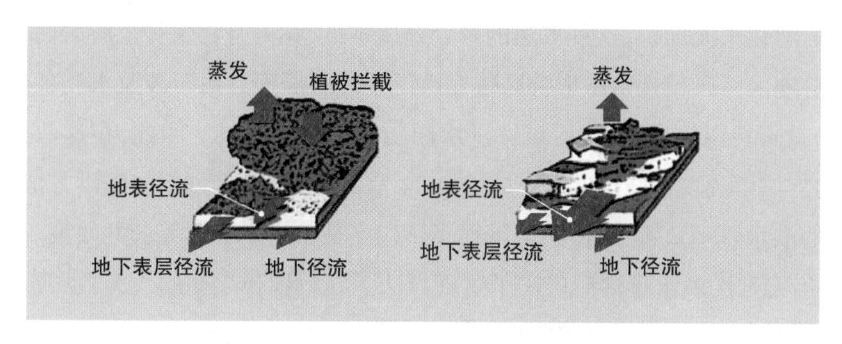

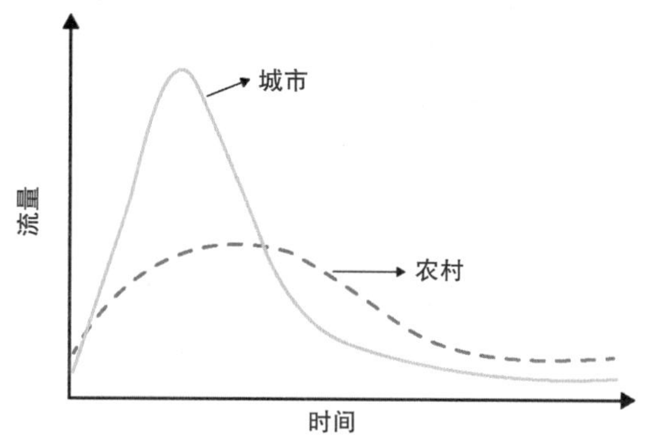

引自:Tucci,2009。

图 5.2　城市化对城市防洪水文的影响

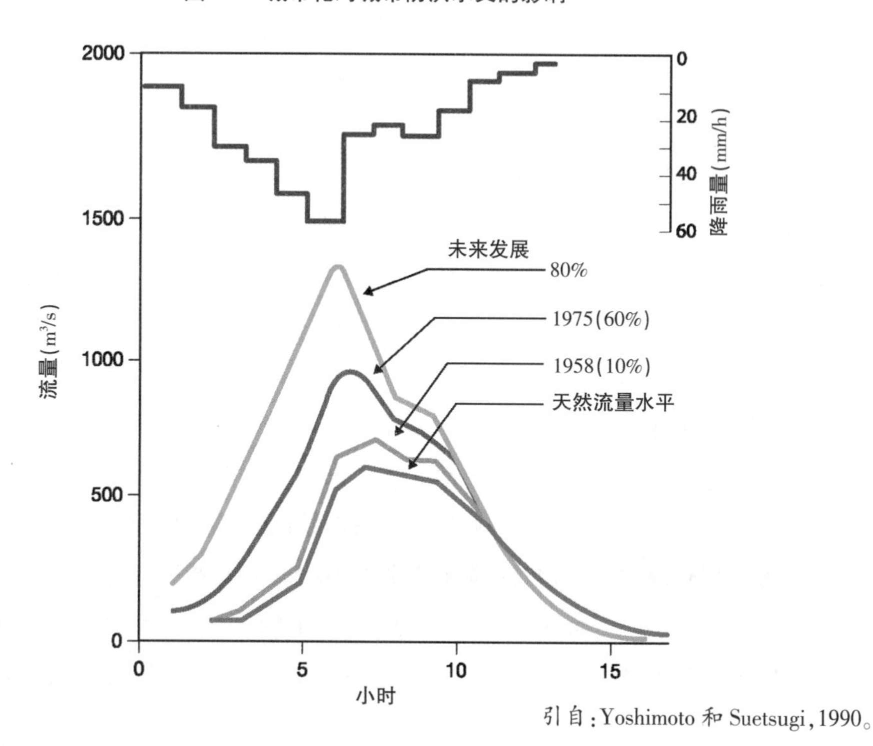

引自:Yoshimoto 和 Suetsugi,1990。

图 5.3　不同城市化水平在同一降雨强度下的不同洪水水文过程

对局部洪水来说，惯用的应对方法是将洪水转移到下游，主要通过疏通小的溪流、建设沟渠和大的运河让水流加快。这种方法的好处是成本低，坏处是将保护上游居民安全的问题转移到下游地区。区域性洪水影响居住在洪泛平原的居民。由于涉及水利基础设施(运河、堤坝等)投资费用问题，解决区域性洪水问题变得越来越难。因此，在这两种情况下，需要用新的方法解决城市防洪问题。Gilbert F. White(1945)开创新的防洪方法，促使美国萌生了新的洪水管理政策，并影响美国很多州建立城市排水规划等公共政策。丹佛市在经历了1965年灾难性洪水事件后启用了这种方法。在科罗拉多州的大多数城市，根据排水规划采取行动。在欧洲的荷兰，防御洪水可追溯到20世纪，20世纪80年代以后，城市防洪方面获得了一些可靠的经验。20世纪90年代以来，南美一些欠发达国家实施了一些成功做法，减小了热带强降雨造成的山体滑坡事件。

城市雨水排泄系统，和供水、卫生体系、电力能源和通讯网络、公共照明、街道卫生、公园和娱乐区一样，是现有城市公共服务的组成部分。城市水资源综合规划应该考虑不同部门的服务功能。如果城市总体规划没有考虑雨水排泄系统时，那么这个规划将承担更高成本和低效率的代价。相对于其他城市公共基础设施，雨水排泄系统的特点是不管现有排水管网是否充足，强降雨造成雨水均需排放。雨水排泄系统不仅需要考虑工程性措施(渠道和涵洞等)，也需要考虑非工程措施如洪泛区规划、土地利用控制和早期预警系统等。此外，这些规划通常基于研究区域水文和经济发展前景的预测。在规划排水系统时，应优先考虑将洪水蓄滞在流域上游，通过建设周期性淹没小型水库和公园达到目的。分布在整个流域的大量工程措施滞留住了洪水，否则洪水就会到达主河道并造成巨大损失。使用开放明渠代替管道和涵洞能够最大限度降低费用，对发展中国家极为重要。

雨水排放规划应该纳入城市水资源综合管理规划。此外，水文学家、工程师、地理学家、经济学家、社会学家等组成的多学科团队，对制定和实施这些规划是必不可少的。

雨水管理能够减轻强降雨事件影响，提高水资源利用效率。有很多管理措施可供遭受洪水影响的城市选择，包括使用滞留塘、渗透渠、渗透沟，通过自然系统减缓地表径流流速。波兰罗兹以及巴西的贝洛奥里藏特均采用了类似的方法，英国的伯明翰也在进行绿色屋顶研究工作，以求达到相同的效果(SWITCH，2011)。

雨水收集可以帮助在家庭层面解决水资源短缺问题，并容易和有效地推行。屋顶集水提供直接供水水源，补充地下水，同时还能减少洪水，是供水和排水基础设施持续改善过程中的直接解决方案。然而，雨水收集总体缺乏设计标准、成本和效益分析以及大规模推广应用等局限性问题，放大尺度措施的可行性也需要进一步评估(Bahri，2012)。

(4)水与能耗

如第7章所述，泵站能耗占到总能耗90%以上，公共水利设施直接或间接产生了大

量温室气体。提升泵站效率不仅对经济有利,还有助于保护环境。具体到水资源保护,可从以下方面考虑和落实:

- 增加下泄流量以维持和保护下游水环境;
- 减少水资源消耗;
- 降低能耗;
- 降低泵站运行成本和温室气体排放;
- 价格弹性效应,随着水资源价格上升,用水需求下降(Means,2012)。

未来水电等基础设施需求还将增加,迫切需要部门间的协调配合。优化经济规模对未来大都市和大城市的发展都很重要,目前水、电设施采取独立计费系统、人员条件和监管标准,未来水电必须合作,以寻求效益最大化。

(5)公众参与

城市规划过程中,制定技术方案和管理对策均需要公众参与。通过公共体制和公共参与创造出新型管理模式,确保政府、民间和 NGOs 之间协调与合作。水资源综合管理需要全面考虑城市各项用水需求的规划和管理(见图 5.4)。不同水资源服务功能之间相互关联,需要高度协调和融合,需要协调机构和对话平台,确保不同部门、各级政府、社区和利益相关者间进行有效沟通与交流。要做到这一点,需要分析水资源规划与其他领域活动的关系,包括提供基础设施建设规划,协调解决利益相关者的分歧,确定供水优先权和明确各部门责任

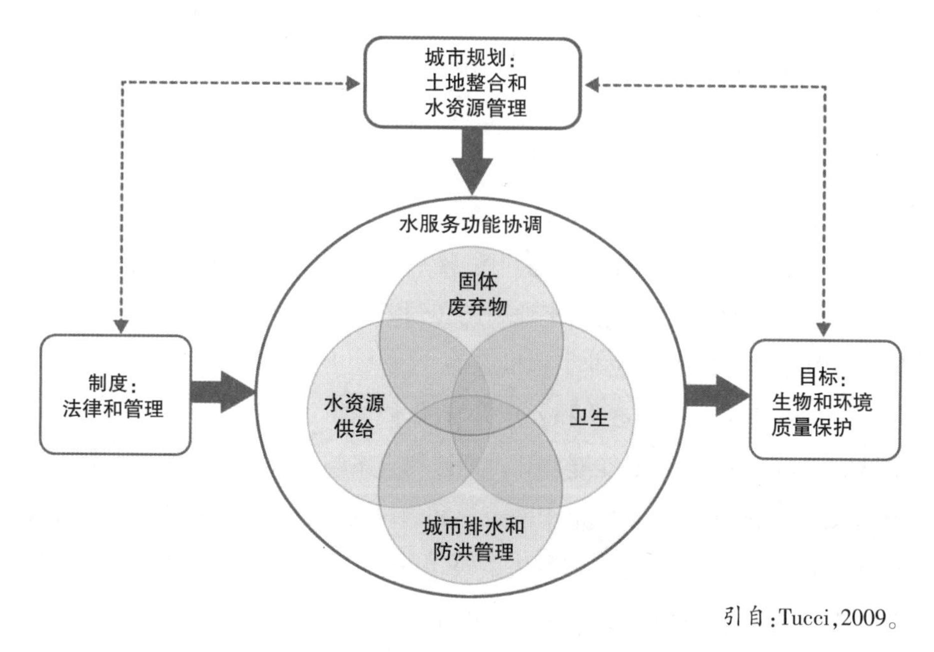

引自:Tucci,2009。

图 5.4　城市水资源综合管理

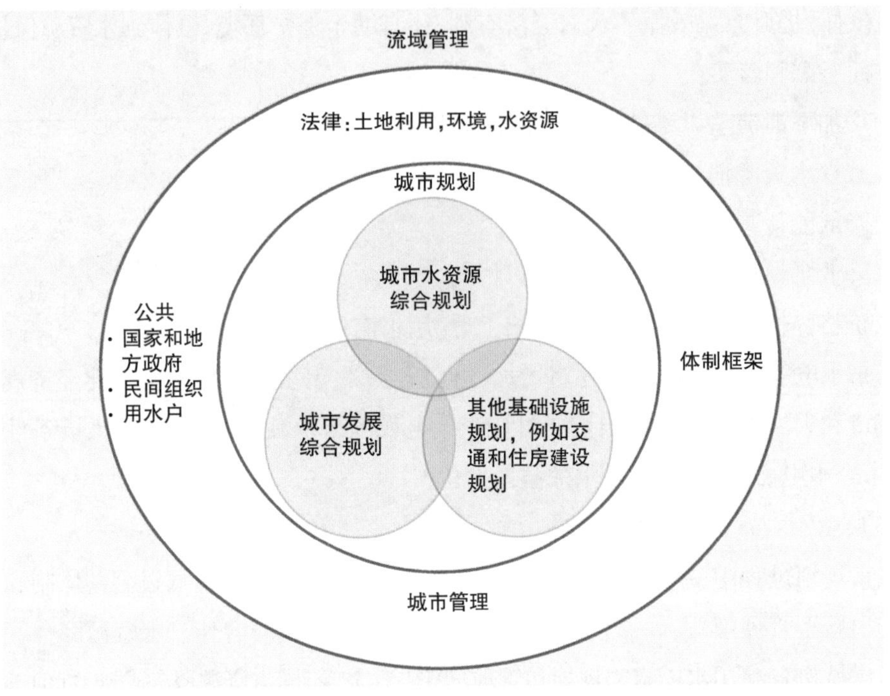

引自：Bahri，2012。

图 5.5 城市水资源综合管理和土地利用规划框架

等(见图5.5)。上述过程可能涉及机构间的协调，此外，还需采用一些水资源利用管理的新方法，如通过建立新的体制或执行委员会，获得权力和能力，然后规范执行各种标准和程序。城市综合性的供用水政策一般是多方参与、民主和多元化管理方式，确保可持续发展，当政府采取的城市水资源政策是经济政策的组成部分时，水资源可持续性利用前景更加明朗(UNEP，2002)。

对于河流下游沉积平原地区来说，城市雨水管理不仅与相关规划以及项目实施有关，还取决于工程建设、蓄滞洪区分区、土地利用、疾病防控和环境保护等非工程性措施，下游平原地区每年在特定时期被淹没，其土地利用必须考虑不同级别洪水的风险、洪水预警系统、蓄滞洪区税收优惠，以及其他非工程措施等。

水资源综合管理需要公开透明和公众参与，以便赢得社区和当地政府的支持。公众参与的代表来自区域内不同组织，能够公开讨论计划方案与各种替代方案。利益相关者参与决策十分重要，利益相关者包括城市中的穷人和边缘化人群(见专栏 5.2)。决策过程中，需要考虑各种利益和立场，通过多因素决策模式，推动各利益相关方达成共识，有助于决策者客观认识任何替代方案的利弊，并根据预先设定的标准或条件进行决策。

专栏 5.2　　圣保罗流域调水的公众参与

圣保罗是南美最大的城市圈，也是拉丁美洲最大的工业综合体。圣保罗位于帝埃蝶河流域上游，土地面积达到 8000km²，城区面积 950km²，人口 1800 万。

1950 年以来，无序水资源开发导致圣保罗地区供水不足，连续出现缺水问题。1974 年，圣保罗采取从邻近皮拉西卡巴河调水的方案，调水量 33m³/s，暂时缓解了供水矛盾。调水决策过程中，水利部门没有进行公众参与。随着流域经济的发展，受水区帝埃蝶河和调水区皮拉西卡巴河的公众参与呼声越来越高。1997 年水法开始实施后，国家采用了新的水资源管理体系，通过流域委员会进行流域综合规划和管理，要求当地政府、取水方、用水方、NGOs、学术组织和行业协会共同参与决策。2004 年，跨流域调水合同到期，巴西水利部、皮拉西卡巴河流域委员会和圣保罗市水利局之间展开了密集谈判。结果，皮拉西卡巴河流域增加了用水配额，圣保罗市需要寻找新的水源满足其日益增长的水资源需求。这个案例生动地说明了处理用水争端过程中，公众参与的重要性。

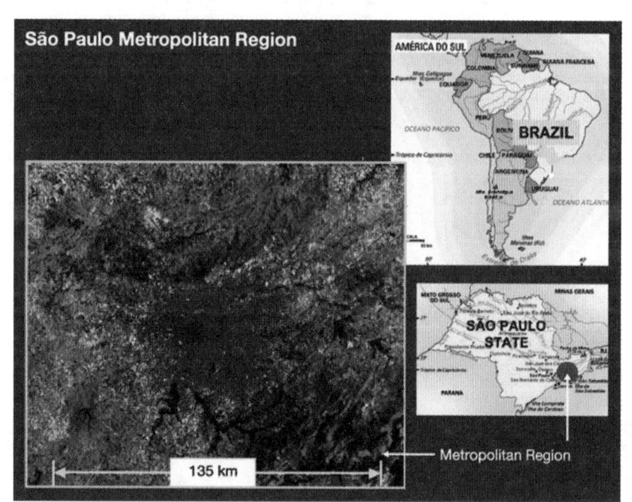

5.3　未来之路

规划和城市水资源管理是人类未来面临的主要挑战之一。联合国人口专家一致认为，全球未来人口的增长主要发生在城市区域，到 2050 年，全球每 10 个人中有 7 个人为城市居民。为了给城市地区提供安全饮用水和足够的医疗卫生服务，需要在技术和投融资方面提出新举措。特别是欠发达地区，城市人口增长速率最快，创新性地解决供水、医疗卫生和雨水排放等问题刻不容缓。但无论发达国家还是发展中国家，都需要强化水资源的需求管理，并维护、保养现有水利基础设施，减少供用水损耗和污染。对发展中国家来说，财政资金缺乏，想要达成上述目标极其困难。随着水和废水处理技术进步和成本下降，未来采取分散式水与废水处理系统，在降低资金成本方面具有较大空间。

城市规划过程中,IUWRM 综合考虑了水资源利用和雨水控制。对于公共服务如交通、通讯、住房和固体废物管理,也采用了综合管理的方式考虑供水、医疗卫生和雨水排放等。IUWRM 存在一些技术上的挑战,但技术问题并不是实施 IUWRM 的主要障碍。水与废水处理在 IUWRM 实践中十分重要,它需要政策方面的支撑,以及公众的广泛参与。

发展中国家实施 IUWRM 的难度远大于发达国家。从根源上讲,发展中国家穷人和弱势群体的受教育水平比较低、生活条件恶劣、供用水和雨水排放设施不足、极易遭受严重自然灾害等,参与 IUWRM 的意愿不足。因此,水资源管理专业组织或机构应充分认识到自身职责,积极参与城市水问题相关的决策活动。通过利益相关者、行业组织、政府、非政府机构和公众的参与,力争在 2050 年前,将 IUWRM 在城市规划中付诸实践。

第6章

水资源与粮食安全：逐渐增长的不确定性和新机遇

人类在粮食方面遇到的挑战是：粮食的总量和种类需求正逐步提升，而与此同时，提倡采用环境友好的方式，消耗更少的水资源和其他资源，获得更高的粮食产出，并以合理的价格提供给消费者。气候变化导致食品生产、加工和消费链的各环节成本逐渐增加，也是粮食供应面临的问题。要解决上述问题，只能依靠各种农业技术的应用，合理使用水资源，在农户、市场经营者、监管者和消费者等主要利益相关者之间实现协调合作，并建立伙伴关系。我们的生活方式、幸福感和文化与粮食如何生长以及在哪生产、粮食种类、获取渠道、处理和食用息息相关。人类的未来取决于当前以及未来粮食的生产和供应状况。

6.1 主导因素的不确定性

世界快速变化，新秩序逐渐建立。一方面，社会经济发展、人口增加和技术革新等其他变化拓宽了商品和服务的需求，随之而来的是水和其他资源消耗量的增长。另一方面，气候变化和与之相关的全球气候变暖给人类社会带来新的挑战。供水管理方面主要表现为不确定性增加，可利用淡水资源量的变异性增大，给依赖淡水的商品和服务带来负面影响。粮食也是商品之一，水资源和粮食可利用性的巨大变化，水资源管理和粮食生产短期和长期目标，以及局部和区域目标间竞争加剧，是世界新秩序的主要特征之一。

保障人类的清洁可靠水资源的供给，以及高效、公平使用水与其他重要资源，是全球化最显著的特征之一。不发达地区令人担忧的趋势就是人口增长，而这些地区的用水需求和政治议价能力却很微弱。与此同时，水和其他自然资源又严重制约了粮食增产和食品安全。持续保障粮食安全对我们及后代都很重要。

本章将探讨与全球粮食生产和供应有关的不确定性，及其对粮食需求的影响。正如粮食安全最常用定义所描述的，积极健康的生活方式意味着重视粮食生产量和实际消耗量之间的关系(FAO,1996)。粮食安全需要从供需两端系统地考虑。只关注粮食安全天平的一端如粮食生产,难以正确认识和制定有效政策。本章重点阐述粮食供需方面的机遇,并探讨解决粮食供需不足的相关政策、策略以及具体行动的若干基本原则。

6.2 粮食安全发展史

(1)粮食安全定义的演变

在远古时期和所有人类文明史中,均意识到保障食物供应的重要性。公元前6世纪中国哲学家老子和庄子就认为"农业是立国和治民之本"。此外,他们还告诫忽视农业生产的帝王"皇宫华丽、农田荒废、粮仓空空,而统治者衣着华丽、佩戴锋利宝剑、生活奢侈,这就如同强盗,与提倡的'道'渐行渐远"(Norton,2004)。美索不达米亚南部的冲积平原,土壤肥沃,养育着庄稼,从而建立起世界上的第一个文明时代。农业生产的剩余自由劳动力,逐渐成为了工匠或商人;组织灌溉工作的人员成为了统治阶层和管理者;出售谷物用来换取重要奢侈品,财富进一步积累渐渐吸引周边国家移民和商人投资,人类生存的这些基本条件构成了早期经济理论。亚当·史密斯指出"农业生产力的提高和国家财富累积间密切相关"(Johnson,1997)。事实上,过去几个世纪的农业发展对当今生活水平的提高作出了重要贡献。

在过去的50年里,持续重视粮食安全作为公共政策的可操作性基础之一,与其相关的技术和政策等问题得到广泛关注。事实上,粮食安全理念可追溯到20世纪70年代中期,1974年,世界粮食大会上,全球关注的焦点是粮食供应的总量和稳定性。粮食安全随后被定义为"提供充足粮食维持持续增长的食物消费,并消除供应和价格波动的变异性"(FAO,2003)。

20世纪60—70年代的绿色革命为粮食产量的飞跃奠定了基础。通过化肥、农药和农业灌溉水利设施的投入,为现代农作物的高产创造了条件。1970—1990年,灌溉土地的面积增加了1/3,单位面积粮食产量也增长迅速,世界谷物产量从20世纪60年代早期的1.4t/hm^{2}上升至1989—1991年间的2.7t/hm^2。世界农产品总量和贸易量分别增加了2倍和3/4倍。过去50年里农产品产量持续增加,已超过了同时期人口数量增长。

然而,绿色革命的技术成功并没有立即和快速地消除和减少贫困及营养不良的人口数量,这让我们意识到,有效获得食物和增加粮食供应同等重要。因此,1983年联合国粮农组织(FAO)拓展了粮食安全的定义"任何人任何时候能够获得需要的基本食物"。粮食安全定义的拓展代表了从重视粮食产量最大化向认识饥荒复杂性的转变。诺贝尔奖得主阿玛蒂亚森(Carlsson等,2009)认为,在某一地区,饥荒并非因食物匮乏造成,而是由于政治决策,以及收入、社会保障和个体农业生产权利等,导致了边缘人群失去获得基本食物的权利。阿玛蒂亚森还发现:某一地区穷人无力负担和购买粮食,而该地区粮食出口却增加。因此,增加全球粮食产量和供应量并不是解决的饥荒的唯一有效途径。通过各种渠道生产和供应足够的食物是粮食安全的前提条件。受地区/国家/国际政策和市场价格影响,能够广泛和自由地购买粮食,比提高某个家庭或国家的粮食生产水平更为重要。作为粮食安全的新定义,20 世纪 90 年代广义的生计概念很大程度上取代了早期粮食安全对生产和供应的要求。在日益多样化和复杂的经济体中,与缩小粮食供需差额相比,穷人的生存抗争被认为是预防饥饿更合适的着眼点。

截至 20 世纪 80 年代中期, 大多数国家都致力于通过国内生产供应保障粮食供应需求。寻求粮食自给自足是合理的(Ait Kadi,2000):

- 在 20 世纪 70 年代绿色革命以前,全球尤其是亚洲很多地区出现了粮食危机和饥荒。

- 绿色革命带来了希望,受益于粮食产量和生产力提高,部分国家营养不良人口数量下降,粮食甚至还略有盈余。全球营养不良人口数量从 20 世纪 60 年代的 8700 万降至 1995—1996 年的 7700 万,但随后又有所增加。

- 农产品国际贸易的固有风险导致价格波动和保护主义。

- 冷战和粮食禁运相关的威胁。为获得政治独立,每个国家都将粮食自给自足视作主权问题。

通常来说,粮食富余的国家仅出口小部分粮食;国际市场交易的农产品只占粮食出口国粮食总产量极小部分。当今,全球 70 亿人口需要食用 25 亿 t 谷物和油料。粗略估算,大约 12%的粮食需求(3 亿 t)通过全球谷物和油料贸易获得。农产品贸易的另一特征是少数粮食出口国家垄断了整个国际市场,全球 90%小麦出口来自 9 个国家,85%的大米出口来自 5 个国家。事实上,泰国、印度和越南贡献了全球 66%的出口大米。一旦这些国家出现极端气候事件,粮食出口的高度集中将加剧全球农产品市场的价格波动。

尽管农产品贸易范围相对有限,但 20 世纪 80 年代以来,随着全球化和国际贸易的发展,导致了部分国家从粮食自给自足转为更多地依赖国际市场,以满足粮食战略需求。理论上看,农产品贸易自由化提升了全球经济活力,促使部分国家更有效分配水资源和发挥经济优势。农产品贸易主要的难点是识别农业发展契机并采取行动。然而,农产品的贸易价格需要清晰认识水和其他自然资源价值,以及农业部门的潜在经济竞争力。在开放的全球贸易市场,需要强有力的政府政策鼓励、市场的健全和公平发展。其他必要条件是基础设施和技术方面的巨大投资,包括通过技术革新,发掘地区的粮食产量和生产力潜力,提高农业生产力和提升农产品质量。

发展中国家面临着经济转型和社会经济调整的困难。农业对国家经济发展意义重大，为大部分人口提供了就业机会和保障了地区的稳定，但农业体制和技术仍需改革。全球化让私人农场主面临更加激烈的全球贸易竞争局面，迫使他们降低价格，包括传统作物也不例外。在非洲城市和沿海地区，廉价的进口粮食已将种植传统粮食作物的小农场主们挤出了市场，与此同时，来自亚洲新商户也削弱了传统林木出口的竞争力。

越来越多的小私人农场主被迫参与到高要求的粮食质量和安全市场竞争中，而市场主要受超市、经销商和大出口商支配，国际市场竞争更为激烈。由于小农场主趋向于生产价值高的农产品，因此，他们必须掌握国内和国际农产品市场需求信息。农产品国际市场准入门槛依旧很高，困难包括远离国家市场中心、缺乏市场组织和信息、粮食经销商和零售商日益增长，以及粮食安全和质量标准不断提高等。随着跨国企业实力和影响力的不断提升，在区域和洲际间整合农产品体系有望得以实现。

2007—2008 年粮食危机源于多因素的共同作用，包括不利的天气条件、石油及石油产品价格(如化肥)上涨和粮食出口禁运等，导致粮食生产和运输成本上升，以及国际粮食价格的大幅波动，农产品的价格出现了急剧上涨。例如，2008 年第二季度粮食价格达到顶峰，全球小麦和玉米价格是 2003 年初的 2 倍以上，大米价格则上涨了 3 倍。政府间的不合作和贸易保护主义给全球粮食体系带来巨大的损失，造成贫穷国家和贫困人口生活雪上加霜。当粮食价格处于高位时，主要农产品出口国通过限制农产品出口，减小国内农产品价格上涨的压力。超过 30 个国家实施的出口管制在短期内降低了国内粮食短缺的风险，但同时也使得全球贸易市场规模变小和更加不稳定。此外，部分国家的粮食出口禁令造成了国际农产品市场恐慌性抢购，反过来加剧了粮食危机。对市场的不信任导致很多国家重新审视粮食自给自足的优点，并开始着手重建国家粮食安全储备库（Headey 和 Fan，2010）。

这场粮食危机促使很多国家重新重视粮食供给。一些国家开始大规模投资农业以保障粮食供应。非洲、拉丁美洲、中亚和东南亚大量收购农田，一时间成为全球各地媒体的头条热门新闻。对出租土地国家的人民来说，新政策的实施为农村地区经济发展和生计改善创造了机遇。然而，当政策实施的规范缺失时，可能造成当地人民失去赖以生存以及与粮食安全密切相关的土地资源(Daniel 和 Mittal，2009)。

当今世界，粮食安全被认为是从个体到全球范围内的重大挑战。如上所述，粮食安全的定义逐渐宽泛起来，包括食品安全和营养均衡，并能够反映积极健康生活所需的食物组成和主要营养需求。另外，粮食需求取决于社会或文化方面所表现出的食物偏好，这对于地区和全球农产品贸易来说很重要。然而，粮食生产条件改变以及人口和其他社会经济变化造成的农产品需求量增加，意味着仅依靠当地资源难以实现粮食安全。1996 年，世界粮食峰会对“粮食安全”采用了更加复杂的定义:个体、家庭、国家、地区和全球层次的粮食安全,指任何人任何时候都能够身体力行地获得足够、安全和营养的食物,来满足积极健康生活方式的膳食需要和食物偏好(FAO,1996)。该定义在《粮食的不安全状态》一书中被细化了(FAO,2001):粮食安全是一种生存状态,任何人任何时候都能够身体力行地获得足够、安全和营养的食物,满足积极健康生活方式的膳食需要和食物偏好。因此,粮食安全应考虑以下 4 个层面:①可食用性;②获得性;③稳定性;④安全和健康的使用。

国际社会已经接受宽泛的粮食安全定义中的通用目标和潜在责任，但实践中粮食生产却更加聚焦于小范围和具体目标,并围绕设定的目标调动国际和国内公众积极行动,增加粮食产量。国际发展战略声明的首要目标是削减贫穷和饥饿的人口数量。遗憾的是,对于缺乏粮食购买途径的居民来说,如何拓宽市场可食用粮食的获得渠道常被忽视;此外,供应链的低效率运转也常被忽视(见第 2 章)。

联合国千年发展八大目标之一:在 2015 年实现贫困和饥饿人口总数减半。截止期限即将到了,但在过去 10 年左右时间里,我们朝着减少营养不良人口数量的错误方向努力。20 世纪 60—90 年代中期全球饿死人口数量显著下降,但全球仍有数量惊人的人群(大约 10 亿人)正面临慢性饥饿。而与之相对应的,约有 15 亿 20 岁以上人口体重超标,面临一系列的身体疾病风险(见图 6.1)。

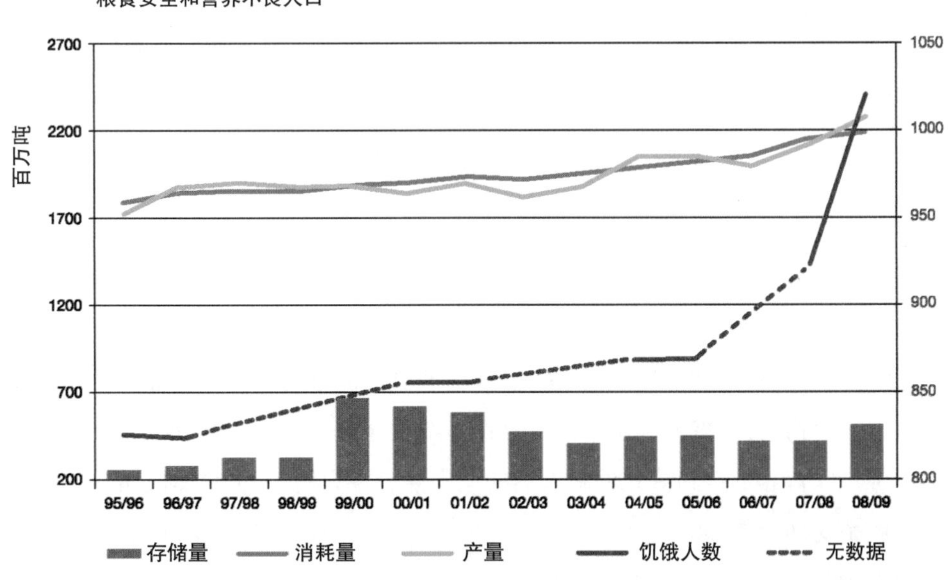

1995/1996—2008/2009,引自:Lundqvist,2010。

图 6.1　饥饿人口以及食物供给量均呈增加趋势

如图 6.2 所示,仍有大量的营养不良人口。截至 2010 年,饥饿人口地区分布情况如下:亚太地区 5.78 亿,撒哈拉以南沙漠 2.39 亿,拉丁美洲 5300 万,北非 3700 万及发达国家 1900 万。营养不良的人口数量可能随着气候变化、经济政治动荡、食品高价和人口膨胀等因素继续上升。如果上述不利因素同时发生,将给我们的社会和公共粮食安全带来巨大挑战。

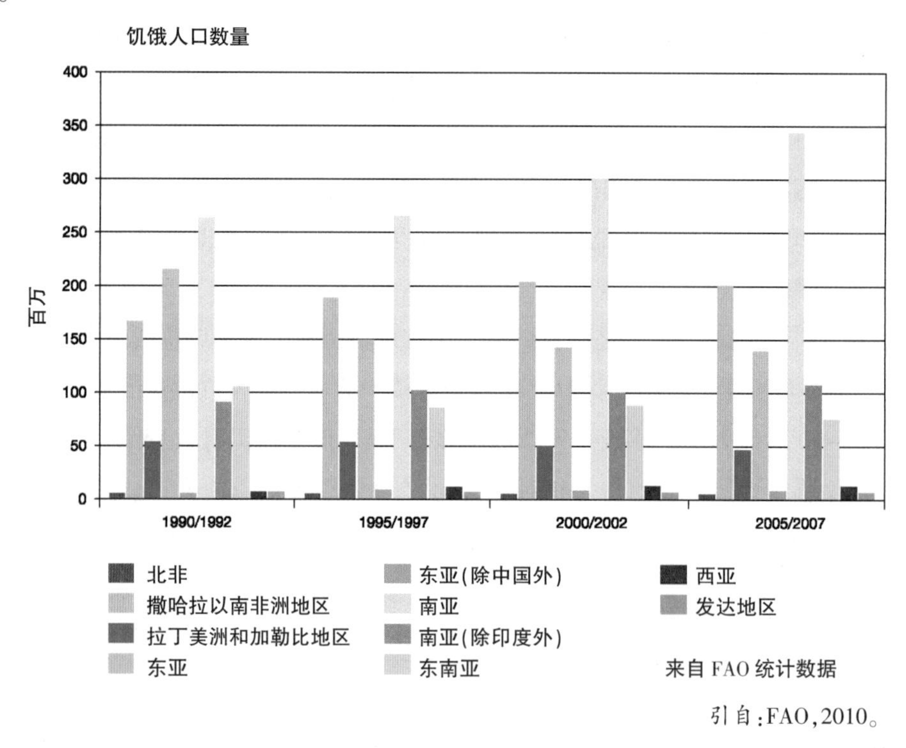

引自:FAO,2010。

图 6.2 不同时期世界不同地区饥饿人口数量

(2)新的粮食平衡

从人类幸福方面来讲,当今粮食形势是大量营养不良和营养过剩人口并存的“双重局面”。与全球水资源不稳定的分布状况类似,粮食的分布不均衡现象也非常严重。政府无法兑现“获得充足食物是基本的人权”诺言,造成严重的健康问题和社会经济负面影响。除无法获得充足食物外,饥饿人群还会给社会经济造成严重影响,比如人群健康受损和工作效率低下等。以营养不良和营养过剩人群的危害性表现为例,人类身体健康、儿童认知力和劳动生产率受到严重影响。

粮食平衡的另外一个重要方面也值得考虑:相当一部分粮食在进入市场销售前损失了,而另一部分则在市场供应链末端被浪费了。据 FAO 估计,产出的粮食有 30%~50%被损失和浪费掉。这就意味着,水和其他资源的实际消耗量远大于生产健康饮食所需的量;同时也意味着粮食安全政策需要综合考虑粮食生产和最终消费全过程。

考虑到水资源需求竞争性越来越大,以及降雨的不确定性和变异性增加(见第 2 章和第3 章),有必要提高农业灌溉用水的效率。世界上很多地区水资源低效利用或农业技术操作不当,以及不利农业生产条件是造成农产品产量下降和生产力低下的重要原因。战争和内部政治冲突也会降低粮食供应水平。

地区之间粮食供应差异显著。在更广的地理、经济和地缘政治范围内,动物产品需求量也在增加，意味着需要更多的饲料供应，有 35%~37%的谷物用来加工饲料(FAO, 2009)。加工饲料以及生物燃料消耗的 5%~10%的谷物推高了主要粮食产品价格,并减少了供人类直接消费粮食的总量。这对于粮食生产者有利,但不利于贫穷的居民,他们家庭消费支出很大一部分用在了食品供给方面。国家间粮食分布的差异性和居民获得粮食数量之间的不平等,是严重的不公平和高成本的社会贫困现象,同时也表明水和其他自然资源消耗数量上涨可能与人类幸福感的提升并不相关。

如果当前保障全球粮食安全存在困难,未来将面临更大的挑战。地球系统的自然资源有限,而且资源管理又存在重大缺陷,如何保障粮食安全是面临的一个新问题。21 世纪前 10 年,已经出现了未来粮食安全问题的前兆。2008 年粮食价格上涨以及随之而来的粮食骚乱,造成了部分国家政治动荡,使得主要国家领导者意识到粮食安全关系国民幸福和社会和谐(Nelson 等,2010)。全球粮食平衡中剧烈的新变化正在改变粮食需求、生产和销售模式。

粮食需求的驱动力已在第 2 章进行了探讨。随着收入增加、全球化和城市化,农产品需求量持续增长并趋向于经济价值较高的商品。国家水资源管理研究所 (IWMI) 预测,到 2050 年,根据正常情况预测,全球谷物需求量将增长 1/3(小麦、玉米和大米分别为 34%、53%和 28%)。与此同时,肉类产品尤其是鸡肉和牛肉需求量急剧增长,此外,奶制品需求也可能快速上升。人均收入的提高是造成农产品需求量增加的主要原因。与此相对应的,农产品的需求增加还导致小麦(164%)、玉米(133%)、大米(157%)和其他粮食产品价格上涨。

尽管消费需求增加,农产品价格上涨,但单位农产品产量依旧很低,不能满足快速增长的农产品消费需求。2000—2006 年间,谷物供给量增长不足 8%,这种低效率农业生产背后有短期和长期的因素,其中一个长期因素就是土地和水资源退化以及竞争加剧。投资下降也给农业生产带来了负面影响,1975—1990 年间农业投资额年增长率为 1.1%, 1991—2007 年仅为0.5%(OECD-FAO,2012)。农业投资额增长放缓导致了农业生产力和可持续生产能力的下降。

6.3 土地和水资源紧张

2009 年 11 月,联合国粮农组织召开的世界粮食安全峰会,会上发布的宣言指出,“为了能在 2050 年养活 90 亿以上人口,农产品供应量需在现有水平基础上增加 70%”。70%是未来 30~40 年需要增产粮食纯数字预测,是基于现有的粮食需求情况和人口数量增长趋势计算得到的,忽略了居民迫切需要更多食物的要求(如城市消费者和净购买食物的小农户等),以及如何获得粮食增产的渠道。如果粮食生产成本和交易成本上升,而补贴水平有限的话,贫民仍然可能难以生产自给食物和购买所需食物。此外,世界粮食安全峰会宣言也未考虑有利条件,例如通过减少粮食损失和浪费,构建有效的粮食供应链。重视粮食政策实用性很有必要,有助于建立更高效的粮食供应链,让增加产量和减少浪费措施紧密结合。

利用有限的土地资源和水资源生产更多的粮食,养活全球日益增加的人口,仍然是一项基本和相当大的挑战。这项艰巨的任务,需要高效利用水和土地资源以满足未来日益增加的粮食供应需求。很多国家缺乏闲置的水资源和土地资源,而且有些地区还面临着其他资源日益枯竭的严峻局面。南亚、东/北非等地区已耗尽了旱地生产潜力和可再生水资源。区域内超过 12 亿人严重缺水,且缺水危机日益严峻。在撒哈拉以南沙漠和拉丁美洲地区扩大种植面积可能性大,但需要对土地精耕细作和增加投资力度,并对当地的自然资源进行可持续管理(Ait Kadi,2009a),如图 6.3 所示。

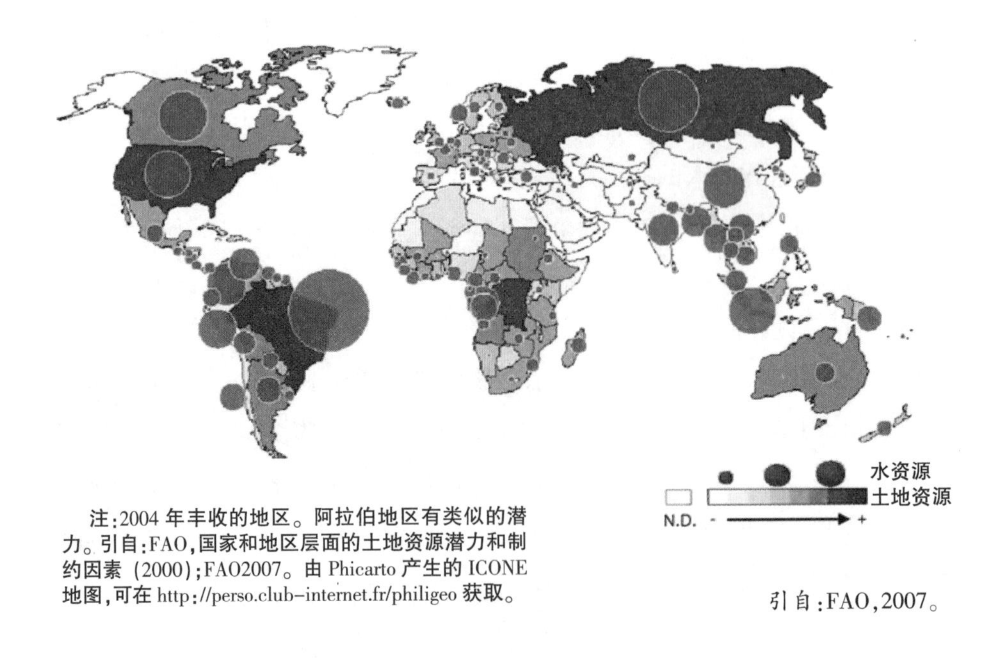

注:2004 年丰收的地区。阿拉伯地区有类似的潜力。引自:FAO,国家和地区层面的土地资源潜力和制约因素(2000);FAO2007。由 Phicarto 产生的 ICONE 地图,可在 http://perso.club-internet.fr/philigeo 获取。

引自:FAO,2007。

图 6.3 用于农作物生产的可利用土地资源和水资源(2007)

采用 WATERSIM 模型，根据正常(BAU)情景计算，IWMI 预测全球水资源消耗量将从 2010 年的 2400km^3 增加至 2050 年的 5250km^3。在社会经济(OPT)最优情景下，2050 年全球水资源消耗量将增加至 7230km^3；而在经济发展最不乐观的(PES)情景下，水资源最大消耗量将不足 3820km^3(见图 6.4)。

再生水已经充分利用或者跨界水资源无法谈判协商的地区，水资源可获得量将逐渐制约农业的发展。水资源短缺严重影响了全球重要农业灌区的粮食产量。在人口数量快速增加的中低收入国家，水资源需求量往往超过供给量。农业和其他部门用水需求的增加造成了环境压力、社会经济紧张和水资源利用竞争加剧局面。在降水不充沛、水利基础设施落后的地区，农业生产更多受制于水资源，而非土地资源。

地下水为农业灌溉和其他用水事项提供了宝贵的水资源，但地下水资源取用量难以控制，结果导致粮食主产区的局部区域地下水取用量已远远超过自然径流补给量。中国、印度、伊朗、墨西哥、中亚、北非及美国的地下水水位因超采而急剧下降。由于粮食主产区灌溉严重依赖地下水，地下含水层水位下降给区域和全球粮食生产带来越来越大的风险。例如，也门地下水抽采量是补给量的 4 倍，严重威胁了公民的基本生活用水(Shah 等，2000)。南亚有 2500 万~2700 万口灌溉井，每年抽取 300km^3 地下水浇灌 7000 万~7500 万hm^2 的土地。南亚地区过去 40 年因私人投资灌溉井而新增的灌区面积，已经远远超过过去 200 年政府投资的堤坝和渠道而增加的灌区面积。发达的地下水灌溉农业经济是南亚地区的特殊水情，地下水资源已经成为南亚粮食安全和农民生计的核心问题，政府难以承受摆脱地下水灌溉的高昂代价。然而，考虑地下水抽采对环境的严重不利影响，政府不能任由地下水灌溉像过去几十年一样持续下去。

在水资源匮乏的地区，农业生产不得不与其他用水事项竞争用水份额。城市、工业和其他服务行业逐渐获得供水优先权，降低了局部农业用水份额。市政和工业需水增长速度远远超过农业用水，进一步抢夺了原本用于农业灌溉的水资源，也给自然界的淡水资源和地下水资源带来重重压力。图 6.5 显示了 3 种不同情景下部门用水需求情况(BAU，OPT 和 PES；见专栏 6.1)。

6.4　农业的时代

21 世纪是农业发展的世纪，人类不仅需要更多的食物，还依赖农业生产提供的粮食、饲料、纤维和能源。数以百万计的农民还需食物以外的其他大宗商品(Ait Kadi，2009b)。水资源还有生产其他作物和商品的用途，包括非食物用途的粮食作物如动物饲料、种子、生物能源和其他工业产品，影响了全世界的食物供给。从世界范围来看，仅有 62%(以质量计)粮食

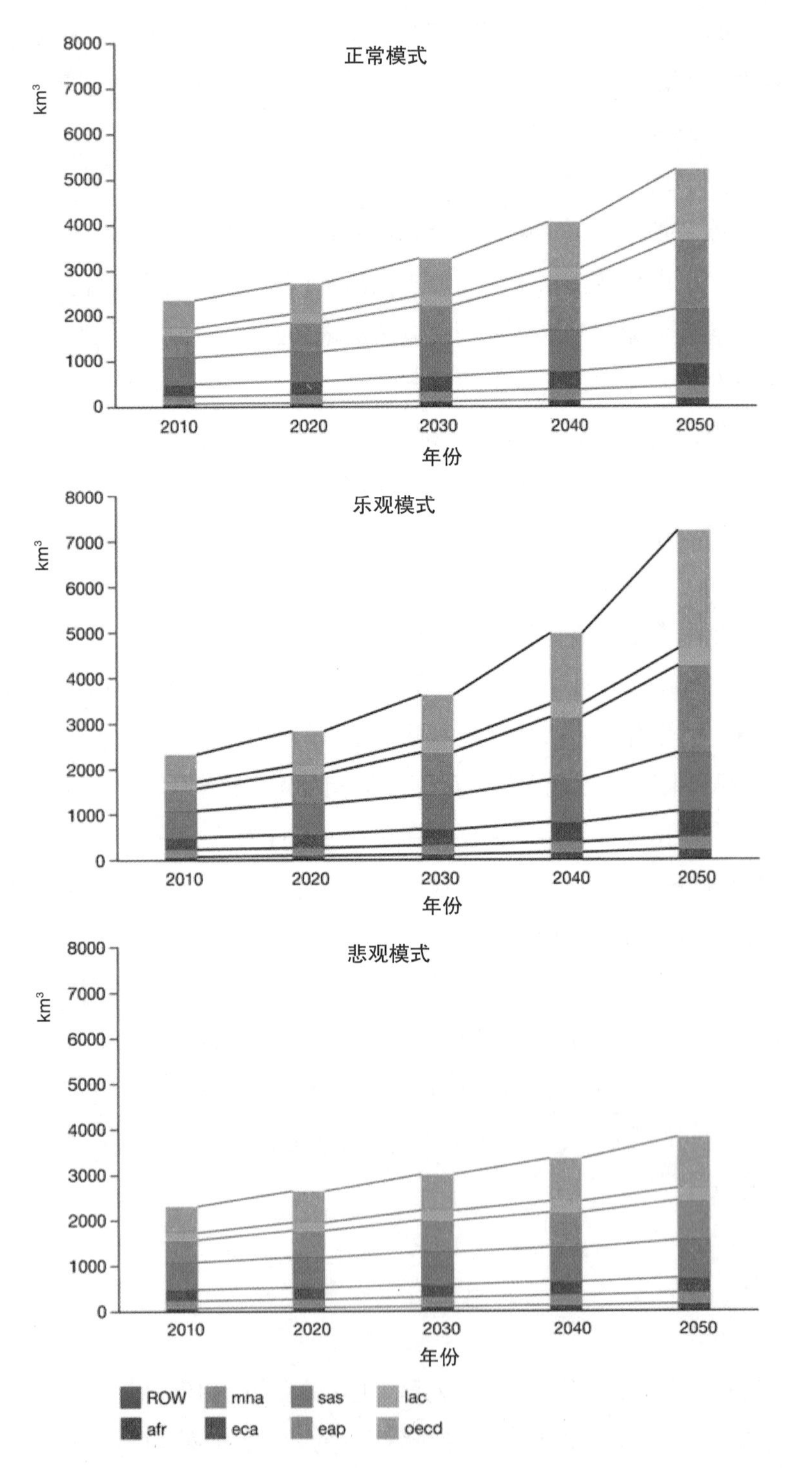

引自:Sood 等,2013。

图 6.4 2010—2050 年地区水资源消耗需求量

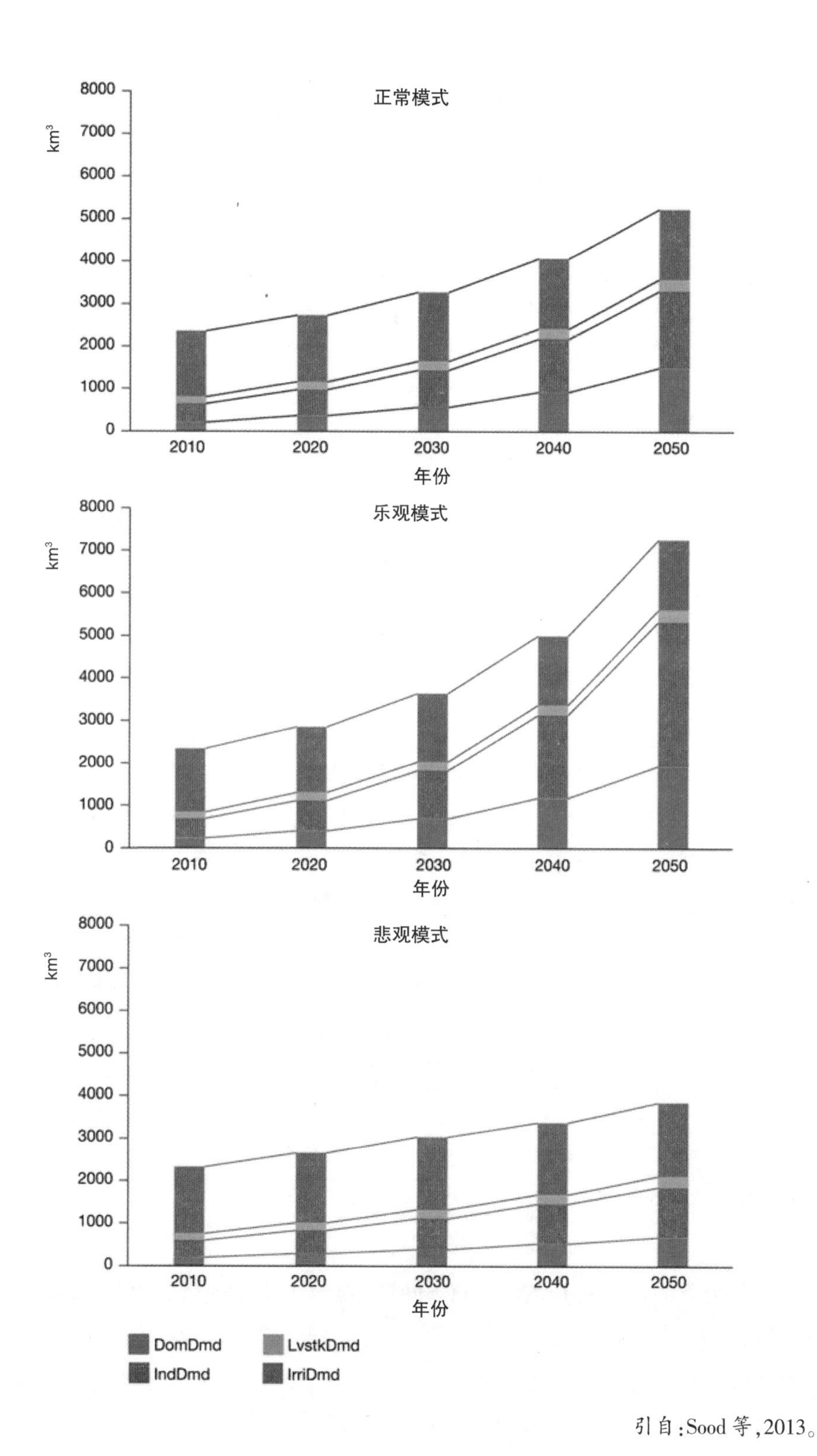

引自:Sood 等,2013。

图 6.5　3 种情景模式下不同部门的水资源需求量

专栏 6.1 WATERSIM 模型

IWMI 为模拟未来水和粮食可能状况，开发了水资源核算和粮食贸易平衡的综合模型。

采用 2000 年以来基础数据包括了各种驱动因子，分析计算截至 2050 年的用水情况。设置了 3 种社会经济情景：GDP 高速增长和人口低速增长（乐观型，OPT）；GDP 低速增长和人口高速增长（悲观型，PES）和正常（BAU）情景，以及 2 种气候变化情景（A2 和 B1；Sood 等，2013），分别计算了生活、工业、牲畜和灌溉耗水量。根据灌区每种作物潜在蒸腾量和有效降雨量之间的差值计算出灌溉需水量。该模型在给定的可利用水资源总量（通过全球水文模型计算）基础上优化可消耗水资源量，同时最大程度储蓄水资源并满足环境流量需求。

流域（全球 125 个流域）尺度上的优化计算，时间步长是月。如果可利用水资源不足，模型优先将水分配给生活、工业和牲畜，最后才是灌溉。灌溉用水不足将导致作物种植区面积减小和作物产量下降，从而影响每年的粮食产量和农产品贸易。采用全球粮食贸易优化模型对 115 个全球经济体的计算，时间步长确定为年，通过调整不同农产品的全球贸易价格，缩小不同年度区域粮食供给间的差距。

过去 20 年城市和工业的淡水资源需求量增加了 1 倍，预测结果表明淡水资源需求量将会从 2000 年的 900km^3 上升至 2050 年的 1963km^3。

其他地区，土地资源成为粮食生产的限制性因素。在东南亚大部分地区，包括印度和中国，快速增长的人口和农产品需求给有限的土地资源带来前所未有的压力。在非洲撒哈拉以南地区，尤其是尼日利亚和东非，土地破碎化已经严重到了难以维持的水平，造成农民种植农作物面积远低于自给自足所需的面积。在全球城市化快速推进过程中，未来城市区域扩张和非农基础设施用地还将继续增加。以中国为例，假如到 2050 年全部人口汽车拥有量和美国 2000 年时相当，还需将 1300 万 hm^2 良田改造成交通道路，几乎是中国现有 2900 万 hm^2 稻田面积的一半，而这些稻田提供了中国人口年均消费的 1.2 亿 t 大米的需求。

土地和水资源长期紧张的后果包括：①亚洲和近东/北非将成为粮食的主要进口地；②非洲撒哈拉南部地区在较低的粮食产量增长基础上自给自足；③拉丁美洲（巴西和阿根廷）将成为粮食的主要出口地，但也存在重大生态风险；④加拿大和俄罗斯能够增加粮食出口量；⑤美国和欧洲能够增加粮食出口，但所占份额仍较小。

作物直接作为食物，35%用作动物饲料（间接生产了肉和奶类等食物），3%用于生产生物能源、种子和工业品。种植庄稼用于人类直接消费或者用于其他用途，不同地区差异很大。北美和欧洲的生产粮食作物 40%用于食物用途，而非洲和亚洲地区的则有 80%用于食物用途。从图 6.6 中可看出，在过去 5~7 年里，食物、种子和工业用途的玉米产量增长非常快。

种植生物能源作物已经对种植粮食作物的土地和水资源构成了潜在竞争。根据联合国环境署调查结果分析，到2030年有1.18亿~5.01亿 hm^2 土地用于生产生物能源，满足约10%的全球交通能源需求,这些土地面积是现有耕地总面积的8%~36%(UNEP,2009)。

如图6.6所示，全球范围内用作能源的玉米和其他作物种植面积正快速增加(Abbott等,2011)。很多国家已经制定规划,给出详细生物燃料的生产量。FAO(2008)的研究报告结果显示,生产生物燃料土地面积从2009年到2019年将翻番,到2035年生物燃料需求量将是2008年的4倍(IEA,2008)。此外,生物燃料的产值将从2009年的200亿美元增加至2020年的450亿美元以及2035年的650亿美元。在美国,用于生物燃料的玉米比例很大(见图6.7),接近35%的玉米被用于生产生物燃料。

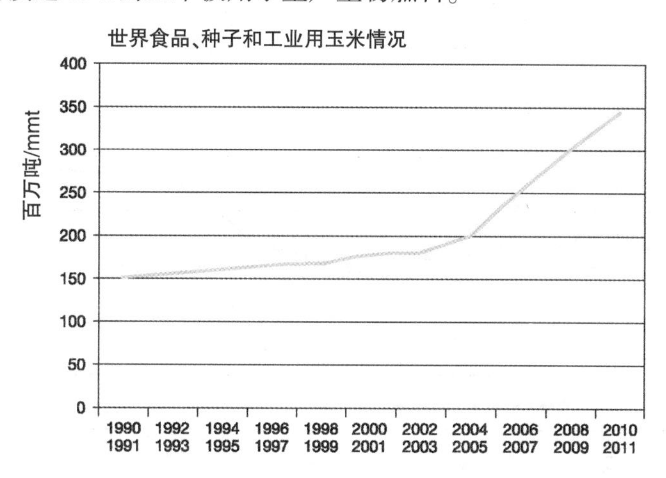

引自:FAS,USDA,2011(production,supply,and demond online,Washington,DC,USDA)。

图6.6 1990—2011年期间食品、种子和工业用玉米增长情况

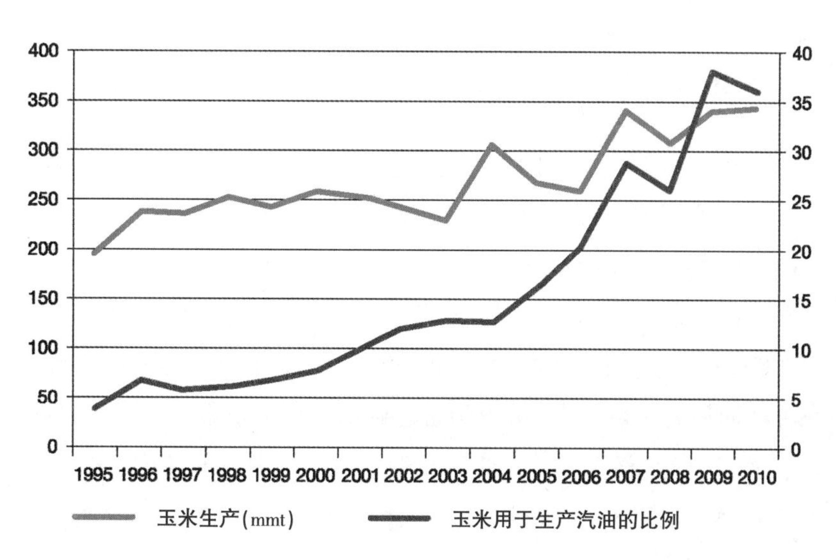

引自:Torero,2011。

图6.7 美国1995—2010年间玉米产量和用于生产汽油的比例

美国国家科学院统计发现，即使将美国 2005 年生产的全部玉米和大豆用作生物乙醇，也仅能替代全国 12%的汽油和 6%的柴油需求(FAO,2008)。

第二大需求增长是利用油料作物生产生物柴油，油籽粕用作畜禽养殖的饲料，植物油用于人类消费。图 6.8 显示了生物柴油和其他工业用油的增长情况。自 2000 年起，工业和生物柴油占全球总油料消耗的比例逐渐上升。在欧洲油菜籽已经被广泛用于生产生物柴油。目前，全球 33%的油菜籽用于工业，这一比例在 2004/2005 年仅是 17%。全球工业用大豆油从 2004/2005 年的不足 4%上升至 2010/2011 年的 16%。

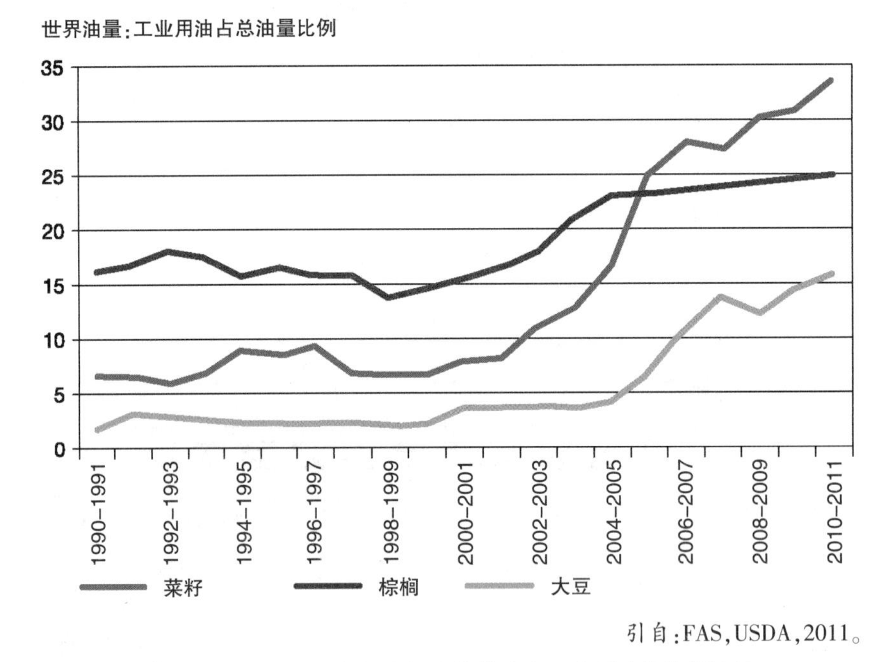

引自：FAS,USDA,2011。

图 6.8　1990—2011 年间世界生物柴油和工业用油的使用情况

全球油籽使用量在增长，中国的大豆使用量也在激增，大豆用作动物饲料、人类食用油消费及近年来的粮食储备建设。中国基本上放弃了大豆自给自足的目标，集中优势完成谷物、小麦和大米的自给自足(Abbott 等，2011)，如图 6.9 所示。

全球农产品生产商通过购置更多土地，种植作物种类从低附加值向高附加值转变，以满足农产品的新形势需求。13 种主要作物的种植面积自 2005—2006 年以来增加了 2700 万 hm^2，占总种植面积的 3%；其中，2400 万 hm^2 新增土地主要来自于 6 个国家和地区：中国、撒哈拉以南沙漠、俄罗斯、阿根廷、印度和巴西。此外，为满足日益增长的粮食需求，新增大约 3005 万 hm^2 土地用于高需求量玉米、大豆和油菜籽的种植。为降低国家粮食不安全系数，大米种植面积增加了 500 万 hm^2(见图 6.10)。

由于水和土地都是稀缺资源，粮食产量的边际化平衡过程将通过农作物再次反馈到水和土地资源上来,并在未来推高主要粮食作物价格。与此同时,生物燃料的环境效益也受到了质疑。

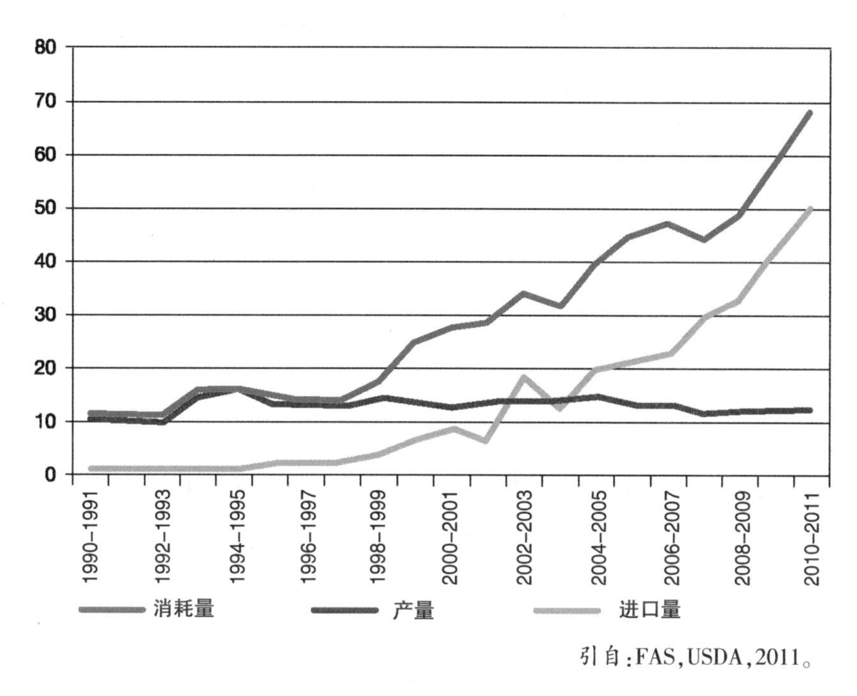

引自:FAS,USDA,2011。

图 6.9　中国 1990—2011 年间大豆产量、使用量、进口量

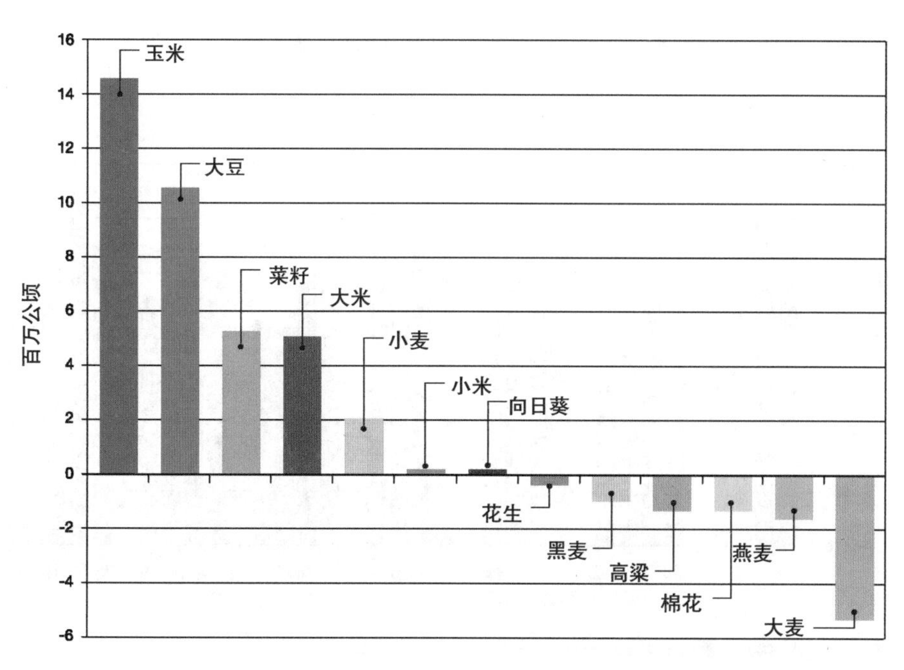

引自:FAS,USDA,2011。

图 6.10　2010—2011 年与 2005—2006 年世界上 13 种主要谷物产量的变化

生物燃料及其对粮食价格水平和波动性的影响将给世界粮食平衡带来新变化。国际粮食政策研究机构(IFPRI)预测分析,与2005年相比,生物燃料增长将导致2020年玉米和油籽价格将分别上涨26%和18%(von Braun,2008)。随着农业和能源部门新的纽带联系和平衡关系的形成,农产品价格与能源价格间的关系也更为密切(von Braun,2008)。令人担忧的是,能源价格的波动也会影响到粮食价格。第二代生物燃料生产技术能够弱化能源与粮食的竞争,但仍然有很长的路要探索。因此,如何在土地和水资源日益紧张的条件下,满足不断增长的粮食、饲料、纤维和能源需求,同时增加农民收入、减少贫穷、保护环境,是21世纪的主要挑战。

6.5 气候变化的后果

全球农业必须应对气候变化,气候变化包括高温、季节变化、极端天气事件频发、洪水和干旱,它们对农业生产的影响已被广泛报道。气候变化将削弱全球粮食生产能力,小麦和玉米等主要农作物的产量下降,低纬度地区产量下降程度最为明显。在非洲、亚洲和拉丁美洲,农作物产量可能下降20%~40%。此外,恶劣天气事件如洪水和干旱可能加剧和导致作物和牲畜更大的损失。IFPRI最近分析表明,气候变化下的可利用热量不仅低于“无气候变化”情景,而且还低于发展中国家2000卡路里的平均水平(见图6.11)。气候变化还将造成主要粮食作物如大米、小麦、玉米和大豆的价格上涨。

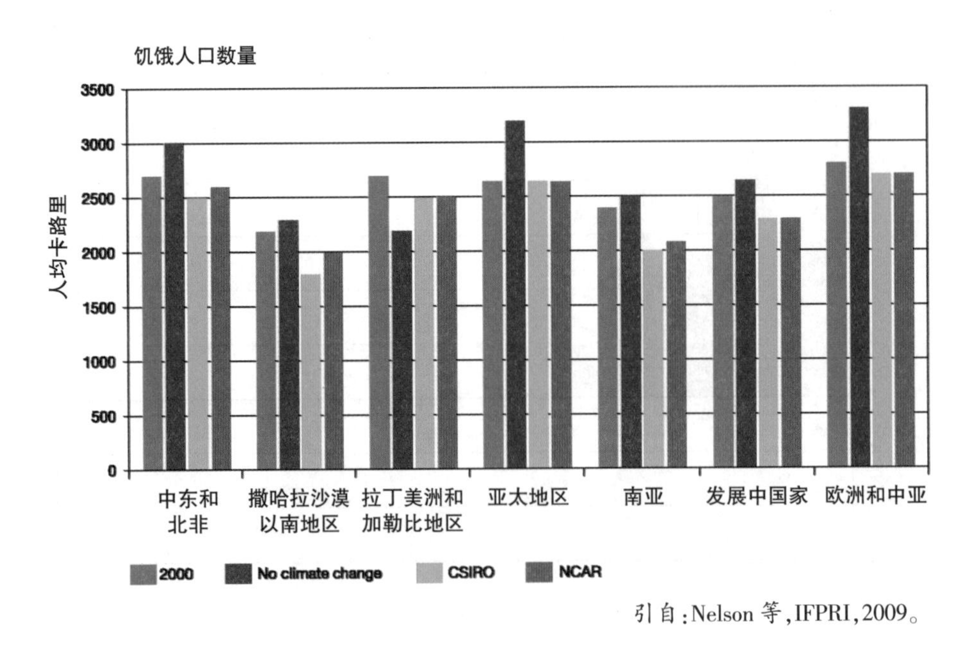

引自:Nelson等,IFPRI,2009。

图6.11 气候变化与否情况下人均每天可获得的能量

气候变化和全球变暖将给粮食安全带来不确定性和风险，并会从以下4个方面对长期贫困人口的生存状况造成负面影响。

- 粮食供应更加不均衡,因水资源减少和糟糕气候条件,部分地区的粮食供应量会下降;改变市场需求的农作物种类,从生产粮食转变成生产燃料,改变粮食供应种类。
- 收入水平和粮食成本间关系恶化。农业生产成本投入高,导致穷人获得粮食的能力下降。
- 灾害频发、食品价格和贸易保护主义等不确定性,威胁了粮食供给的稳定性。
- 饮食安全难以保障,贫民的饮食缺乏基本的微量元素,造成营养不良儿童人口数量上升。饮食安全问题频发可能加剧水资源竞争、移民和城市粮食供应困难,最终导致国家崩溃和国际冲突。

专栏6.2

澳大利亚 Murray-Darling 流域 2002—2009 年长期干旱对粮食生产和农民生计的影响

21世纪的前10年澳大利亚南部持续干旱,造成商品供应量显著下降,直接导致了2007—2008年的粮食价格上涨。干旱从2001年开始，干旱过后，小麦产量恢复，是干旱期间的2倍(ABARE,2010)。干旱对Murray-Darling流域影响最为严重,该区域生产的粮食占澳大利亚的近40%。国家水利委员会资助联邦科学与研究机构(CSIRO)开展一项气候变化对流域水资源的影响模拟研究。研究结果强调了水资源柔性管理政策的重要性(CSIRO,2008)。

水权交易能够帮助农业灌溉用户应对季节条件的变化。通常情况下,水权售出方增加收入以应对干旱,有时还能管理债务;水权买入方能够维持农作物产量或持续种植,进而持有未来长期农业生产的资产。水权交易有利于应对长期气候变化。2002—2003年水权交易量相当稳定,2003—2004和2004—2005年有小幅增加，然后从2005—2006年的3600m^3快速增长至2007—2008年的3.8亿m^3。水权售出方转为偶尔灌溉或停止灌溉,水权买入方则开发了新的灌溉方法,提高了供水保障的稳定性。

Murray-Darling流域南部的水权交易在2008—2009年为澳大利亚GDP贡献了2.2亿澳元;受益于水权交易,新南威尔士、南澳大利亚和维多利亚的净生产效益分别为7900万、1600万和2.71亿澳元。水权交易对于保障阿德莱德、本迪戈和巴拉瑞特等城市用水也有积极作用。然而,水权交易也有一些不利影响,所谓的“沉睡”或“瞌睡”(指持有水权却不用或很少用水的农民)中的水权将被出售或激活,增加了系统的取水量(CSIRO,2008;ABARE,2010;NWC,2010;MDBA,2011)。

6.6 水和粮食系统的智慧管理

保障日益增长的淡水和粮食需求是地球面临的最大挑战之一。为应对这个挑战,人类需要对食物链的各个环节进行优化。我们要用系统的观点看待复杂的粮食体系问题。水资源利用形势严峻,不同社会阶层对水文循环的认识还很薄弱,用水冲突依旧未能解决。用于粮食增产的水资源与其他用水部门及生态需水间也需要进一步协调。传统水资源配给方法难以解决当今的水资源问题。我们需要统筹水、土地利用和生态系统各个单元,将水资源置于社会经济发展和环境可持续中综合考虑 (第 7 章论述能源生产和使用也与水资源相关)。

幸运的是,过去 30 年的成功和失败经验可以帮助我们另辟蹊径,避开困境。我们不缺乏权威的粮食安全性的全球评估以及水和粮食安全挑战问题的研究。他们大多数都回答"YES",能够为 2050 年全球 90 亿人口提供充足的食物,但前提是需满足以下条件:

- 投资农业、科学、创新和社会基础设施等领域,增加资源利用效率;
- 限制资源密集型的食物需求;
- 降低食品相关环节的浪费;
- 改进政治和经济管理体系,充分发挥市场对粮食配置作用;
- 应对气候变化;
- 脱贫。

英国政府下属的科学办公室开展了一项关于未来全球粮食和农业体系的前瞻性研究,强调了在更广范围内探讨粮食安全生产的重要性。粮食生产是其他资源包括淡水、土地和能源消费的主要竞争者,将全球粮食生产作为整体,减缓和适应气候变化的挑战。法国INRA 和 CIRAO 还开展了"Agrimonde"的预测研究,基于 2050 年全球人口生存的两种情景:Agrimonde GO 是经济优先发展情景,优先考虑通过经济增长保障全球居民生存,不优先考虑环境保护;与之相反,Agrimonde 1 在保障全球人口生存的同时,还要保护地球生态系统。Agrimonde 得出了 3 条比较明确的结论:①粮食消费模式对全球粮食平衡具有重要影响;②通过科技进步能够实现粮食可持续增产;③需要完善全球粮食贸易系统的功能(Foresight,2011;INRA 和 CIRAD,2010)。

农业水资源综合管理评价(CAWMA)认为全球有充足的淡水资源进行粮食生产,并能保障 2050 年居民生存需要(CAWMA,2007),但前提是提高农业用水效率,上述目标才能实现。在现有土地资源条件下,通过提高低产量农户的生产力,使其达到高产量农户的80%,即可完成未来数十年 75%粮食增产任务。良好的水资源管理对提升农业生产力至关重要，农产品增产潜力最大的是旱地。

现有灌区许多土地也有粮食增产的潜力。在南亚，超过半数的灌溉耕地生产力很低，通过改变现有政策和管理体制，提高水资源利用率，基本上能够实现全部粮食增产任务。与此类似，非洲撒哈拉沙漠以南地区，实施水资源综合管理政策和健全体制将促进经济增长，并让所有人受益。

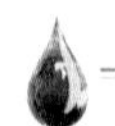

专栏 6.3　　应对缺水难题：以摩洛哥为例

摩洛哥人口快速增长和工业化后，居民逐渐从农村迁到城市，水资源利用集约化和综合性程度逐渐上升。

过去 30 年，摩洛哥发展规划的重点是最大限度开发国家地表水资源，并进行优化配置，合理用于农业灌溉、饮用水供给、工业和发电等。资金大量用于地表水径流控制的基础设施建设。目前，已经开发和利用了 2/3 的地表水，开发剩余的地表水资源，其他的重大基础设施项目，正在积极规划或建设中。

摩洛哥基础设施建设已经处于国家发展规划的末期，未来重点应放在可持续发展能力建设上，围绕竞争性消费对象，从社会和技术角度有效分配现有水资源。考虑到摩洛哥相对高的人口增长和城市化速率、年降雨量时空分布巨大差异性及干旱频发等因素，水资源有效配置任务将异常复杂。

尽管在水资源开发利用方面取得了不错的成绩，摩洛哥水利部门仍面临日益严重的挑战，其中可利用水资源量下降是一个最主要的问题。到 2020 年水资源承载力接近极限。因灌区面积增加、城市发展和可利用水资源量的缓慢增长、地下含水层枯竭、可利用水源污染，都将加剧水资源短缺形势。到 2020 年可再生水资源 100%利用后，人均可再生水资源量将下降 50%。届时，摩洛哥将从一个“缺水”国家变成“长期缺水”国家。摩洛哥很多流域正经历缺水，并将承受高昂的跨流域调水费用。部分沿海地区的地下含水层超采严重，正面临海水入侵问题。

水资源开发成本上升、融资困难、稀缺公共资金的竞争等因素共同推动了水资源保护认识上的巨大变化，并促使灌溉用水效率和生产力的提高，公众也逐渐意识到水资源在国家经济和社会发展中的战略地位。摩洛哥水资源经济管理手段的特点是大幅提高超份额用水收费，在不同水资源用户间形成直接和激烈的竞争。在这种局面下，更好地结合供需管理被认为是缓解水资源短缺的最佳措施。因此，摩洛哥通过平行的政策和体制改革，实施了水资源综合管理。采取的主要水资源管理政策如下：

- 采取水资源综合管理的长期战略，2020 年以前，国家水利规划是战略实施的纲领性文件，并为投资项目提供基本框架。
- 建立新的法律和管理体制框架，推动分散式管理和利益相关者参与决策。
- 通过合理收费和成本回收政策，在水资源分配中引入经济激励机制。
- 推动管理能力建设，满足水资源管理带来的体制挑战。
- 构建有效的水质监测和监管体系，减缓水质恶化。

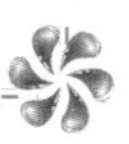

专栏 6.3(续)

上述管理政策在 1995 年颁布的新水法中均有体现,为水资源综合管理提供了总体框架。新水法的显著特点包括:

- 水资源是公共财产。
- 法律要求设立单个或多个流域管理机构,明确了涉及水资源管理各相关方的任务、功能和职责,特别是,水和气候高等委员会作为高等咨询机构,以及国家水政策制定和项目论坛成员,其地位和作用得到加强。另外,公众和民间的利益相关者在该委员会均有话语权。
- 法律提供了详细的国家和流域水利规划。
- 通过征收水费、征收水体污染税的方法构建了水资源成本回收机制,其原则是"谁用水,谁付费"和"谁污染,谁付费"。
- 通过规定环境义务、实施制裁和处罚等内容,水法加强了水质保护。

机构设置方面,主要是建立了流域管理机构,强化了单个或多个流域管理。流域机构三大职责包括水资源开发、水资源配给和水质保护。流域管理机构对现有水资源管理体制中的不同部门职能进行了整合,形成了完整的体系。

引自:Ait Kadi,1997。

6.7 变化的粮食未来

如今,人类高强度地耕种了地球有史以来最大面积的土地,产生了惊人的环境影响,且越来越多的农作物被用作动物饲料和生物燃料。然而,仍有近 10 亿人口长期饥饿,与此同时,不健康食物和饮食方式导致的肥胖、心脏病和Ⅱ型糖尿病发病数量增加,影响了近 20 亿人口。上述两种状况并存是荒谬的,不能再继续下去。

地球能够养活 90 亿人吗? 虽然不能完全保证全球粮食长期供应充足,但至少不会出现马尔萨斯预言的饥荒。然而,我们应该认识到,重要的限制性因素(如可利用土地资源减少、缺水、自然灾害风险上升、生物多样性损失和社会动荡等)将会造成局部的和暂时性的食物匮乏(Ait Kadi,2009b)。

趋势不是宿命。改变环境,认清机遇,更好地管理水资源,为保障所有人粮食安全,以及提高用水效率、改善粮食生产者和消费者生计等。与不安全粮食人口数量增加、资源短缺和不确定性增加等糟糕形势相比,我们更期待新局面的出现。

由于未来粮食安全潜在威胁太大,难以通过粮食体系的零散转变予以应对。为应对未来几十年淡水资源紧缺的巨大挑战，需要采用综合性的新方法。我们需要建立综合性管理办法，构建可持续农业系统和技术体系，同时保障其他部门水资源的可持续利用，整合宏观经济政策、农业政策、供水和卫生政策、贸易政策、农村发展政策和环境政策等相关方面，以期促进体制改革和基础设施投资方面达成共同目标。

对于保障粮食安全而言，需要在农业水资源管理的各个方面突破，不仅包括大规模灌溉系统的现代化，还包括提高旱地农业水资源管理水平，以及将水资源管理与牲畜、渔业发展更好地联系起来。在高度集中的政治管理制度下，各部门(包括农业)应该在推动脱贫、经济增长和自身发展过程中，携手合作共同利用水资源。国际农产品贸易应该能反映出经济和环境对比优势，这种比较构成了保障全球粮食安全的重要途径。此外，我们必须减少粮食从田间到餐桌的供应链上的浪费损失，以及降低日常饮食摄入的热量。

人类的未来取决于粮食品种以及如何生产和提供食物。生活方式、幸福感、文化，与粮食如何生产、在哪里生产、生产粮食的种类、如何获得、如何准备和怎样食用密切相关。

第7章

水资源和能源

水资源政策不仅仅是指为饮用、种植作物、保护生态系统提供足够的水资源以及减少洪涝风险,它也和确保有足够的水资源用于生产社会所需的能源有关。人类及其经济、社会发展主要依赖于可靠的水资源供应和能源供应。获取电力、液态和气态燃料等能源需要用水资源来生产。获取拥有良好品质和压力的水资源又需要用能源来生产。总而言之,获取和使用的大部分的水资源需要能源,获取和使用的大部分的能源需要水资源。我们怎样才能确保水资源和能源是足够的,可以满足未来所有的用水和用能需求?两者之中任何一个受到限制,都会影响未来经济和社会的发展,同时也会对人类和环境产生不利的影响。

7.1 认识水资源—能源关系

众所周知,我们的星球拥有充足的太阳能以及存储在陆地和海洋中丰富的水资源。然而,如果我们在生活和工作中要使用这些资源,就必须把能源和水资源的“初级形式”转化为可用的形式。有一种水资源例外,那就是通过地表入渗成为壤中流的一部分雨水,即所谓的“绿水”。几乎所有形式的人类活动都与水资源和能源有着紧密的联系。

可用的能源必须以液体燃料和电能的形式存在,水资源必须是清洁的和承受压力的。生产电力和液体燃料时需要水资源,供给清洁和受压的水资源时又需要能源。两者之中缺少任何一个都会引起另外一个的供给不足,两者同时短缺就会对公众健康、经济发展和环境产生不良影响。

Griffiths-Sattenspiel 和 Wilson(2009)指出,在美国,13%的能源被用于收集、处理、存储和分配水资源。同时,单是能源消耗这一项就占城市供水中处理和输送成本的75%(Pate 等,2007)。在许多城市,能源预算中的30%~50%被用于加工水资源。然而,很少有城市尝试通过技术升级和节约的方式来控制这部分开支(AWWA,2011)。

在加利福尼亚,与水资源相关的能源需求占全州天然气消耗总量的30%,而这部分天然气足可以用来满足加利福尼亚 60%家庭天然气的需求。与水资源有关的能源消耗占全州耗电总量的 20%,相当于俄勒冈州和马萨诸塞州用电量的总和。每年管理加利福尼亚的水资源就会消耗超过 3.33 亿 m^3 的柴油燃料(California Energy Commission,2005)。

另一方面，欧洲环境局计算出欧盟能源部门消耗的水量占欧洲用水总量的 44%,相当于工业用水总量的 4 倍，比农业需水量多出 24%，比公共供水量多出 21%(Europes World,2012,第 99 页)。水资源对能源部门很重要,这点在欧洲 2003 年热浪期间尤为明显,当时由于冷却用水温度太高致使法国核电站不得不关停(Europes World,2012,第 90 页)。表 7.1 列举了世界各个地区,水资源短缺对能源生产造成制约的部分事件。

表 7.1 水资源缺乏导致能源减产的一些事件

年份	地区/国家	气候事件	结果
2001	巴西	干旱	能源需求增加,全国经历了水电的“虚拟崩溃”和 GDP 减少(Bates 等,2008)
2003	德国	热浪	河水升温导致德国当局关停了一座核电站、减少了另外两座电站的发电量(Cooley 等,2011)
2003	法国	热浪	河水升温迫使法国政府关停了 4000MW 的核能发电机组(Cooley 等,2011)
2006	美国中西部	热浪	在用电高峰期核电站被迫减产。用于冷却的河水温度过高,迫使明尼苏达一个发电厂发电量减产 50%(Averyt 等,2011)
2006	乌干达	干旱	发电量减少 1/3,随后引起电力短缺(Collier,2006)
2007	美国北普拉特河，内布拉斯加州和怀俄明州	长期干旱	经过 7 年的干旱,北普拉特河的发电量减少了 50%。怀俄明州内位于拉勒米河的一个燃煤电厂，面临着冷却用水不足的风险,为避免对发电产生影响,而使用了当地灌区和高原含水层的水资源(Cooley 等,2011;Averyt 等,2011)
2010	美国华盛顿	低积雪量以及随后的暴雨	由于降水量的变化，峰值流量和电力行业预测不一致引起水力发电紧张并影响了电力价格(Averyt 等,2011)
2010	美国米德湖,内华达州和亚利桑那州	低水位	米德湖水位降低到 1950 年以来最低,促使美国垦务局将胡佛大坝的发电量减少了 23%(Walton,2010;Averyt 等,2011)
2011	美国德克萨斯州	干旱和热浪	农民、城市和电厂争夺有限的相同水资源。经过有记录的长达 10 个月的干旱后(从 1895 年以来),至少一个电站被迫削减发电量,其他一些电站不得不寻找新水源维持生产。如果干旱持续整个 2012 年，那么几千兆瓦的发电机可能会关停(O'Grady,2011;Averyt 等,2011)。
2012	美国中西部	干旱和热浪	由于冷却用水温度升高到 102°F,伊利诺伊州布雷斯维尔的布雷德伍德双机组核电厂需要特别许可才能生产(Wald,2012)

来源:Fencl 等,2012。

随着全球人口超过 70 亿，气候变化加速了许多国家的水资源短缺，协调水—能之间的相互关系以及它们对气候的影响将会成为各级政府和企业越来越关注的一个问题。有专家预计未来水资源和能源的需求将会不断增加，这主要是由于人口增加引起的，即使人口没有增加，生活方式的改善引起人均消费需求提高，也会引起能源需求增加。图 7.1 预测了全球相对人口发展趋势以及对能源和水资源的需求趋势。

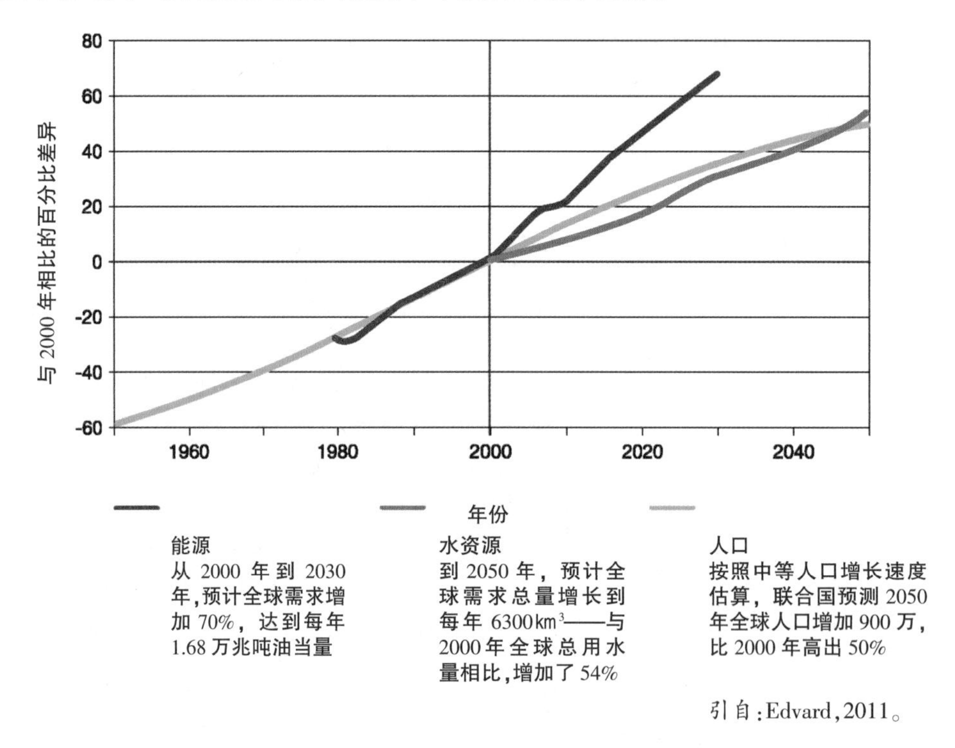

引自：Edvard，2011。

图 7.1　全球的人口趋势、能源需求和用水趋势

水资源和能源之间的相互依赖关系，表明分析水资源需求时需要适当考虑能源部门的需求，规划和操作能源需求时需要适当考虑供水体系部分需求。在能源和水资源供不应求的一些地区尤其需要考虑两者之间的关系。在管理水资源和能源时，与综合考虑两者的方法相比，单一考虑其中一项的方法可能会效率较低、比较浪费。特别是考虑到能源短缺时就无法获得可用的水资源（除了土壤水）、缺乏水资源就不能生产能源时更应如此。

当把能源和水资源作为一个整体系统进行规划、设计和管理时，我们一定要记住水资源和能源是有多种用途的。能源生产耗水和水资源生产耗能只是这些设计体系的一部分。家庭和工业用水、作物生长灌溉用水、满足家畜、娱乐和生态质量需求用水等，当新的能源开发项目需评估可利用水资源量时，这些所有的其他用水量也是要确认的。我们将在本章专门讨论水资源和能源之间的相互作用——在现实社会中，多目标用水间的权衡比比皆是。

节约用水，相应地在提取、处理和运输水资源的过程中会节约能源。节约能源意味着减少从河流、湖泊和地下含水层中提取的水资源量。这就为包含环境需水在内的其他用水需求和保持水生生态系统服务功能留下更多水资源。节约水资源和能源中任何一种最终可能会削减温室气体向大气层中的排放量,另外,也可能会减少向天然水体中排放的污水量,或者经过进一步的处理带来重复利用的可能性。反过来,如果没有节约,那么就会需要更多的能源,进而需要更多的水资源,如表 7.2 所示。

表 7.2　　能源生产趋势和用水趋势

能源趋势	引起用水趋势
从国外石油向生物燃料转变	生物燃料生产需要农业灌溉水源(或者其他输入),增加了能源耗水量
向页岩气转变	如果建井工程的地理位置集中在水资源受限的区域,那么使用水力压裂技术开发天然气可能会增加对用水量的关注。然而,压裂技术开采天然气消耗的淡水量比乙醇和陆上油田开采小得多
国内电力需求增加	更多的水被用来发电。耗水量的多少取决于发电采用的方式(例如,利用风能和太阳能发电,耗水量就较少;利用石油燃料或者某些可再生能源发电,耗水量就较大)
向可再生能源转变	比起利用煤炭或者天然气发电,聚光太阳能发电技术耗水量更大,这些太阳能设施更多地集中在水资源紧张的地区,利用科学技术可以减少这部分用水量。其他可再生能源技术耗水较少,例如太阳能和风能
利用碳减排措施	利用碳捕获和隔离技术,发电的耗水量可能是利用化石燃料发电耗水量的 2 倍

引自:Carter,2010。

在以下的章节中会更加详细地讲解有用水资源和有用能源之间的相互依存关系。

7.2　能源利用过程中消耗的水资源

水可以用来提取燃料,从这些燃料中可以生产几乎所有形式的能源,包括电力以及汽油、煤油和柴油等液体能源。

概念模型是解释水资源和能源之间相互关系的一种简便方法。首先考虑概念模型中能源生产和使用的元素,如图 7.2 所示。

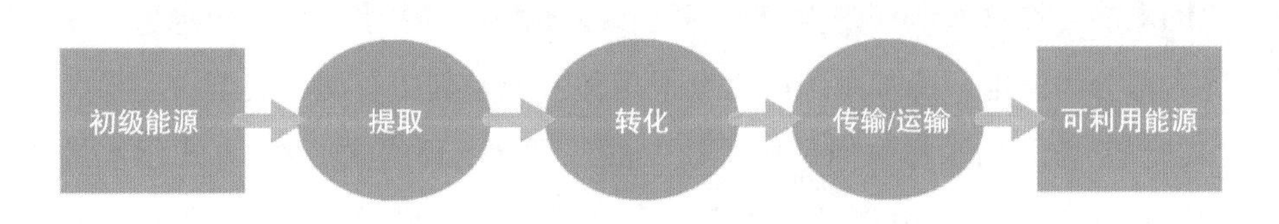

图 7.2　初级能源转变为电能或液体能源的概念模型

生产电能或者液体能源需要燃料源，也就是所谓的初级能源。生产电能或液体能源时,经过提取、转化和之后的运输(或者传输)过程,就会得到可利用的(次级)能源形式。初级能源包含煤炭、石油、天然气、核材料、地热水、水电站水库中存储的水、太阳、风、潮汐、海浪冲击和水流、植被(包含木材)。

将初级能源转化为液体能源或者电能(次级能源)需要具备两个元素:水和技术。提取、转化、运输或者传输以及能源使用的每一步都需要成本和水资源。例如,传输过程中损失的电能会需要更多的能源来补偿,相应地增加了用水需求。所需要的水量取决于提取和转化初级能源利用的技术,以及将得到的液体能源或者电能配送到使用地区的方式。

驱动水电站的涡轮机需要用水,驱动火电厂的涡轮机需要水蒸气。火电厂、生产生物燃料的太阳能热浓缩设施的冷却,以及从地下页岩层中开采石油和天然气等都需要用水。总之,制造工业所需的能源和使我们家庭和工作地方的空调、火炉、炉灶、冰箱、洗衣机、烘干机、收音机、电脑、手机、电视机等保持正常运行的电能都需要消耗水资源。

初级能源可按照是否可再生和不可再生进行分类。不可再生能源之中,原油或石油可以转换为煤油、汽油和重油。石油开采过程中需要在含油层钻孔把原油抽出,钻孔和处理原油都需要用水。随着抽出原油数量的下降,通过“二次开发”,石油品质得到了改善,这个过程利用了水蒸气来改善原油的黏度和增加泵出量。热蒸汽喷射器也需要用水。

另一个不可再生能源是煤炭。在露天煤矿作业开采每单位煤炭比在矿山井下作业的耗水量少。开采出来的煤炭通常需要用水清洗,以去除非燃料的杂质。清洗过程中虽没有耗水,但明显地降低了水质。

通过在地下含气层钻井获得的天然气,是第三种不可再生的能源。将加压的水或者蒸汽压入地下,迫使石油或者天然气离开岩层进入水井,在这个过程中回收的水资源经常受过污染,并且还面临着可用水量有限的问题。许多有前景的、储量大的化石燃料都是高耗水的,包括油砂和通过水力压裂(压裂)从页岩层中得到的非常规天然气。

第四个不可再生的初级能源是铀。铀是以含铀氧化物矿石的形式存在于地壳中。和煤炭一样,铀是从露天和地下矿山开采中获得的,开采过程也需要用水。另外,研磨、提炼和铀浓缩也需要耗水。

目前,世界上大部分能源都来自于不可再生能源。大部分的电能来源于火电厂中初级能源转化的电能。在这些电厂中生产水蒸气和冷却都需要用水。冷却用水量占发电厂用水量的绝大部分。发电厂冷却系统虽然有很多种，但是其中有两种类型占主导。第一种(开环湿式冷却)方式用水量大但是耗水较少,第二种(闭环湿式冷却)方式用水量较少但是消耗的比例较大。因此在取水量和消耗量之间有一个平衡问题,而干式循环是利用空气作为冷却剂,若用水的话,需要的水量也很少(Feeley 等,2008)。

为了探索长久的可持续性和能源储备，人们越来越关注发展和使用可再生能源。当前的关注点是生产生物质乙醇、水电、风能和太阳能。生产生物燃料消耗的水资源主要是用来种植原材料，例如玉米和大豆。在一定程度上，消耗的水量取决于地理位置和能源形式。

水电是利用水的势能驱动涡轮机所产生的电能。河流上的大坝用来存储需要的水资源和提供生产水电所需要的水压(头)。和水电相关的水分损失主要是水库中存储水资源的蒸发和渗漏。然而，如果水库除了发电以外还有其他的用途，那么由水电站造成的蒸发和渗漏损失就不是很容易确定了。

从太阳辐射中直接获取的太阳能被认为是另外一种可再生的能源。太阳能有以下 3 种利用方式：

- 通过太阳能集热器加热水资源；
- 从光伏电池中发电；
- 通过太阳能热电厂发电。

通过电厂将辐射能转化为电能需要热空气或者蒸汽，这个过程需要消耗水资源。太阳能热电厂耗水量是核电站耗水量的 5 倍多。相比之下，将太阳能直接转化为电能的太阳能光伏电池耗水量较少(USDOE，2006)。

风能转化为电能的过程中是不需要消耗水资源的，并且风力涡轮机、风塔和输电线路建设的耗水量也是可以忽略不计的。风能和太阳能体系具备的优点可以弥补太阳落山之后或者风力不足时所减少的能源产量。虽然水电站可以和燃气轮机电站发挥同样的作用，但造价高昂。

世界上约 20%的电能来自于利用受压水流而不是用水蒸气驱动涡轮机发电的水电站。但是水电站的发电量远远低于其潜力，特别是在非洲。受到经济、能源危机和气候变化问题的影响，目前许多水资源丰富的地区都在扩大水电产量(包含巴西，柬埔寨，中国，印度，伊朗和老挝的部分地区)。

现在人们对太阳能和风能的利用越来越多，另外还会利用少量来自于地热水、潮汐作用和洋流的能量。除了太阳能集中系统需要用水清洁和冷却之外，在太阳能和风能的直接发电过程中耗水量很少。目前为止，这些新能源利用技术发电量只是能源需求总量的一小部分(WEF，2009；Schumpeter，2011)。

经过一段时间的演变，电能以功率单位来表示，例如千瓦时或者兆瓦时，分别简写为 kW·h 和 MW·h。表 7.3 和表 7.4 总结了生产 1MW·h 电能或者 1L 液体能源(汽油)大概需要的水量。

液体能源提供发动内燃机需要的热量。英国热量单位 BTU 是对液体能源提供多少热量(能量)的度量。1kW·h 相当于 3412BTU。100 万 BTU 相当于 30L 或者 8USgal 汽油(更精确地说,1USgal 等于 3.8L)。

表 7.3、表 7.4 和以下几段内容对比了利用不同能源和生产技术,生产一单位能源所需要的水量。依据能源和水资源的不同来源,以及开采和转化过程所在的不同地理位置,对比了生产每单位能源的耗水量、生产每单位水量的能耗量。每一个数值都是一组数据的代表,同时又取决于不同的地理位置,并且忽略了数据来源的不确定性和误差。因此这些数值只是代表了能源需求数量的相对差异,辨别哪种方式消耗的能源多、哪种方式消耗的能源少以及消耗了多少。在一个特定的地区精确值可能和表格中显示的数值大相径庭。

表 7.3 初级能源提取和处理过程中的耗水量

液体能源	
方法/来源	**每升汽油的耗水量**
传统石油开采	0.1~0.3
提高原油采收率	1.7~312.5
油砂	2.5~62.5
生物燃料:玉米	312~3625
生物燃料:大豆	1750~9375
煤炭	0.2~2.5
页岩气	1.2~1.9
电能	
来源	**每兆瓦时电能的耗水量**
煤炭	5~70USgal 或者 150~265L
铀(核)	45~150USgal 或者 170~570L
页岩气	3~5USgal 或者 90~150L

引自:USDOE,2008;Carter,2010。

表 7.4 利用加工后的燃料生产能源的耗水量

液体能源	
方法/来源	**每升汽油的耗水量**
炼油	0.9~2.3
生物提炼	
玉米乙醇	4~7
生物柴油	3
纤维素乙醇	2~6
煤炭	5~8
页岩气	1.2~1.874
天然气加工	0.25

续表

电能	
方法/来源	每兆瓦时电能的耗水量
闭环冷却式热力发电	190~720USgal 或者 720~2725L
核	720USgal 或者 2725L
亚临界粉煤	520USgal 或者 1970L
超临界粉煤	450USgal 或者 1700L
整体煤气化	310USgal 或者 1170L
天然气联合循环	190USgal 或者 720L
开放冷却式热力发电	100~300USgal 或者 380~1135L
水电	0
地热	1400USgal 或者 5300L
太阳能集中产能	750~920USgal 或者 2840~3478L
太阳能光伏	0
风能	0

引自:USDOE,2008;Carter,2010。

生产每单位可用能源所消耗的水量取决于生产过程中使用的原料和技术。对不可再生能源来说,从铀矿到可用的天然气、煤炭,再到原油,需水量是不断增加的。对于可再生能源来说,利用风能、太阳能和水电站生产能源所需求的水量不同的,风力发电需求的水量是可以忽略不计的,水电站发电的耗水量取决于由水库所处地理位置的气候而形成蒸发速率(WEF,2009)。

对于生物能源来说,需水量取决于生物能源的种类(作物或者植物材料)、农业生产体系和可以影响灌溉的气候。在荷兰,普通生物的生长需水量不足美国和巴西生物需水量的一半,小于津巴布韦需水量的 20%。按照西方社会的人均能源使用量来说,我们每一个人每年大约使用 35m³ 的水来满足我们的能源需求。如果想通过种植生物来生产相同数量的能源,那么需水量可能是其他形式初级能源(不包括水电)的 70~400 倍。目前大量使用的能源中包含日益增加的生物质能源,这种发展趋势会引起需水量的不断增加,进而导致与其他用水需求的竞争,例如粮食作物用水(Gerbens-Leenes 等,2008)。

表 7.3 和表 7.4 总结的数据显示,通常生产相同数量的电能,燃煤和燃油发电厂的需水量是燃气发电厂的 2 倍。核电厂的需水量是燃气发电厂需水量的 3 倍,是燃煤和燃油发电厂需水量的 1.5 倍。虽然成本更高,但是煤气化联合循环发电厂可以减少碳排放,耗水量和燃气发电厂接近,并且需水量大约是传统燃煤发电厂的一半。由于效率低下,传统燃煤发电厂的碳捕获会消耗掉 30%甚至是全部的用水量。

对生产相同数量的能源来说，目前的太阳能热技术耗水量大约是燃气发电厂的5倍、燃煤发电厂的2倍、核电厂的1.5倍。但是,生产技术不断在改进,包括干式冷却技术。

世界能源委员会估计(2010年),在未来40年里,为了生产满足各种需求的电能而消耗的水量会增加1倍以上。到2050年,随着拉丁美洲、非洲和亚洲用水量的急剧增加,人均用电量预计也有可能会翻倍。然而,在非洲、欧洲和北美,预计生产每单位电能的耗水量(由于技术进步)会保持不变或者有少量的增加,但耗水量仍然是亚洲和拉丁美洲的2倍。以第6章为基础的模型预测在接下来的40年里工业用水量会显著增加,包括电力行业。

专栏7.1 能源耗水

在沙特阿拉伯一些老化的油井中,为了增加油层压力,注入的水量比实际上抽出的石油总量还多。根据美国能源部统计,用原油生产每升汽油需要消耗2~2.5L的水,从页岩中生产每升汽油要用超过6L的水。其他替代性燃料的耗水量也较大。美国乙醇工业和可再生能源协会估计生产每升玉米乙醇需要消耗3.45L的水。发电的耗水量也不少。在美国,90%的发电厂是热电厂,这就需要数十亿升的水来冷却用于驱动涡轮机所产生的蒸汽。近年来,因为未获得用水许可,许多新电站的建设规划不得不搁置。在拉丁美洲的大部分国家,水力发电是电能的主要来源,包括巴西、巴拉圭、秘鲁和阿根廷。想要建设一个生产清洁能源的集中式太阳能热电厂或者核电站吗?那么最好要确保附近有充足的水源供应。太阳能热电厂需要大量的水冷却水塔和制造旋转涡轮机的蒸汽。在阳光充足的地方,太阳能发电本来是一个理想的电力来源,但是由于这些地方经常面临水资源短缺,进而造成这种能源形式行不通。

引自:Luft,2010。

7.3 水资源利用过程中消耗的能源

图7.3所示是一个水资源提取、处理、存储和分配过程的概念模型。它和图7.2中表示的能源概念模型是类似的。

一些水资源可以直接用于作物生长,例如雨水。如果需要处理的话,那么处理水资源的数量可能取决于用水户的数量。

图7.3列出了将原水转化为可利用水资源所需要的几个阶段,例如,用水的时间和地

点,以及需要的质量和压力。水源可以是收集和存储在储水池、溪流、河流、地下含水层、湖泊和水库,以及海洋中的雨水径流。通常情况下,原水在成为可利用水资源之前必须经过处理、存储和分配过程。将原水送到处理厂所需要的能源量取决于距离和高程的变化。抽取地下水需要的能源量取决于其埋藏深度。当埋藏深度在地下 35~120m 之间时,提取每单位体积的水大约需要消耗 80 倍以上的能源。水平方向 $1m^3$ 的水运输 350km 所需要的能源和从海水中生产 $1m^3$ 的淡化水所需要的能源量是一样的(Hoff,2011)。

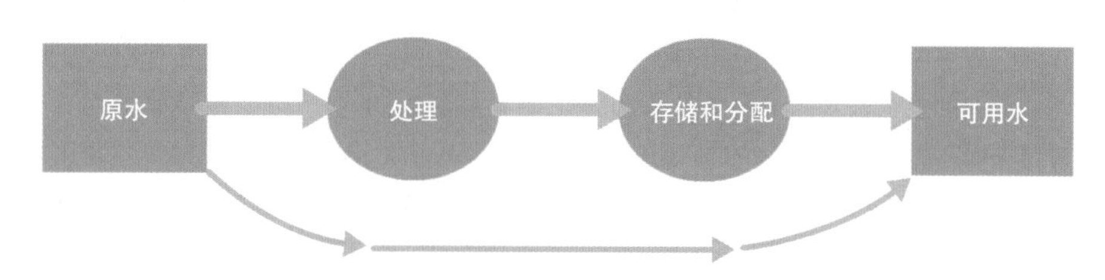

图 7.3　原水转化为可利用水资源的概念模型

供水所需要的能源量在不同地区各不相同。在一些地区,家用热水的耗能比供应和处理水资源使用的还多。在加利福尼亚,水资源经过长距离运输,单是运输这一项就可能是最耗能的过程。通常不同地区之间最主要的区别是灌溉程度,根据不同的水源、气候和作物种类,灌溉可能会消耗大量的能源(USDOE,2006)。

处理原水需要的能源量也取决于来水的水质和需求的出水水质,出水水质通常由公共环境或者健康机构制定的水质标准决定。最后,将处理过的水资源输送到可以使用位置的过程中所经历的高程变化和距离也需要消耗能源。总而言之,水泵的运行过程以及家庭、商业、工业和农户用水过程中的提取、处理、运送和加热等相关基础设施都需要能源。表 7.5 列出了将原水转化为有用水资源预计消耗的电能。由于具体情况不同,这些能源成本相差很大,需要考虑的因素有水源的质量、地下水埋藏的深度、运输的距离和高程变化及当地污水处理厂的特点和效率。

表 7.5　提供可用水资源所需要的能源

过程	生产每百万加仑(或者每 $1000m^3$)的水需要的能源(kW·h)
抽取地下水	140~540(37~140)
水处理	
优质水	100(26)
咸淡水	1200~1500(317~1374)
海水	13500~17000(3570~4490)
废水	2500(660)
配送系统	差异很大
使用前存储	差异很大

专栏 7.2　　加利福尼亚高能效的集中污水处理系统

冲一次马桶,你就可能把 9L 的水送入排水沟。洗一次澡会增加 30L 或者更多,而蒸汽浴会达到 80L。总的来说,在英国,平均每人每天大约要消耗 150L 的水。这些水流向了何处?冲洗的水会对环境产生什么影响?对于大多数人来说,我们产生的废水都流向了城市街道下面迷宫似的下水管道,然后流向最近的污水处理厂。然而另外一些人产生的废水一点也没有流远,可能只是流到花园尽头的化粪池,特别是在农村地区。

这些小规模的分散处理系统安装起来更便宜,维护成本低,用水少,并且在未来的发展规划中更具灵活性。因此,近年来分散处理式污水系统越来越普及,并且常常被认为是环境友好型的选择。然而,Shehabi 等(2012)开展的一项新的研究表明,集中式处理系统可能有更小的生态足迹。

来自美国劳伦斯伯克利国家实验室的 Arman Shehabi 和他的同事对加利福尼亚 2 个水处理厂的能源使用、温室气体排放和空气污染进行了直接比较——一个是集中式,另一个是分散式。

集中式处理系统服务对象大约有 50 万人,面积超过 $200km^2$。分散式处理系统为加利福尼亚北部马丁内斯的斯通赫斯特社区的 47 个家庭处理废水。在这个社区中每家都有一个化粪池,这些化粪池通过排污管连接到当地的一个小规模的污水处理厂。

采用"废水—能源可持续性系统"(WWEST)模型,Shehabi 和他的团队利用一个完整的生命周期评价了这些系统,并进行了比较。他们发现集中式处理系统的规模经济性使它比分散式系统节能得多。通过比较得出,每升废水处理过程中集中式处理系统的耗能比分散式处理系统处理的耗能少 1/5。

Shehabi 在环境研究杂志(http://environmentalresearchweb.org)上提出:"集中式处理系统需要大量的基础设施和绝对会增长的运行能耗,但是当规范化处理数量庞大的污水时,这种资源需求对能源的影响是会降低的。"

在能效方面,传统的集中式污水处理系统似乎是更好的选择。然而,分散的处理系统也有许多优点。Shehabi 解释说:"分散式处理系统具有根据一个小社区的具体需求来自主定制的优势,他们可以在不需要大型公共基础设施的情况下逐步添加,并且由于占地面积小,更加适合废水处理策略。这种分离性能有利于废水回用,这一点在水资源供应有限的地区越来越重要,不仅仅是因为水资源自身是一种稀缺资源,也是因为运送水资源的过程中包含有能源的消耗。"

例如,在一个水资源非常稀缺、并且水源来自高耗能海水淡化的地区,分散式处理系统看起来有很显著的低能源影响。尽管这个研究是针对加利福尼亚,Shehabi 和他的团队相信研究结果也适用于世界上许多地区。Shehabi 说:"规划者不应该想当然地认为任何一个分散式系统都会是低能源影响的选择。"相反,他们建议规划者应该在建设一个新的水处理厂之前,实施一项生命周期分析,确保搞清楚任何可能隐含的影响(更多内容查看第 5 章)。

引自:Shehabi 等,2012。

水资源的运输、抽取和利用都是高耗能的过程，因此水资源是很宝贵的。在抽取、分配、存储和利用水资源过程中的每一个提升、移动、加工和处理阶段都需要消耗能源。在一些地区，用水地点和水源地有着很远的距离和高程的变化。在美国，水资源加热占家庭能源消耗的 14%~25%(DSDOE，2011)。

从地下含水层抽水比从地表抽水需要消耗更多的能源，同时也取决于含水层深度和地表形貌。在印度，由于对电力成本进行补贴，以自流灌溉系统为代价的管井开发出现显著增加趋势(Shah，2009；Chartres 和 Varma，2010)。

补给含水层和循环水回用也需要能源。从含水层抽水和注水会消耗更多的能源，成本也更高。如果水循环过程中使用到反渗透技术，那么能源的成本相应也会增加。然而也有一些成本低、耗能少的替代水源。散布的盆地可以通过水分自行渗透补给含水层，这样开发时能源需求就会减少，同样的还有湿地，两者都不是通过机械设备来过滤水源。同样地，可替代性的水源和它们的能耗成本取决于特定的现场条件。

7.4　水资源—能源系统分析

图 7.4 描述了一个相互影响的水资源—能源系统概念模型，包含了图 7.1 和图 7.2 以及废水回用的内容。图中显示了能源和水资源系统之间的联系。

这个模型还显示了剩余(废水)处理和再利用可能性所需要资源的额外投入(如果适用)。虚线表示不同具体情况下可能需要的能源和水资源，而某些情况下它们是不适用的。

这个概念模型显示了相互影响的水—能体系的组成因素，以及能源、水资源、科技和成本这些因素之间转化为量化数学关系式的可能相互作用。这些数学表达式可以用来分析确定节约能源的边际效益和节约每升水资源所减少的碳排放量。此类的分析可以用来确定由于节约用水或者分配它用而节约的每千瓦时能源的边际效益。节约水资源和能源对两种资源都有好处，而这点经常被忽视。对水—能体系的分析能够确定如果降低耗水量可以节约多少的能源，反之亦然。水资源综合规划必须包含能源部分用水。同样能源综合规划也必须包含能源生产耗水(Braga 等，2009；Perrone 等，2011)。

影响未来能源供应的决策需要考虑可利用水量及其成本，正如影响未来水资源供应的决策需要考虑可用能源及其成本一样。对经济发展和保护环境的追求都会影响我们对这些资源的使用方式。

把水—能体系的基础设施作为一个综合的系统来分析和考虑，这样可能会找到一些提高效率，降低成本、消耗和污染物排放量的方法。反过来，这又可能会对气候变化和公众健康产生积极的影响。

如图 7.4 所示，开发一个包含所有水—能体系组成因素的模型可以有助于分析水—能耦合系统。这个分析可能和当地的水务部门没有多大的相关性，因为水务部门认为能源输入只是一项他们不得不支付的费用，如果有可能的话他们就会减少这方面的投入。通过减少能源使用量，水务企业可以降低相应的能源成本。

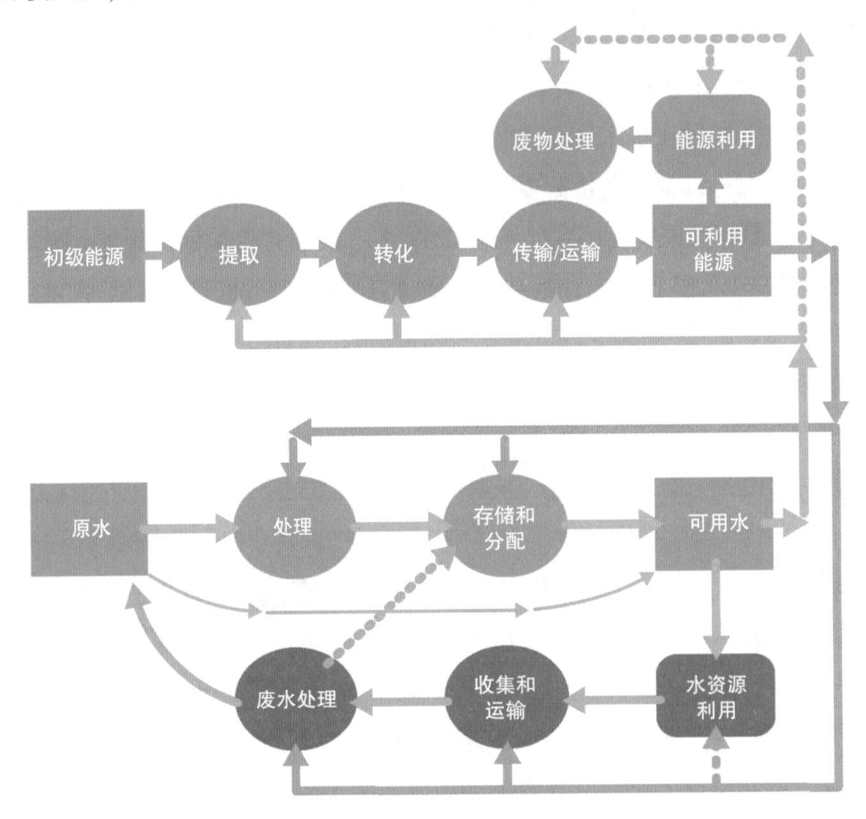

图 7.4 水—能体系的概念模型，显示生产有用形式的水资源和能源所需要投入的初级能源和原水

同样地，能源部门规划者和经营者也对供水方式无能为力，而把它视为一项成本或者限制因素或者两者都是。因此，为了更加全面地分析水—能体系，第一步可能是要开发一些仅包含与特定水资源和能源供给者有关的因素系统模型。

建立水—能体系模型来探讨降低成本或者资源使用和排放量等这些方案并没有太大价值，除非存在执行这些方案的制度性安排。区域和全球的能源和水资源行业的领导者需要共同努力来明确和实施一些反映农业、经济、环境、气候变化和 21 世纪其他问题的能源和水资源的高效解决方案。当然，面临的问题是这会牵涉到许多地方的多个机关的多个机构，而他们之间往往没有任何共同合作的先例。

除了制度性问题以外，所制定的能够同时减少能源和水资源需求的成本—效益管理方案也因为其他因素受到制约。这些因素有自来水公司工作人员的素质有待提高、饮用水和污水处理设施之间的优先用水竞争、公众对方案可能会影响能源—水的生命周期的认识不足。可以降低成本的方案有实施监测和控制系统,调整抽水作业和抽水效率,调整曝气操作、升级和合理精简装备,提高维修和漏损检测技术,重新设计供水系统,利用太阳能、风能和水电等可再生能源,以及废水处理厂的沼气等。

任何技术和/或风险管理工具的成功取决于实施它的能力。许多有效的改进措施需要新的经营管理模式，以及持续地投资维护监控和数据管理措施。这些改进措施有助于实现其他的目标,例如食品安全、减少影响气候变化的排放量和完善公共卫生,同时也可以实现水资源和能源的利用效率。正在进行的研究和开发也会促进提高能源生产的效率。

7.5 节能的潜力和挑战

世界上许多国家缺少水资源和能源的综合开发策略。一些有这些策略的国家通常也没有将这两者之间结合起来,这点是需要改变的。提高对水资源和能源利用率的关注将会减少两者的使用量,并且在许多方面能保障人类安全。

制定水资源和能源的一个整体性策略需要从短期、中期和长期的角度来评价社会未来需要什么。这就需要消费者、企业和政策制定者对水价、水资源循环利用以及从水资源中生产能源等事物的看法发生改变,这并非易事,但是如果现在开始改变的话,在未来就会减小许多的压力和努力。

可能解决水—能系统的经济效益问题最为关键的理由是这两种资源在我们经济和生活中的广泛存在性。水资源和能源供应满足了许多相互竞争的目标,每一个目标都对我们社会和经济的发展至关重要。水资源的竞争性目标遍布经济和社会的各个方面。为了支持娱乐和野生动物保护等河道性生态用水，发电厂的取水方案可能会受到限制(GAO,2003)。未来的需求也可能会添加到相互竞争性目标的清单里面。如果授权或鼓励化石燃料电厂开展碳捕捉和存储技术,这些电厂还得要为碳封存储备更多的能源。这又相应会引起取水和用水的增加(Pate 等,2007;NETL,2010;Atlantic Council,2011;Lyons,2012)。

开发和利用可再生能源可以满足日益增加的能源需求、遵守政府在鼓励减少二氧化碳排放方面严格的政策,以及应对更多的能源独立带来的挑战。但是太阳能和风能等可再生能源并非总是可靠的。公共设施必须保证两种形式的电力供应:能源和电力。因为传输给电网的混合能源中可靠程度低的可再生形式能源所占的比例越来越大，因此能够生产可靠能源的能力变得越来越重要。如果以后太阳能和风能生产的电能占世界电能的比例增加,那么当太阳落山、风力不足或者干旱严重影响电力生产的时候,电力行业就必须找到能够满足能源需求的有效方法。随着电网系统越来越依赖可再生能源，它将需要其他形式的能源能够快速介入来平衡系统的负载和供应。存储在电池中的能源，以水电站水库中的水、热水或者盐的形式存在的能源都是有限的，尽管有时蓄电量可以持续15小时（Hoff，2011；WWF，2011），它们也只能够满足相对短期的不足。

可靠性低的电力服务也会引起水资源和能源浪费的行为。在农业部门，许多农民为了避免质量差的电能烧毁电机，就会使用超大号马达的水泵抽取地下水灌溉。或者他们一天24小时使用辅助的化石燃料发电机抽水来弥补不稳定的电力服务。由于供水系统的不稳定，城市居民会使用个人的发电机往屋顶的储水罐中抽水，或者在供水系统低压时提取更多的水。工业用水消费者也在备用电源和供水系统上投入了相当多的额外投资来确保稳定持续的生产水平。此外，人们对预防水污染缺少足够重视，导致了用于处理下游的受污染水体以及从地面或者较远的地表水源获取未受污染水资源的能耗增加。

利用水能发电时，发电厂效率低或者缺少缓解措施经常会引起水资源和能源的浪费，以及水资源和其他环境资源的退化。在发电循环过程中所有环节的环境条件控制不充分都会引起严重的水污染问题，这些环节包括燃料开采（如钻探矿井、石油和天然气）、施工（例如酸沉积和大坝施工）和发电厂废物处理（例如粉煤灰）。对关键驱动因素、反馈关系以及水资源与能源使用和管理的关联效应的理解能够打破浪费和环境退化的恶性循环。通过联合评估、规划和执行，在资源使用的过程中有很多的机会可以同时实现两者更加高效和可持续性的使用。

生产有用的水资源所消耗的能源量也是可以减少的。在市政供水系统中安装更加有效的水泵和马达可以减少所耗能源的5%~30%，特别是采用监视控制和资料采集系统（SCADA）。甚至基础的部署，比如将发电厂和自来水处理厂地理位置靠得近一点，就能减少对能源和水资源的消耗量。例如，水处理厂的沼气可用来发电，如果发电厂和自来水处理厂位置相邻，或者至少在附近，那么运输沼气燃料的成本也会降低（OSDOE，2006）。然而，这些改进措施可能会价格昂贵，需要十几年才能收回成本（AWWA，2011）。

现有的燃料可以用低耗水的资源来代替。天然气联合循环电厂除了用蒸汽发电以外，还可用燃气发电，其用水量是传统燃煤电站的一半（NETL，2010）。替代性的能源技术可以提供用水很少或几乎不用水资源的能源生产方式。太阳能光伏和风能同时具有这种能力，但是由于缺乏能源存储能力而且需要其他燃料作为补充能源，其发展受到限制。另外，由于水资源依然在河道内流动，一些大坝除了蒸发和渗漏损失以外耗水相对较少。然而，大坝对河流生态和休闲用途有许多其他的负面影响（NETL，2010）。

交通能源的用水需求也不一样。尽管任何一种交通能源都是非常耗水的，但是使用生物能源的时候还是要特别谨慎。生物能源的提炼和加工与传统能源类似，但是如果种植生物能源的原料有灌溉需求，那么它们对水资源的消耗就可能较高。尽管有雨水灌溉，它们也占用了可以用来生产食物的水资源和土地资源。

在水资源和能源生产过程中的不同阶段选择合适的技术同样可以降低成本。例如，尽管热电厂的干式冷却系统基本上没有取水和耗水，但是建造电厂和抵御炎热干燥气候的投资却很大。和闭环冷却方法相比，干式冷却使电厂效率降低了 2%~25%，致使成本上升了2%~16%(USDOE，2006)。闭环冷却系统在没有充足水源来满足高取水量的地区较有优势。不幸的是，也正是在这些地区，闭环冷却系统的高耗水量引起了更加严重的地下水水位下降，并且减少了其他用水户的可用水量。电厂企业需要权衡利弊。因此，水流的强度和可用量是考虑在哪里建电厂和采用何种冷却方式的主要影响因素(GAO，2009)。

专栏 7.3　　热电厂冷却用水的限制因素

在美国，80%以上的电力是由热电厂生产的。只要有消费者需求和燃料供应，热电厂就能生产所需要的电力。对需求的这种响应能力使热电厂发电特别有吸引力。热电设施可以利用许多种燃料：煤炭，核能和天然气是最常见的。聚光太阳能、地热和可再生的生物质等可再生能源也采用热电蒸汽循环方式。热电厂利用燃料加热产生蒸汽，蒸汽又带动连接涡轮机的发电机转动产生电流。然后将蒸汽冷却凝结返回给锅炉进水，所以这个过程是可以不断重复进行的。除了少数的特例外，在美国大部分是用水来冷却热电厂。热电厂冷却用水占全国淡水取水量的 44%，但是消耗用水低于 6%。

热电厂可选冷却方案的用水量和耗水量各不相同。取水量是指从水源地抽取的水量。耗水量是指损失的水量，也就是不可再用的水量。过度的取水会伤害水生生态系统，而过度的消耗会使其他用水户的可用水量大大减少。常用的冷却方式有两种：直流冷却式和蒸发冷却式。直流冷却法是从水体中取出大量的水，将电厂的余热注入水中(通常使水温升高 10~20℃)，然后退回大部分的取水量。虽然大部分用水没有损耗，但是直流冷却方式要求热电厂运行需要的水源一直水量充足。这就相当于减少了这部分水量用于其他用水户的机会，并且冷却作业很容易受到低水量的影响。蒸发冷却是将水注入冷却塔或容器中，在这里冷却水通过蒸发消散余热，这种方式取水量要小得多。但是蒸发冷却方式需要消耗水量。许多建立在水资源相对丰富地区的热电厂使用直流冷却法。一些沿海设施可以利用海水作为直流冷却水源，但是干旱地区的大部分电厂还是采用蒸发冷却方式。总的来说，建设时间早的热电厂大多采用直流冷却。直流冷却取水对生态和水质会产生影响(例如排放的冷却用水温度升高、含有化学物质)，从而引起新建电站一般采用蒸发冷却的方式。

引自：Carter，2010。

消费者行为的改变也可以通过节约能源来降低成本。但是如何改变我们的行为和投资改善基础设施一样不容易。促使更有效利用一些资源的经济激励措施可以诱导行为改变。严厉的规则和经济激励措施会激发对共同的、跨国界资源的管理进行改进，可能有助于防止资源滥用，例如水资源。对技术和基础设施的持续投资会提高资源开采、分配和利用的效率，这同样也是提高效率的可能途径之一。

Voinov 和 Cardwell(2009)指出现实中需求管理在很大程度上被忽视了，而在一定程度上需求量决定供应量。他们强调“和增加供应相比较，抑制需求成本更低、更快捷，并且最终更有利于个人”。当供应不足和需要承担劣质水处理成本时，就会通过调整反映水资源真实价值的水价来促使节约(Atlantic Council,2011)。成本的增加以及部分消费者和企业行为的改变可以减少需求。国际能源机构指出化石燃料补贴比可再生能源补贴高出 5 倍还多。但是对于许多补贴而言，由于化石燃料经济体系的根深蒂固，逐步淘汰这种方式是很困难的(Sills,2011)。

处理水价矛盾将不再困难，难的是告诉选民他们用水的权利是有限的。水对生命至关重要，同时也是每一个经济部门的关键因素。获取水资源被视为一项基本人权。水价低于其供应成本不利于人们高效用水、节水创新以及思考供水中断的风险。同样的道理也适用于能源供应。

对水资源和能源价值的理解可以进一步影响对这两种资源的管理。当供应量下降时，即使很小的减少都会导致价格大涨(Voinov 和 Cardwell,2009)。例如，通过补贴城市供水成本来保持水价低廉，就会掩盖了水资源的真正价值。提升水价虽然在政治上不得人心，但是会鼓励节约用水(Atlantic Council,2011;AWWA,2011)。随着供水问题的不断出现，消费者不能指望水价依然低廉(Webber,2008)。在长期实施高昂的污水回收和海水淡化项目中，随着越来越多的管理者意识到水资源的成本效益，水资源的高昂价值将会得到越来越多共识。

7.6 水资源、能源和气候变化

通过温室气体排放，水资源、能源和气候变化相连在一起。利用化石燃料发电、加热和运输是温室气体高排放量的主要来源。能源生产和温室气体排放之间的紧密联系使得人们逐渐意识到水资源和能源不仅是一个相互依存的独立系统，它们也和气候有关。解决这个难题的一个主要环节是量化能源、水资源和气候之间的相互关系。这本书的其他章节也告诉我们，在这个综合体系中通常还需要考虑农业和经济。

水—能系统排放的废弃物会再次影响我们的气候。气候的变化又毫无疑问地会影响水资源和能源的供应量与需求量。水资源和能源供应量的长期变化又会受到降水、季节、融雪时间、温度模式等已经出现的变化以及其他因素的影响。这些影响因地而异，但是在高能源需求的干旱和半干旱地区尤其需要注意(USDOE,2006;Pate 等,2007)。人口、资源需求增加、气候变化等组成了一个复杂和影响深远的体系,进而使得水—能相互依赖关系成为一个重要而复杂的问题。这就需要得到整个社会和经济利益相关者、管理者及政策制定者的共同关注。

很明显,目前人口增长和经济的发展造成温室气体排放量的不断增加,进而可能会加剧极端气候的出现频次。社会发展需要更多的能源,但是目前大部分的能源技术都需要利用到水资源。用水量和水资源可用量以及能源生产都会对气候产生影响,气候的变化又对水资源可用量产生影响,水资源可用量又对能源生产产生影响等。

气候变化很可能会改变发电量和用电量,进而影响到水资源。在未来人们会需要更多的能源,并且为了补偿变暖的气温中发电厂效率以及电能传输和分配效率的降低,取水和耗水会更多。伴随着温度的升高,水力发电量的减少和电力需求量的增加会引起对新发电厂的需求增加——进而导致取水量和耗水量不断增加。可再生能源使用的增加及碳捕捉和存储技术的实施等气候变化减缓措施可能会改变水资源的需求。而当前的能源分析和政策通常并没有考虑这些影响(Arent,2010)。

减少水资源管理中的能源使用量并不是目前应对气候变化的主要策略。从源头取水,经过处理,接着进入分配系统到达消费者家庭和工作地方的水龙头,这整个过程需要消耗大量的能源。如果在全球范围内这种能源消耗可以快速和显著地降低,那么就可能会对气候变化产生有利的影响。

如果当前气候变化的趋势不断持续下去,那么在雪水补给为主的流域大约有 10 亿人的用水量就会减少,同时也会发生更多的极端气候事件,例如频繁严重的洪水和恶劣的干旱。早在 2007 年,政府间气候变化专门委员会就警告说,在非洲雨水灌溉地区的收成会减半,这就对社会存活量、风险国家的崩溃和增加的迁移人口产生威胁,许多地区也可能会经历可用水资源不定期变化,这又会使能源生产规划变得更加复杂。那么上述这些又对未来水资源和能源的安全意味着什么?

7.7　水资源和能源安全

全球人口的迅速增加和经济的日益繁荣正在不断对资源施加压力。预计在接下来的 20 年里,水资源和能源的需求会增加 30%~50%。同样地,经济的差异性对生产和消费的短期效应有利,但是不利于长期的可持续性。资源短缺会引起社会和政治的不稳定、地缘政治冲突和不可挽回的环境破坏。任何只关注一方面而没有考虑其他因素的政策都将会面临意想不到的严重后果(WEF,2011,第 2 页)。

专栏 7.4 干旱:缓慢的能源灾难

作为河网能源和气候项目的负责人以及最新报告"燃烧我们的河流"的作者,Wendy Wilson 说:"我们现在已经看到,发电的方式会危及我们的水资源供应,并且已经在影响全国的水质。"这些结论和 2011 年秋天忧思科学家联盟(UCS)发布的报告相呼应,报告中又提出由于在极端高温天气中取水和排水过多,传统的发电厂使美国的湖泊和河流压力倍增,损害了周围的生态环境(Pyper 和 Climate Wire,2011)。

在已经遭遇干旱 1 年多的美国东南部,发电厂引起的影响尤其令人担心,并且可能会导致整个夏天或者更久的限电或者断电。南部清洁能源联盟的区域负责人 Ulla Reeves 说:"我们已经见过能源和水资源需求之间的矛盾,并且随着干旱的频发以及一定程度上气候变化引起的水温升高,这种情况会更加糟糕。"美国东南部的阿拉巴马州和其他几个州正在探索通过如何管理其脆弱的水—能关系来满足 2013 年综合用水规划底线的方案。根据阿拉巴马州河流联盟的项目负责人说,美国还没有正式的既确保消费者用水需求得到满足,又留下足够的水资源保护河网自身的水资源管理规划。

项目负责人说:"水资源利用效率以及确保没有浪费水资源或者浪费电能,浪费电能又会引起用水增加,在综合规划中必须解决这些问题。"

Wilson 说,如果目前的天气情况持续或者出现预期的水资源短缺,国家也需要制定一个计划。她说:"在讨论这些情况和建立面对各种挑战适应机制的过程中,水资源和能源机构发挥的作用并不明显。""有没有人在综合我们水资源和能源需求的基础上管理农场?或者我们只是祈求降雨?"(Pyper 和 Climate Wire,2011)

从全球范围看,有充足的水资源可以满足所有人类和环境的用水需求。但是在某些地方和某些时段,对满足要求的水量和水质的需求超出了可供应量。工程师虽然知道从一个地方到世界上其他地方需要怎样处理和运输水资源,但是又需要考虑基础设施、环境和能源。这样的例子有很多,比如从任何城市地区都需要的基础设施,到为每一个家庭、学校、医院和工业提供净化水的每个水龙头,再到从丰水区到枯水区调水的引水渠。调水的例子有通过加利福尼亚引水渠从北到南运水,经过"人工大运河"从利比亚中心的沙哈拉沙漠下面调水给地中海沿岸的人口。或者从中国南部的扬子江、黄河、淮河和海河经过南水北调引水渠调水到干旱的北方。

收集、处理和回用已经用过或者用过很多次的水资源都需要能源。但是在一些地区和一些时段,如果没有足够的、成本可接受的水资源来满足所有用水需求,就可能会出现能源短缺。在一定程度上,这可能是由于生产能源的水资源短缺造成的。这种情况在今天也存在,并且不仅仅是在非洲、亚洲和澳大利亚的一些地区。如表 7.1 所示,水资源短缺也影响了美国部分地区的可用能源(Cooley 等,2011)。另外,如果我们生产和消费的方式不做出显著的改变,到 2035 年我们的能源使用量就会比现在高出 40%~50%(Hoff,2011)。能源和水资源的供应能够满足需求吗?通过采用各种需求管理措施预计需求量会减少吗?

可靠的水资源和能源供应对经济发展和社会稳定会起到关键性的作用。经济和人口增长引起水资源和能源需求的增加。生活条件的改善产生了更多高耗能的消费模式。环境压力也加重了资源的不安全性——从气候变化到改变水资源和能源需求的极端气候事件。温暖的气候只会导致对水资源和能源产生更高的需求,同时蒸发引起的损失也会增加。这就会导致水电站产生更高的水分损失和农田更多的灌溉需求,反过来又会引起取水量的增加。再加上空调日益增加的能源需求和随着人们生活改善所引起的期望的其他服务,尽管提高了利用效率,对水资源的需求仍会增加。

除非有科技进步的补偿,否则商品价格的持续增长和能源、水资源的短缺会限制经济的发展。如果发生这种情况,影响最为严重的是日益增长的经济差距和随之而来的风险。总有一天会被迫转向可替代能源,并且最终的结果会归结到成本的问题上。当能源和/或水资源变得越来越昂贵,人们的使用量就会越来越少。

专栏 7.5 提高能源效率起到节约用水的作用了吗?

在 19 世纪 60 年代的英国,William Stanley Jevons 研究了提高的能源效率是如何导致更高的能源消耗的。现代术语称这一现象为“反弹”和“适得其反”,“反弹”是指增加的能源使用量减弱了使用那些更高效的机器带来的好处,“适得其反”意味着比以前使用量增加超过了 100%。例如电器方面,汽车和工业能耗降低,人们的行为就趋向于发现其他更耗能的方式。Owen(2010)引用了研究这种现象的一些经济学家的理论,他们再次发现杰文斯悖论是真实存在的,尽管在 19 世纪杰文斯研究的是煤炭。今天我们讨论的除煤炭之外,同时也包含天然气、汽油和核能。当单独实施时,技术措施更容易导致各种形式的反弹。然而,通过建立以人为本的能源气候方案和制定明智的政策,大多数这些反弹都是可以控制的(Ehrhardt-Martinez 和 Laitner,2010)。在有限的供应和日益增长的需求面前,社会应思考如何减少其日益增长的能源消耗,这点既充满着挑战,也面临机遇。这就表明在能源供应管理之外加强能源需求的管理可能是有利的,就像我们在水资源的供应和需求方面做的一样。

引自:Woodside,2011。

能源生产的技术和消费趋势在 20 世纪发生了显著变化。人口的快速增长、对能源需求日益增加的生活方式以及从化石燃料到核能的资源开发一起塑造了我们目前的能源环境。同时它们也提出了需要仔细调查可替代能源的经济、环境和安全问题,可替代能源日益增长的用水需求以及水质和平丰度被考虑或忽视的方式。

日本最近的核事件发生后,人们很自然地会对核能的优势产生质疑。然而,政策制定者、环境学家和人们也不能轻率地拒绝这种无碳能源。特别是考虑到煤炭开采和深海钻探等可替代能源的经济、安全和生态风险时。目前,困扰核工业的问题除了安全性或者昂贵的安全防护费用(缺少公众信认)以外,放射性废物的处置也是一个问题。产生昂贵的防护费用部分原因是对安全性的担忧。我们还是没有找到使放射材料经济无核化的方法。所以我们倾向于考虑长期存储起来(真正的长期)。有效地解决这些问题可以大大地减少实施一些降低温室气体排放的科学技术所遇到的政治阻力,在某种程度上,也可以减少耗水量。

能源生产耗水引起的污染是另一个主要的风险和问题。污染可能来源于设计用来防止污染的基础设施故障,也可能来源于石油和天然气等能源的开采过程。旧式石油和天然气油田是利用压力向油田中注水,产生的废水经常比石油和天然气还多。通常这些废水由于污染太严重而不能保证排放到环境中不会引起环境破坏。通常情况下,这些污水由于受污染太严重,未经处理是不能排放到环境中的。然而为了减少石油和天然气开采成本,这些污水经常未经过处理就被偷偷排放到水体中。煤矿的酸性排放物和用于生物燃料的作物种植时的化肥流失也可能会污染淡水资源。

7.8 水资源和能源管理

与管理能源和水资源配置平衡有关的挑战通常来源于政府。当前许多能源和水资源的需求趋势部分程度上是由政府政策引导的。在许多国家,中央政府制定能源策略(经常忽视用水需求),有时为他们国家的能源未来绘制蓝图(例如制定生物燃料或者太阳能生产目标)。如果不对包含水资源在内的所有资源投入进行综合效益分析,那么由此产生的政策可能并不是最优的。最差的情况是在较长的一段时间里,这些政策是无效的或者不可行的。由于负担得起的淡水资源是一种有限资源,满足能源部门用水的承诺就相应地减少了其他部门和生态系统的可用水量。"地区之间或者区域之间水资源的竞争经常造成能源用水需求显著;同时,水资源在区域和地方尺度以及空间尺度上如何管理,造成许多与水相关的全国性行为更加复杂。如果能源安全是一个国家安全问题,那么相应地能源消耗的水资源也是国家安全问题吗?还是这只是中央政府投资提高能源和水资源利用效率措施的一个理由?"(Carter,2010)

通常政府在水资源和能源方面有单独的管理机构、独立的政策和发展目标,这就造成部门间的协调成了最大的问题。另外,政府在追求实现经济增长、减少温室气体排放和提高水能利用效率等多目标方面上面临的压力逐渐加大。建立和充分发挥政府部门、利益相关者和国家代表委员的作用利于对水资源和能源更有效的管理。能源政策必须在小心地平衡水资源可用量、水质、国家安全、经济成本和效益等几个方面后才能制定，这一点是相当明确的，并且全部都要考虑这些决策的短期和长期的环境影响(Glassman 等，2011)。

湄公河委员会的战略环境评价是一个具有区域集中性、综合利用水资源和能源的案例，这个评价考虑了能源和水资源之间相互依存的关系。另外，经过 15 年的研究，也考虑了能源替代政策、水资源开发和管理对生态、社会体系和经济发展的影响(MRC，2009)。同样，评价措施的实施需要这个流域所有国家的合作和协调，而这点是远远没有保证的。

在一个能源有限的世界，用规划基础设施的建设来满足日益增长的能源需求是很困难的。当同时考虑水资源限制时又会变得更加的困难。没有一个政府或者私人机构能够在最好地开发更可靠和更有成本效益的能源和水资源运输系统上实施垄断。没有一个政府和私人机构能够定义社会功能应该达到的目标及实现它们最好的方法。不管这些目标由哪些利益相关者一致做出的决定，它们都会随着时间而变化，实现它们的最好方法也是一样变化的。考虑到资源和资金的同时制约，这些规划必须是全面的，在能源和水资源行业也必须具备适应性。区域人口的增加和生活水平提高引起对能源和水资源的需求增加(Hajer，2011)。

在政府和消费者寻找解决经济困难的短期的、不可持续的方法的过程中，经济利益也会经常加剧风险。举一个例子，缺水地区高需水作物出口的价值日益增加。许多美国鼓励使用的生物燃料的预计需水量是目前农业的用水总量(NRC，2008)。这显然是不可持续的。页岩气开采有望取得新的天然气储备，但是开采过程又让水质面临风险，同时与被更换替代燃料所减少的数量相比，开采过程可能产生了更多的温室气体排放量(Howarth 等，2011)。

资源管理最终可以从能源公司和自来水公司、管理者及许多参与水资源管理的政府机构等各个部门之间更好的交流和协调中受益。要解决的问题有实施环境法规时更多的灵活性、管理州际和国际水权协议时更好的协调性、更好更频繁的协商水权(GAO，2003)。在公用事业和代理管理者之间发展个人之间、工作之间的关系可以有益于改善数据的收集和协调(Goldstein 等，2008)。当利益相关者相互之间很熟悉的时候，所有权问题和其他沟通障碍出现得就比较少。

7.9 水资源和能源：展望未来

设想一个人口不断增加和经济不断发展的未来并非难事，同时这个未来本身就会引起对水资源和能源的需求增加，同时也会引起农业、工业、环境和公共供给的需求增加。

在亚洲、非洲和拉丁美洲地区，农业以及快速增长、工业化的城市对水资源和能源的需求不断增加，这又增加了水—能体系面临的挑战。到2050年全球人口预计比现在将多出20亿。许多新兴市场上更多的财富引起新的城市和发展中的城市不断增加，进而产生更多的用水需求。新建城市的居民可能比他们的先辈消耗更多的水资源，为此他们也会需要更多的电能，毫无疑问会增加全球碳排放。而目前这对我们的生态系统和健康的影响是不可预测的。

在未来的几十年中，如果我们依赖的碳氢化合物占能源的一大部分，我们就需要清洁煤炭技术与有效的碳捕捉和存储技术。但是目前对两者的解决方案都是高耗水的，并且在亟需的地点和时间上并非总能获得满足需求的水资源。在未来，主要能源的开采、碳封存和生物燃料、页岩气、油砂、煤炭和氢等替代性运输能源以及页岩气的开发等，它们的用水需求非常明显。同样，通过建设海水淡化和/或污水处理设施、大型跨流域调水工程等改善水安全的努力行为有着重大的意义。

转向清洁能源会显著地增加淡水需求，例如增加使用生物燃料和碳封存的煤炭。现在碳氢化合物和可替代能源生产主要是在向高耗水方向演变，进而出现由于缺水或者高温冷却造成能源短缺。尽管有这些问题，水资源和能源政策却很少综合到一起。“水资源和能源政策之间的孤立很大程度上是由于水资源和能源从业者未能相互接触和充分了解”(Cooley 等，2011)。造成这种现象的部分原因是能源管理者和水务管理者关心的地理尺度不一样。能源提供者很少关注城市、城镇或者县城等这些区域，而水务管理者负责的就是这些区域。并且，当地市政的水务管理者也不会觉得他们需要考虑数百公里以外电力或者汽油的生产，尽管他们最终都会用到。

在未来的几十年里预计人口会显著地增加，但是可获得的淡水资源量却没有增加。此外，人类活动和能源需求并不总是和可用水量保持一致的。例如，美国20世纪90年代最大的区域人口增长(25%)发生在西南部最缺水的区域之一。在许多发展中国家也有类似的情况发生。

未来水资源和能源可持续的开发和生产需要充分了解这个体系中两者之间的相互依赖关系。平衡所有用户对水资源和能源的需求，以及理解这个体系对气候、环境和经济的影响是有必要的，这可能需要人类对自己行为做出一些改变。

在一个水资源和能源有限、满足更多的人需要以及可以给人类供应更多的世界里，我们难道不应该审视已有的管理政策和能源和水资源使用方式吗？尤其是能否用较少的水资源生产更多的能源？科学技术是有效的，但往往水资源使用的激励政策起到相反的作用——增加了用水需求。国际贸易政策并不鼓励节约用水(van der Veer，2010)。采用饮用水灭火或者冲洗厕所，城市地区的废水输送，难道这些不应该停止吗？解决上述问题以及其他类似的问题有助于帮助我们实现一个能源和水资源更加可持续的未来。

第8章

水资源预测和方案：思索我们的未来

世界面临着严重的水资源管理危机。当前的规划和管理方法、技术和机构难以应对满足未来人类用水需求、维持甚至提高农业生产用水效率，实现能源目标和满足日益增加的工业用水需求等提出的挑战。上述目标是可以而且一定要实现的，同时也要保护水质和重要自然生态系统的生物多样性。我们需要朝着实现目标或者其他积极的未来共同努力。我们必须思索想要的未来，然后制定和实施一些引导我们朝着正确方向前进的措施。否则，一如既往的做法会把我们带到一个已经知道不可持续、人类的生活也会更加糟糕的未来。

8.1 思索水资源的未来

未来情景是水资源规划者和管理者的重要工具。如果我们不能看到未来，或者预测可能的未来，我们怎么能够为它们做好充分的计划和准备？传统的水资源管理方案包括定性(叙述或者大纲)和定量(数值数据、表格和图标)的评价。这些方案通常是基于当前的和预测的水资源供应和使用情况、各种假设以及未来可能会影响我们研究的驱动因素。

1990年到2000年期间人们提出了许多水资源方案，也有一些文献对未来的全球水资源情况进行了研究(综述，见Gleick，2000)。本章介绍了水资源开发和利用方案的主要特点，包括时间轴、规模、投入、产出数据，以及主要的驱动因素和假设，详尽描写了影响最终结果的水资源政策和策略的作用。评价分两个步骤：首先对常规和一组有更加积极前景下的全球水资源方案进行文献综述(部分内容在第2章中进行了总结)；其次，对实现一个积极水资源未来的方法展开广泛讨论。

在第2章的描述中，我们学习了一些替代常规方案的更加积极的未来方案。我们讨论了开发和利用“倒推法”作为一种方式，从而提出一个更直接的探讨概念、政策和可持续性水资源管理的方案。最后，提出了“水资源非工程性技术方法”(soft path for water)的概念，这个概念也有可能是具体的策略，有助于促使朝向期望的水资源未来开展思考。

8.2 水资源开发和利用预测的历史

未来当然在很大程度上是不可知的。理解了今天所做的选择决定了接下来我们要走的道路和走向的未来，方案就可以被当做“故事”，或者可能的未来。但是有意无意地，人们总是思考可能的未来、探索其他备选的可能性，并且试图分辨与社会选择相关的风险和利益。这就导致了人们对方案、预测和未来的研究越来越有兴趣(例如 Schwartz，1991)。在水利部门，对未来水资源供应和需求的预测已经影响了国家预算和财政支出、建设规划以及最终的人类和生态平衡。未能及时作出决定和投资可能会对人类健康和经济稳定产生严重的后果。

利用情景来预测未来用水需求的历史由来已久。开发大型水利设施需要的时间及这些设施随后的长久运行时间，都需要规划者用一个相对较长的眼光来看待未来。但是未来水资源的供应和需求会是什么样？考虑未来所有的不确定性，怎么来评价和评估它们？怎么在长期规划中考虑可持续性？

许多常规的全球淡水需求量预测和估算情景提出的时间已经过去了半个世纪，一些情景延伸了半个世纪或者更加长远。第 2 章中描述了很多这样的情景，这些预测情景都是被证明有缺陷的，基本上经常是错误的。在 20 世纪的最后 40 年，水资源规划关注的焦点是利用或者制作简单的人口、人均需水量、农业生产、经济生产水平、相似的经济或者人口结构驱动因素的预测。这些因素被用来预计未来用水需求，然后评价可以实施或者建立用来满足这些需求的系统或者结构。因此，传统的水资源规划倾向于把未来用水需求作为一个变量或者作为当前用水趋势的延伸进行预测，而不去做任何具体用水分析或者任何需求管理校核工作，例如需求管理。并且这些预测与评估和实际区域可利用水资源量无关，事后结果证明完全是不合理的，并且和流域的实际情况及水文循环是脱节的。

比较不同的水资源预测方案合理性是困难的。因为所有的方案在假设和使用各种驱动因素的方法上是不同的。例如，规划者可能设想国际人权政策会承诺更多地保障家庭用水，并且这些承诺是可以量化的。另一种方案可能尝试估算所选择重要江河流域的环境流量需求，然后在将剩余水量分配给不同用户之前，从人类预计需水量中扣除这些需求。有一些方案会更加深入地研究农业领域——大多数地区主要的用水户。而有些方案会详细地研究工业或者家庭用水部分。案例研究和区域评价在许多预测方案中发挥了很大的作用。评价一个预测方案质量的一个重要因素是开发者在考虑使用的基本假设和数据操作时，透明度如何。

尽管方法不同,但是早期所有全球水资源方案的预测值与实际具体化的数值相比,用水需求要大得多,而且许多方案的差距很显著。这表明了水资源方案开发者使用的传统方法未考虑重要的现实动态因素(Gleick,2000)。图 8.1 显示了 21 世纪期间,不同时间点提出的早期水资源预测方案中估算的一直到 2000 年的用水量。大多数早期的预测方案都假设用水量仍将保持历史上指数增长率的速率,或者更高,结果大大高估了未来水资源的需求量。实际上千禧年的全球取水量仅仅只有几年前预计用水量的一半。在最近过去的几年里才提出了一些估计需求增长速率变缓甚至总需水量有可能减少的新的预测方案。我们不对传统的方案进行评价,但是在 Gleick 2000 文章中可以发现更多的信息,本书第 2 章也描写了一些细节。

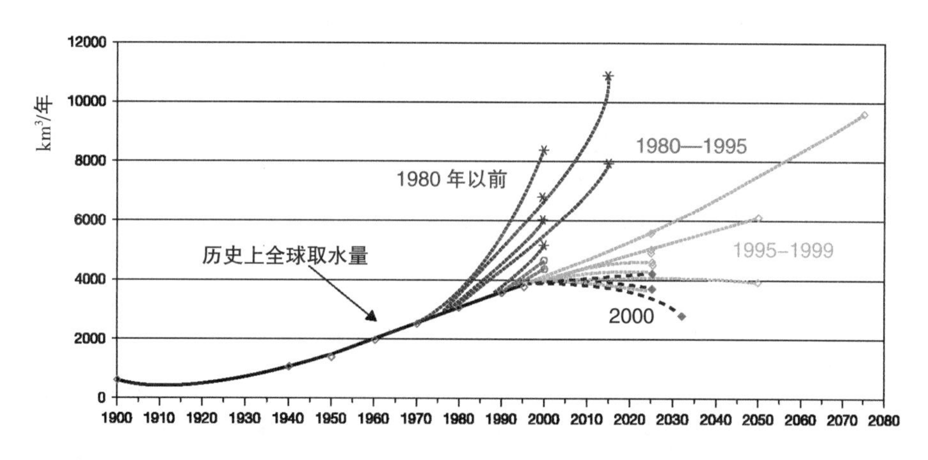

红线代表 1980 年以前的预测值。蓝线和绿线代表 1980 年和 1999 年之间的预测值。先前的预测方案倾向于建立在“常态”假设的基础之上;较新的一些方案通常包括许多积极行为的假设。黑色虚线代表本章中稍后讨论的三种最新方案:Cosgrove 和 Rijsberman,2000;Rosegrant 等,2002,以及 GEO-3(UNEP/RIVM,2004)。

图 8.1　历史上的实际取水量和方案预测值

对大多数的预测方案而言,数据和假设都是来自于用来估算区域和部门用水量的全球水资源研究和数据库中的一小部分,直到最近,这些方案才采用了有限的几种分析模型(例如 WaterGAP)。预测方案提出的预测时间不同,采用的基准年也不同。最新的方案通常将 1990 年、1995 年或者 2000 年作为基准年。预测终点千差万别,大多数预测到 2025 年或者 2030 年的水资源使用情况,也有一些研究得更远,到 2050 年甚至 2075 年。

大部分早期的预测方案是在一切照旧的方法中使用不同的变量。未来用水是基于人口和经济的预测以及工业、商业和住宅用水强度的简单线性假设(例如单位人口用水量或者单位产值用水量)。预测未来的作物生产基本上是一个关于灌溉面积和作物产量的函数(Gleick,2000)。早期的预测方案通常是没有变量或者变量很少的单一性预测。大多数都忽视了社会用水或者环境用水这两个重要组成部分，例如河道内生态用水需求、航运、水力发电、休闲和其他的重要用途。大多数还忽视了“绿水”部分，只关注“蓝水”的取水量和用水量(Falkenmark 和 Rockström，2006)。

不同的预测方案在情景设计方法、模型/模拟构建、迭代开发的阶段、报告的格式/描述、解决方案的评价等各个方面也不一样。传统的预测方案以背景/当前的水资源评价为起点，在常规未来方案中预测。替代性的预测方案通常来自于那些操纵常规预测中使用的基准数据来产生适中变量的模型。

在这些方案中经常会用到的驱动因素包含以下几大类：

- 大范围的经济和人口因素(人口变化和国内生产总值)；
- 科技和基础设施(高效的灌溉或者工业用水技术)；
- 气候和水文(气温和降水量，有时考虑气候变化)；
- 政策和管理(管理机构和水价)；
- 环境(专指河道用水)。

由于农业用水占据人类用水比例较大，因此在这些预测方案中农业和粮食生产会单独列出。一些预测方案也会强调社会/文化因素，比如国际人权政策或者水资源参与式治理的影响，尽管这些因素不适合量化。然而在任何一个预测方案中几乎从来没有考虑过水质这个因素。

在过去的几年里，已经讨论和测试过许多新的预测方案。近年来，人们在改进计算，获得更好的水资源数据，以及假想情况的新概念上做出了更多努力。但是这些努力太少并且依然面临一系列的挑战。

8.3 数据制约

改善开发和用水方案面临的一个最严重的问题是水资源数据的质量、有效性和地区间精度不足，特别是不同行业和地区的历史用水数据。人们意识到这些局限性的存在已经有一段时间了，但是大多数问题仍悬而未决。例如，几乎没有人估算过全球或者全国的总取水量和耗水量。除了 Shiklomanov(1998)和他的圣彼得堡国家水文研究所同事编写的方案，以及在联合国粮食和农业组织(FAO)AQUASTAT 数据库基础上提出的方案。

数据主要的问题有如下几条：

- 区域尺度上水文数据存在严重的缺口。在许多地区，甚至一些发达国家，缺乏水文循环基本单元可靠的长期记录数据，包括降雨、蒸发、径流和大部分的地表信息，近些年，由于缺乏资金和收集数据的协议，即使是现有的监测系统也面临着关闭的危险（见图8.2）。虽然卫星和其他遥感系统填补了一些数据缺口，但是这些系统覆盖范围并不全面，并且国家的资金预算也在影响着这些系统的维护。

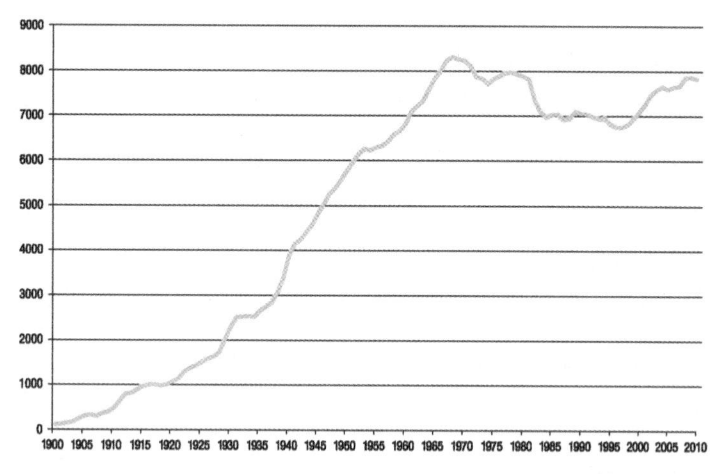

引自:USGS,2012。

图 8.2　从 1990 年到 2010 年,美国地质调查局(USGS)在用的水位标尺数量

● 某些类型的用水数据没有收集或者不可靠,未来用水需求的所有预测方案都需要人类当前用水状态的基本信息,然而,比起收集的供水量和可用水量,以及水文循环数据而言,收集的用水量数据少得可怜。通常用水量无法直接测量得出,而是通过模型或者估算得出（就像 AQUASTAT 数据库中的大量数据）。工业和商业用水数据很少或者几乎没有,农业用水数据又不一致和不可靠。人们很少对地下水开采量进行测量、调节或者和自然补给率相比较。久而久之,经常获取不到改变水资源利用模式的信息,就会引起趋势分析更加困难。另外,使这个问题更加复杂的是对水资源“利用”的各种不同定义,包括消耗、非消耗、取水、回用或者更多(Gleick 等,2011)。

● 水质数据特别有限或者不可用。虽然许多不同类型的水资源数据都存在缺口,但是收集和获取水质数据特别困难。时间和空间不同,水质数据就会有极大的变化,这就需要进行系统的、长期的数据收集。各种各样的水质污染物以及收集分析污染物种类和污染浓度的困难性和昂贵性等使这些工作更加困难(Palaniappan 等,2010)。最终,即使努力做到了收集和整理水质数据,也经常面临资金不足或者受到数据不能公开的限制,例如联合国全球环境监测系统水资源项目。

● 一些国家和地区仍然限制获取水资源数据。一些国家和地区拒绝和邻国甚至是国内的科学家一起分享与水相关的数据,尽管 1997 年国际公约规定非航道使用的国际水道要共享数据资源。其中在本书出版时还有 9 条公约没有生效,内容有:

> ……各个国家之间应该定期交换河道状况已有的数据和信息，特别是水文的、气象的、水文地质的和自然生态方面的信息，以及相关的水质和预测信息。在合适的情况下，各国应尽最大的努力去收集和处理数据和信息，以便河道相连通的其他国家利用。

- 一些用水或需求没有量化或者无法量化。大部分未来用水的预测方案还是不能包含生态用水或者其他非标准的用水需求，例如水库蒸发和渗漏或者农业的蒸发冷却，水资源回用(包含所谓的“灰水”)的数据信息也很少。许多这些用水从来没有量化过，也就造成很难在用水方案中体现并进行分析，然而，水资源综合规划最终将需要对这些用水的特性和要求方面的信息进行完善。

由于这些数据限制，改进模型或者使方案复杂化也不一定会得到更加准确的预测结果，即使是“完美”的模型(如果能够创造出来)，若拥有不完善的数据，那么也是有缺陷的。因此，应该始终把预测方案看作“故事”——可能的未来，而不是确定性的终点。正如英国统计学家George E. P. Box 指出的：“基本上所有的模型都是错的，但是一些也是有用的。”许多模型评论家都只关注了这个评论的第一部分，而忽视了第二部分。

8.4 积极的水资源预测方案

就像第 2 章和其他地方介绍的，在过去的半个世纪中人们提出了许多经典的、常规的水资源方案。这些方案包括了许多方案分析中用到的方法、假设和因素。它们提出了许多前面所提到局限性的结果。尽管存在这些局限性，人们仍然饶有兴趣地研究水资源预测方案，并把它作为一种探索未来道路、水资源政策和更大的环境及可持续发展策略的方式。但是除了这些传统常规的未来预测方案，许多分析家试图找出一些能够提供更加积极的或者理想未来的替代性方案。虽然这些方案都是用相同的方法建立起来的，但是在某种程度上改变了基本因素和基本假设。

本节将介绍向着一个更加“可持续”或者积极的未来，在某种程度上，一些可以被用来控制改变未来水资源需求预测的关键因素。一些预测方法已经开始重新估算生产商品和服务等行业的实际用水量(利用水资源足迹法)，提高水资源利用效率的技术潜力、替代的饮食或者热量需求、改良种植模式和种类、气候变化和生态用水需求。这些评价没有一个使用了严格的“倒推”方法。但是，在一些模型中描述的公式和迭代过程产生了一个相似的效应——期望的未来结果(例如科技和政策改变)决定了利用主要因素如何控制输入的数据(人口变化、科技、人类和/或环境可用水量之间的平衡)。除了有限的区域外，至今还没有在方案中应用任何一个因子量化的最终用水目标(甚至定性的目标也很少)，例如基于可持续的水资源分配和使用愿景而提出的强制性的用水上限或限制。例如很少对抽取水资源的量进行限制,纵使现有技术已可以用来确定水资源利用的上限。最近,提出了“水资源峰值”的概念,包含可再生峰值、不可再生峰值和生态用水峰值。这个概念至今还未应用到预测方案中(Gleick 和 Palaniappan,2010)。

提出一个更加积极的预测方案,最简单的方法就是调整对主要驱动因素的假设。正如前面提到的,水资源需求预测最常用的关键因素是人口和宏观经济指标,例如 GDP。当水资源利用的主要决定因素是估计水资源“密集度”时(定义为人均用水量或单位经济产量用水量),减少密集度就会引起用水需求的减少。1990 年到 2000 年之间几乎所有著名的预测方案都是通过调整这些因素来建立积极的水资源预测方案 (例如 Alcamo 等,1997;Raskin 等,1997;Seckler 等,1998)。

提出积极水资源预测方案的另一个方法：改变与生产关键商品和服务相关的水资源利用系数,特别是工业或者农业产值单位用水量。在现实世界中,这些改变是通过科技的变化实现的。例如,从大水漫灌向精确滴灌转变,或者转向降低制造用水需求的工业企业。然而,一般水资源方案会将假设条件进行很简单的变化来模仿这些生产力的提高,用更少的水得出更高的产量。最“积极”的方案是将效率改进的假设代表真实的改进。例如,Alcamo 等(1997)提出了一些通用的“改进效率”和“节约目标”。

计算机技术和分析方法的提高，使得将水资源政策和技术革新的特定假设进行耦合进而提出用水需求的替代性方案成为可能。Seckler 等(1998)对假定两种不同农业用水效率的灌溉部门作出了详细的评估。他们研究了许多变量,例如灌溉用水效率、灌溉面积和种植模式的变化,以及改变不同国家和季节的参照蒸发速率。除了标准的常规方案,他们提出了一种更加积极的预测方案。这种方案通过探索改变灌溉面积、单位灌溉面积用水量及不同国家和季节的参照蒸发速率等,提出了一种灌溉用水的高效利用方式。例如,Alcamo 等(2007)介绍了收入、电力产量、用水效率和其他驱动因素对水资源短缺的影响。

2007 年,农业用水管理综合评估报告(CAWMA,2007)探讨了提高农业用水效率的一系列方案。这个报告认为提高旱作农业产量、增加灌溉农业生产力,以及加强贸易能够使灌溉取水量保持在每年大约 3000km^3，每年灌溉农业和旱作农业的总用水量稍微多于 8000km^3。这个数值远远低于传统常规方案的估算值。但是,作者强调说,实现这个目标需要生产效率有较大的提高(实现节水增产),尤其是在发展中国家。实现目标同样也需要水资源治理、水资源管理措施和贸易政策等发生重大改革。维持和改善生态系统服务功能将需要特别的努力。

提出积极的未来预测方案的另一个方法是运用一系列的政策取向和选择，然后假设它们直接影响用水总需求。例如综合利用水价和收入弹性假设来影响未来需求、或者改变社会价值观和饮食等生活方式，进而改变用水需求。世界水资源委员会(WWC)出版了一本由 William Cosgrove 和 Frank Rijsberman 共同编著的书，探讨未来水资源方案(Cosgrove 和 Frank Rijsberma，2000)。Gallopin 和 Rijsberman(2000)也对这本书的细节进行了扩展讨论。作者提出了以 2025 年为终点的三种预测方案，包括常规的预测(以 1995 年为基准年）和两种替代性方案。其中一个替代方案是“经济、科技和企业部门”方案(TEC)。这个方案依赖那些喜欢市场途径解决、企业部门参与和技术性途径解决的人们所看好的政策——大多数措施集中在国家或者流域层面。另外一个是“价值观和生活方式”方案(VAL)。这个方案包括“复兴人类价值、加强国际合作、强调教育、国际机制和国际规则，增加生活方式和行为的团结和改变。VAL 方案探索如何通过提高效率、工业和家庭用水需求饱和来抵消增加的用水需求。主要的评价因子有扩大灌溉面积、用水效率、增加存储量、水资源管理机构的改革、增加国际流域的合作、重视生态系统功能和支持创新等。VAL 方案预测灌溉面积的数量最终会趋于稳定，灌溉用水效率也会提高，之后总取水量会保持平稳甚至可能会下降。

2000 年，联合国环境规划署(UNEP)和国家公共健康与环境研究院(RIVM)在荷兰进行了一次类似的调查研究。调查报告评估了 2002—2032 年之间气候变化和社会经济的变化对欧洲和世界的农田、环境、饥饿、生态和水资源的影响(UNEP/RIVM，2004)。其中一章探讨了两种积极预测方案中的“缺水”引起环境状况的改善。预测方案以 2002 年为基准年(利用修正了的 1995 年或者 2000 年的数据)，以 2032 年为预测年，划分为全球、亚全球区域和国家的评价。有“积极情景”的方案分别被标志为“可持续性第一”和“政策第一”，主要驱动因素是社会变化和政策变化。建立这些方案大部分利用了支持定量评估的定性假设(Cosgrove 和 Rijsberman，2000)。这项研究利用社会经济因素来应对环境影响。通过应用策略操作和行为变化来加速向增长变缓的过渡。同时利用补贴和监管(例如污染税)来提高技术和效率以及减少需求。

Rosegrant 等(2002)提出了综合这些方法的一种方案。他们分析了家庭用水、工业用水、畜牧业用水和灌溉用水等需求与供应的长期(30 年)预测方案，研究了全球近 70 个单独或者汇集流域，纳入了大多数传统水资源预测方案中没有的各种因素。这些因素包括季节性和年际性的气候变化，尤其是在积极方案中纳入了可持续性和节能措施、环境用水分配、为所有城市家庭供应自来水、改善用水效率、保持粮食产量的同时增加人均生活用水量。在制度方面，他们的预测方案也研究了制度的变迁，例如水利行业以市场为导向的改革、更加全面和协调的政府行为，以及在基础设施、用水效率和生产力提高方面注入更多的投资。

8.5　积极水资源预测方案的效果

可能正如所预料的那样，所有的积极水资源预测方案和相关的常规预测方案相比，预测的总需水量较少。在一些地方，随着时间的推移，总需水量和当前的使用量相比较，实际上是减少的，虽然大多数高于基准水平。图 8.3 显示了随着时间的推移一些积极水资源预测方案中全球取水量的变化情况。

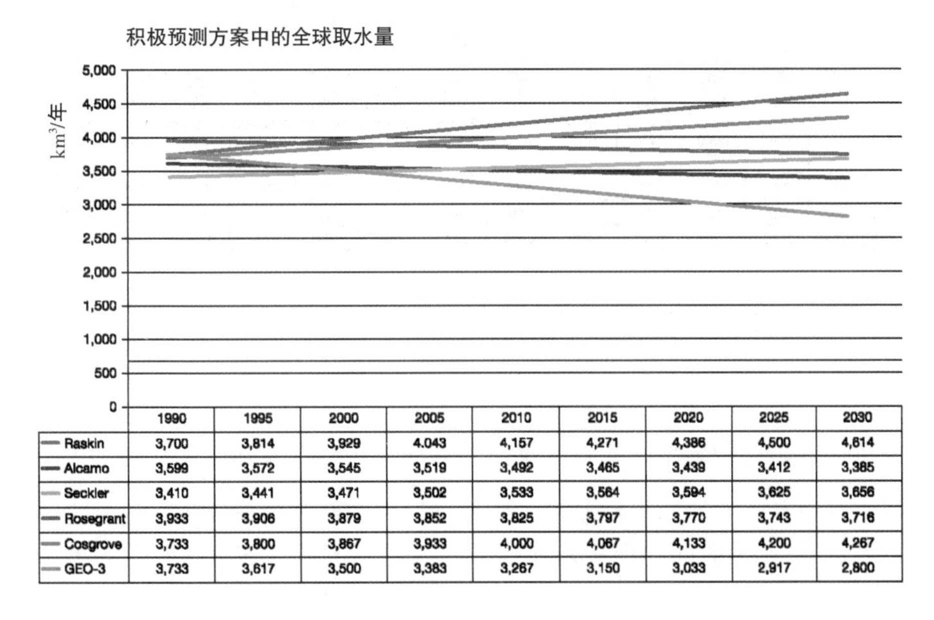

	1990	1995	2000	2005	2010	2015	2020	2025	2030
Raskin	3,700	3,814	3,929	4.043	4,157	4,271	4,386	4,500	4,614
Alcamo	3,599	3,572	3,545	3,519	3,492	3,465	3,439	3,412	3,385
Seckler	3,410	3,441	3,471	3,502	3,533	3,564	3,594	3,625	3,656
Rosegrant	3,933	3,906	3,879	3,852	3,825	3,797	3,770	3,743	3,716
Cosgrove	3,733	3,800	3,867	3,933	4,000	4,067	4,133	4,200	4,267
GEO-3	3,733	3,617	3,500	3,383	3,267	3,150	3,033	2,917	2,800

尽管大多数方案使用 1995 年作为基准年，2025 年作为预测年，但是以上 6 种方案中的基准年和预测年还是略有不同。方案的研究时间段不能通过线性内插得出明确的计算公式。需要注意的是，不同于常态的预测，由于预测年范围较广，GEO-3 方案显示出绝对取水量显著减少的趋势（UNEP/RIVM，2004），而 Raskin 等（1997）、Cosgrove 和 Rijsberman（2000）的预测结果则相反。其他的几个方案大多数显示出随着时间的推移，总取水量略有下降。

图 8.3　选取几种“积极前景”方案，比较其预测的全球取水量

在这些积极预测方案中，农业部门用水表现出很明显的较大的绝对差异，而工业和家庭用水表现出较大的百分比差异。例如，积极预测方案中 2030 年的工业用水需求范围从 Rosegrant 等（2002）、Cosgrove 和 Rijsberman（2000）预测的超过 800km³/年，到 Alcamo 等（1997）预测的大约 200km³/年——有 4 倍的差别。家庭用水的差别要小得多，GEO-3 预测结果（UNEP/RIVM，2004）、Cosgrove 和 Rijsberman（2000）的预测结果相差 2 倍。相比之下，农业部门的用水需求，Alcamo 等（1997）预测大约为 1900~2600km³/年，GEO-3 预测结果(UNEP/RIVM,2004)最低,Cosgrove 和 Rijsberman(2000)预测结果最高,和最低的预测值相差 30%(见图 8.4)。

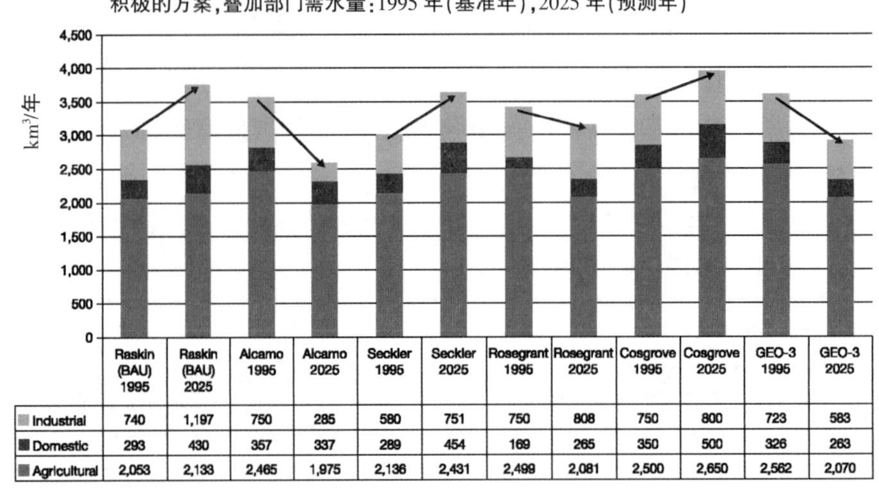

	Raskin (BAU) 1995	Raskin (BAU) 2025	Alcamo 1995	Alcamo 2025	Seckler 1995	Seckler 2025	Rosegrant 1995	Rosegrant 2025	Cosgrove 1995	Cosgrove 2025	GEO-3 1995	GEO-3 2025
Industrial	740	1,197	750	285	580	751	750	808	750	800	723	583
Domestic	293	430	357	337	289	454	169	265	350	500	326	263
Agricultural	2,053	2,133	2,465	1,975	2,136	2,431	2,499	2,081	2,500	2,650	2,562	2,070

图 8.4　不同预测方案中基准年和规划水平年的工业、农业和生活需水量预测值

这些积极的预测方案表明避免传统预测方案的消极方面是有可能的。然而,积极方案的建立方法、耦合到模型中的政策及措施等和现在的方法有一点不同。我们也知道当前水资源政策存在一些严重的经济、环境和社会的局限性及责任——前面的章节中所提到的。因此,随着时间的推移,人们建立了另外一种评价未来水资源的方法——倒推法。

8.6 倒推法

对水资源供应和需求的所有预测都是基于对基本驱动因素的假设。这些假设包括人口规模、增长速度、分布和经济因素、气候条件、科技发展和普及率,以及机制政策等。如前面所提到的,大部分传统的水资源预测方案都是依靠数量非常有限的几个影响因素,尤其是对人口规模和经济生产力指标的假设,例如单位国民生产总值用水量等。这些因素在很大程度上与水资源政策无关, 并且假设驱动因素和水资源利用之间的关系在未来保持不变。因此,第 2 章中讨论的传统常规预测方案得到的未来是不可持续的,今天已经出现的各类水资源问题,未来也会出现。

过去 20 多年间, 规划者和政策制定者已经开始寻找建立积极预测方案的替代性方法。实际上,人们对可持续发展和水资源综合规划的日益关注,已经有力推动了倒推法的应用,这种方法通过对理想未来或愿景进行描述,探索实现理想未来的路径(Holmberg 和 Robert,2000;Quist,2007;Phdungsilp,2011),如图 8.5 所示。

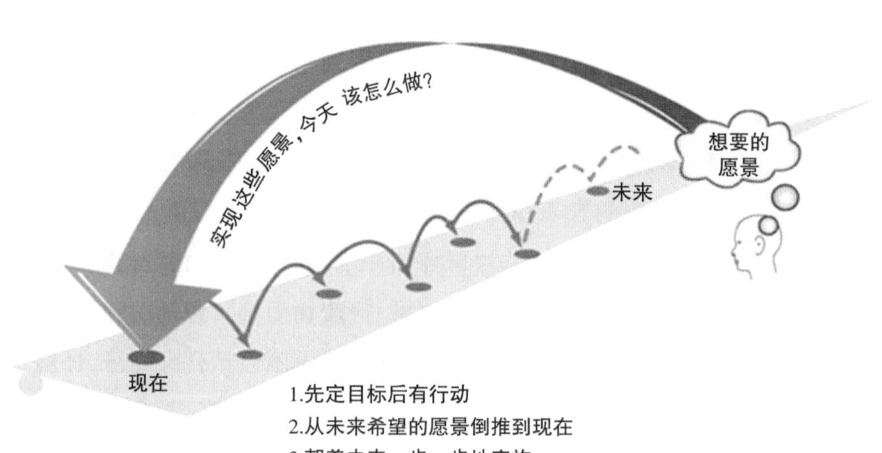

引自:The Natural Step,2012。

图 8.5　典型的"倒推"法

倒推法的标准步骤有:

- 对"问题"进行分析和定义;
- 提出一个标准的,通常是期望的未来愿景;
- 创建一个过程来决定达到这个愿景哪些是必要的;
- 阐述和分析"行动纲领";
- 措施有效性的评价和审查;
- 目标可达性分析;
- 必要时单独或者同时调整愿景和行动纲领,直到达到预期的效果。

倒推预测中规划的愿景和常规方案中的相比,实现的可能性都是一样的。但是倒推法提供了一种应用于可持续开发领域的不同工具,包括水资源和能源的综合规划。尤其是它提出了一种辨识成功的和可持续性未来的方法, 并且允许对 "达到任何一种所期望的未来,什么是必要的? "这个问题进行探索。

倒推法一个主要的优点是避开了对与水资源无关因素的关注。相反,采纳了一些受水资源政策影响更直接的因素。这些因素有水资源利用技术的投资、公共事业和用水户的价格结构、改变灌溉系统投资或者转向其他供水体系的策略,直接影响水资源供应和需求的综合气候因素、或者结合对种植模式和旱作生产的不同假设来进行饮食选择。通过扩大驱动因素的种类和数量,水资源规划者可以通过评价策略来影响或者改变它们的效果。

8.7 水资源规划中的倒推实践

传统预测法是基于对当前发展趋势的探索，它最大的一个缺点是寻找需要改变策略和打破趋势的解决方案的困难性。也就是说，实现一个你无法想象的未来或者仅改变路径而不改变策略是很难实现想要的未来的。倒推法可以解决这些问题。Weaver 等(2000)把倒推法描述为一种评价理想的未来和有助于提供一个系统性的工具。他们提出了建立长期评价方法的一系列的步骤，这种方法可以评估在未来如何满足特定的需求，以及运用倒退分析得出达到预期未来的可持续性策略(政策、科技和工具)，包括实施的与所有利益相关者有关的短期和长期的措施及政策。理论上，倒推法应该包括社会经济、环境、科技和政策四个方面。有效地利用这几个方面可以避免产生不可能的未来、不合情理的经济或者社会后果，以及对不切实际的科技和经济发展的依赖。要提前辨识和避免这些不切实际的情况是很困难的。

倒推法起初被用来进行能源分析、城市规划和交通运输，特别是在欧洲和一些特定工业部门，如能源部门(Lovins，1976，1977；Robinson，1982)。在能源领域，其中最早真正开展用倒推法替代传统规划方案的是 Amory Lovins，他提出了一个和早前截然不同的电力供应和需求预测方案(Lovins，1977)。

在水利行业利用这种方法的情况还比较少。和能源部门相似，水资源倒推法定义了特定的目标，辨识达到这些目标的约束因素，建立同时基于目标和约束因素的积极预测方案，以及达到这些目标的策略(Holmberg 和 Robert，2000)。在水利部门开展的一些最早的倒推实践有太平洋研究所对加利福尼亚水资源作出的积极倒推探索和“水资源非工程性技术方法”方面的工作(Gleick，2002，2009；Brooks 和 Brandes，2005；Brooks 等，2009)。

建立一个现实可行的可持续的水资源体系，重要的是保留现有体系的精华部分。那些需要对基础设施或者机构进行完全重建或重塑的预测方案是不现实的（至少在短期内）。同时，方案中提出的合理修正基础设施的建议，呈给政策制定者的选项，金融和经济手段，以及事业组织等都能够帮助规划者摆脱常规路线(特别是那些产生明显不良后果的路线)。

对水资源规划者来说，倒推法的第一步是根据可持续发展原则制定易辨识的标准或者明确的目标，例如“水资源非工程性技术”方法所提出的目标(Gleick，2002)。如果这些原则定义清晰并正确执行，那么可持续的水资源政策就可以为未来愿景做好准备。例如，1995 年针对加利福尼亚水资源开展的一项积极的倒推中，就定义了可持续的水资源体系需要有以下一些特点(Gleick 等，1995，第 100 页)：

- 满足所有人类保持身体健康的最小用水需求。
- 保证存储有充足的水资源可以维持生态系统健康。具体的数量取决于气候和其他条件。确定这些数量需要灵活和动态的管理。
- 需要收集水资源可用量、使用量和水质的数据,并且相关方都可以获取这些数据。
- 保证水质可以符合某些最低标准。这些标准根据地理位置和用水方式的不同而不同。
- 人类行为不会损害淡水积存量和流量,以及长期可再生能力。
- 建立制度机制来阻止和解决水资源冲突。
- 水资源规划和决策会更加民主,确保代表所有相关方的利益,鼓励利益相关者直接参与。

专栏 8.1　　全球水资源倒推预测

太平洋研究所(Gleick,1997)编写过一个最早的水资源"倒推"方案。它提出了一种分解"用途"方法来代替传统的需求/供给预测,并提出了2025年的"愿景"方案。模型假设了在一套明确的可持续标准和制约条件下未来地区和部门(家庭、供应和农业)的用水情况。在这个愿景方案中,使用两种假设估算了2025年的家庭用水总量。首先,全世界所有人口可以得到满足基本生活所需的每人每天50L的基本需水量(Gleick,1996)。其次,1990年用水量超过这个数量的地区实施了提高用水效率的措施来降低人均生活用水量,接近目前利用率更高的西欧国家的水平——大约每人每天300L。最终结果是2025年生活用水需求总量和1990年预测的数值并没有显著不同,尽管人口可能会大量增加。水资源分配也会比今天的分配更加公平——"非工程性技术"方法所定义的一个可持续发展的关键指标(Gleick,2002)。

农业用水预测也是基于"最终用途"假设,这里是指每个区域人们的特定饮食需求和生产某种特定食物能量的用水需求。方案中假设欧洲和北美洲人均肉类消费量下降,而发展中国家总的热量消耗朝着最低健康标准的方向在增长。尤其是假设2025年所有地区都达到每人每天最少2500卡路里的标准。目前,那些每人每天消耗超过3000卡路里的地区正在向2500卡路里的饮食方向努力。实现这种饮食习惯的改变需要的具体政策(规定、教育、价格等),还没有进行论述,以后更加全面的倒推法将会探索这些政策(例如第4章)。

由于高耗水饮食的减少,特别是肉类,满足这些饮食所需要的用水总量远远低于常规的预测值。例如,目前满足一个北美人饮食需要的水资源是每人每天超过5000L,将会减少到每人每天3500L。相比平均水平而言,这仍然是一个高耗水的饮食习惯,但相对于常规方案来说已经节约了相当多的水资源。许多地区也在探索假设提高灌溉效率和作物密度来实现类似的减少。通过这些假设,愿景方案预测1990—2025年之间整体灌溉用水需求仍会上涨,但远远低于传统开发方案的预测值。

倒推法也必须解决处理所有形式水资源的问题，包含“蓝水”、“绿水”和“灰水”(Falkenmark 和 Rockström,2006),整合水资源(供给与需求)的风险和脆弱性来应对已经对很多地区的水资源产生影响的全球气候变化。

建立未来“可持续的水资源愿景”可能有些困难,而辨识实现这些愿景的策略和途径往往会更难。大自然和人类体系是复杂的、非线性的关系。制度的改变是相当迟缓的,哪怕是拥有明确意图和完善的信息,而通常这两者都是没有的。然而,开展倒推和积极愿景工作的一大优点是它们有利于制定共同的目标，有利于促使水资源方面的社会认知和行为朝着共同积极的方向变化。

未来工业和商业的用水需求量与传统预测方案的结果相比肯定有很大变化。在愿景方案中,2025 年工业用水总量和 1990 年用水水平保持相同。但是,相比今天来说,在未来生产力水平会更高,工业用水分配会更加公平。通过实施提高工业用水效率政策、扩大循环水的使用范围及转变产业结构和效率等措施是可以实现这些目标的。在未来几乎所有发达国家的人均工业用水量都会下降,在欧洲和北美洲最为明显。而在亚洲、非洲和拉丁美洲,受到价格和监管策略驱使,科技水平不断进步,进而又引起这些地区的人均和绝对用水量增加。绕过某些发展模式的机会可能会让许多国家直接向耗水较少的工业和能源系统方向发展。

8.8 “水楔”的定义

倒推法的另一个内容是整合政策和科技信息，进而评价随着时间的推移影响路线的不同策略的潜力。每一个策略都可以认为是一个“楔子”(wedge),理论上楔子的组合构成了一个整体的、综合的水资源政策。

图 8.6 显示，随着时间推移，常规水资源方案中预期用水需求出现了典型的指数增长。图中同样显示出,通过倒推法或者完全不同的标准预测方法,会出现一个低得多的需求预测结果。无论哪一种情况,两个终点的差值显示了实施不同水资源政策引起的总用水量的减少。每种假设都显示了潜在需水量减少的“楔”及与常规预测路径的偏离。“楔”的概念是从 Pacala 和 Socolow(2004)气候/能源研究中修改而来的。在应对全球气候变化和减少温室气体排放需求的情况下,它提供了一种探索不同方法有效性的方式。在当前水资源条件下,这种方法可以对需求管理(或者供给扩大)政策和具体水资源政策进行更加详细的分析。

这些政策包括(图 8.6 显示的)：

- 扩大水资源供给的技术选择(例如管道或沟渠,利用循环水、海水淡化和当地雨水

蓄积)或者调整需求(例如节能家电、计量/测量和作物遗传学);

- 扩大供给(例如补贴,税收抵免/激励)或者调整需求(例如定价、费率设计和补贴)的经济政策;
- 调整需求的教育政策(例如饮食选择的信息,或者用水行为的社会宣传、或者临近村民的信息共享);
- 修改需求的监管机制(例如干旱限制、家电能效标准或者土地使用政策)。

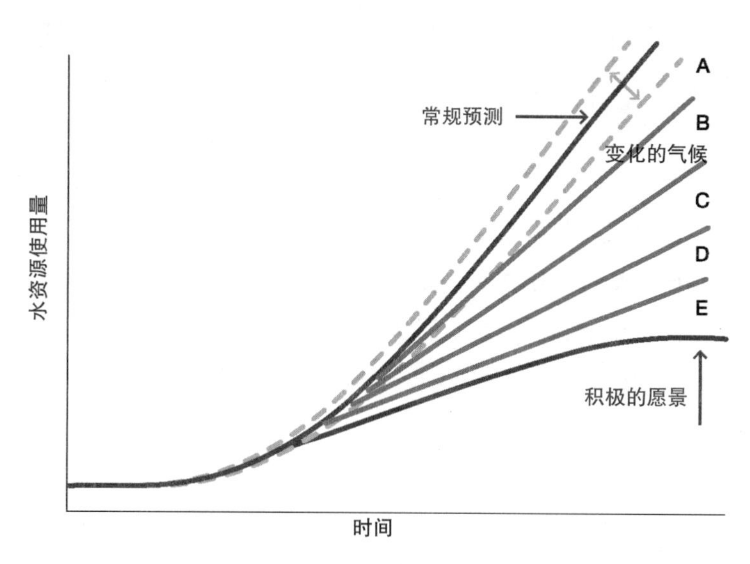

其中假设的"楔形"(A—E)代表减少水资源需求或者增加供给的政策或者科技选项。每个"楔形"都可以是详细评估和分析的主题。

图 8.6　常规的方案和有积极愿景的方案

8.9　水资源非工程性技术方法

虽然传统的水资源策略在某些方面取得了成功，但它在解决新出现的水资源问题时日益不足。我们现在必须找到一种新的方法和新的路径,但是定义、开发和实施这些替代性方法的过程尚未结束。尽管在前面的几章已经证明了老方法的局限性,但是水利部门的大部分规划者、公共事业、工程师和设计者仍然把重点放在传统的基础设施(例如大坝及集中的水资源处理和分配系统)和管理上(例如集中式的公共或者私有水资源机构或者农业机构、政府计划部门),也就是所谓的"工程性路线"(hard path)。

传统的工程路线方法(hard path)使亿万人从中受益。它的优点是有清洁可靠的水源、满足干旱地区的灌溉用水和改善人类健康。然而,设计和实施的许多传统预测方法不但未能提供承诺的好处，而且造成了许多的生态破坏、社会混乱以及经济代价昂贵的影响

(Gleick,2002)。

我们还是有其他选择的。在过去的十来年时间里，人们越来越多地研究一种新的方法——“非工程性技术方法”(soft path)。这种方法除了利用传统基础设施和规划的优点以外,还补充了广泛的更加具有环境、社会、经济和政治影响的工具和策略。就像 Gleick (2002)、Wolff 和 Gleick(2002)以及其他人(参考 Brooks 等,2009)定义的那样,虽然非工程性技术方法仍然依靠对集中基础设施的详细规划和管理，但是它补充了许多小规模分散设施的规划和管理。水资源的这种非工程性技术方法有利于提高水资源利用效率,而不是简单地扩大传统的供应源。它根据用户的需求匹配相应的水资源服务和质量,而不是仅仅提供大量的水。这种方法运用市场和价格等经济工具作为一种鼓励有效利用资源、合理分配和可持续经营管理的策略。它也包括地方社区对水资源长期规划和管理的民主决策。正如Lovins 解释能源行业那样,非工程性技术方法的产业动态有很大的不同,技术风险更小,面临的成本风险比工程性路线要小得多(Lovins,1977)。

非工程性技术方法最主要的策略是重新考虑如何以及为什么使用水资源。工程性路线的规划者错误地假设用水需求(供应也是)会随着人口增加和经济发展持续指数增长。他们认为节约用水等同于福利损失，这是一个误区。非工程性技术方法的规划者认为水资源“利用”不是目的,它只是实现许多目标的一种途径,例如生产商品和劳务。我们最终的目的不是利用水,而是满足食物、纤维、工业和商品的需求,满足家庭做饭、清洁、废物处理等的不同需求。社会不应该只关注使用了多少水——甚至这些水是否用完了,而是要关注这些商品和服务是否是以一种生产性的、节约成本的和社会可接受的方式生产的。

以这种方法来探讨,适当的福利措施就是“生产力”和“强度”措施,例如社会和个人的福利耗水或者生产商品和服务的单位用水量,而不是简单的总用水量。产出的单位可以是物质的(例如单位水生产的小麦公斤数),也可以是经济的(例如单位水生产商品或者服务的美元价值)。图 8.7 显示了从 1990 年到 2005 年美国经济的用水效率,以每单位国民生产总值耗水的美元值计算。图中显示出直到 20 世纪 70 年代生产力相对变化不大。紧接着出现的一系列因素(例如环境保护意识增加、科技进步和向服务业经济的转变)导致水资源生产力稳步上升。现在数值已经超过 1970 年的 2 倍,这也是转向非工程性技术方法的一项指标(Gleick,2002,2009)。

尽管为了确定和实现非工程性技术方法的优点还有许多工作要做，但是这种方法提供了很大的潜力(Brooks 等,2009)。这些优点有：

- 非工程性技术方法对不同尺度(例如政府机构、私人公司和个人)的水资源管理机构进行重新定位,定位于满足与水相关的所有需求,而不只是供应水。
- 非工程性技术方法认为不同质量的水可以满足不同的用水需求,并且我们可以根据可用的水质来匹配需要的水质。因此,高质量的、成本更高(例如饮用水)的水资源可以留给需要的用途,而质量差的水资源(例如暴雨径流、灰水和再生污水)可以用来满足其他用水需求。

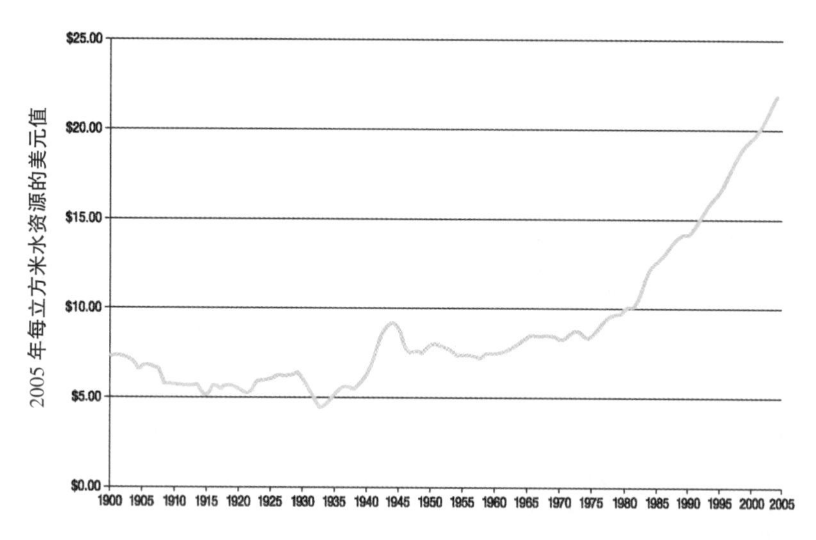

引自:Johnston 和 Williamson,2005;Kenny 等,2009。

图 8.7　从 1990 年到 2005 年美国经济的用水效率,以每单位 GNP 耗水的美元值计算

- 非工程性技术方法需要水资源规划者和管理者与用户更加清晰和紧密的沟通,并且要求他们加入水资源管理的社会团体。相反,工程性技术方法通常受到工程方法的支配,仅仅满足大规模的通用需求,很少甚至没有进行社区咨询。
- 非工程性技术方法认为水生生态系统的健康和依赖于水生生态系统的社会活动是水资源政策和管理的核心。相反,工程性技术方法认为河流、湖泊和含水层中的水资源没有被有效利用,因此是没有价值的。
- 非工程性技术方法承认水利经济的复杂性、适当成本分析的重要性以及分散处理解决方法中的价格、公平和投资。工程性技术方法只关注项目、收入和规模经济。当组合后的策略有益于提高效率时,非工程性技术方法也会考虑规模经济效益(Wolff 和 Gleick,2002)。例如,供水商经常会通过利用单独运行分散机构之间(例如能源或者废物处置公用事业)的相互作用来降低服务的总成本。

这种水资源管理的非工程性技术方法还可以包含和扩展到水资源综合管理(IWBM)。目前,水资源综合管理方法的基本原理被国际公认为是一种有效的、公平的、可持续的开发和管理世界上有限的水资源的一种方式,它为应对需求冲突指明了方向。全球水资源合作伙伴指出:水资源综合管理是一个促进水资源、土地和相关资源协调开发管理的过程,目的是为了以一种公平而不损害重要生态系统可持续性的方式最大限度地实现相应的经

济和社会福利。实际上，考虑到面临的新的金融、物质、法律、环境和制度约束，这种更具包容性和全面性的水资源规划和管理方法，正是今天大多数从业人员正在努力实现的(WWAP,2009)。

8.10 走向光明前景的策略

探索任何类型的水资源未来，无论是采用常规的预测方案、积极的水资源方案、倒推法或者非工程性技术方法，都依赖于对科技、经济、政策方针、社会和政治结构以及人口统计的明确或者隐含的假设。成功的水资源管理方案必然要求把法规、经济激励、科技变化和公共教育等整合起来。各个经济领域的大量经验表明最有效的方案是包括所有这些方法的组合方案。

就像前面所提到的，所有这些假设都可以被认为是一个影响未来水资源供应和需求的"楔子"，明智的做法是评估在单个方案中哪些假设和驱动因素引起了部门用水最重大的改变。这种方法可以帮助识别哪些假设条件起着至关重要的作用或者哪些假设条件会受到不同行为或者机构的影响。关于驱动因素有两种关键性的假设：那些与水资源无关的和那些专注于水资源政策的。

(1)与水资源无关的驱动因素和策略

在大多数水资源方案中，水资源利用的关键因素是人口统计变量和经济变量。在这些预测方案中，家庭用水要么是一个关于人口、最小的或者估计的人均消耗值的简单函数，要么是从GDP预测中计算出的一个数（然后对基础设施和效率中那部分GDP是从水资源中生产的进行后续假设）。很少有水资源管理者去计算人口或者经济增长率，因此他们大多使用官方不变的人口预测值。人均生活用水量的范围有时是由一个国家的财富决定的。发达国家人均耗水量会高一点，而不够发达的国家会少一点。总体而言，积极的预测方案认为发展中国家(预计比发达国家的人们增加得快)的人们会达到一个更高的，相比现在而言，最低家庭日常用水量。方案还认为由于节能技术和技术创新，比较发达国家的人均耗水量会减少。

(2)与水资源有关的驱动因素和策略

然而，近年来人们提出的水资源方案越来越多地关注与水有关的因素，忽略与水无关的因素。这些策略可以由水资源管理者或者用水户直接执行。因此，他们可以更加直接地影响水资源供给和需求。虽然有很多描述或者分析这些策略的方法，可以将它们总结为以下四类：科技类、制度类、经济类和教育类。一个全面的水资源政策将会呈现出这些策略之间的一种平衡，而不是仅仅依靠一种简单的方法，并且这种平衡会依据不同的地区文化、社会和政治因素而不同。

科技工具包含支持收集、存储、处理和分配水资源的所有方法;使用科技工具可以比过去更有成效地利用水资源或者更有效率地管理水资源,处理、水资源回用或者将之前不可利用的资源转换为有用的资源。方案评价中使用的典型的科技工具包含通过改变终端家用电器(例如厕所、灌溉系统和冷却系统)或者扩大水资源供应方法(例如水库/大坝、水资源处理和回用厂、雾化水和雨水收集)等与用水效率有关的所有方法。同样,科技工具还包含监测和分享水资源数据,这些数据包括水文循环的基础数据以及人类和自然生态系统如何利用水资源的信息。这些信息可以来自于卫星或者地面传感器的先进遥感技术,也可来自于简单低成本的水资源利用和水质方面的社会报告。

制度类工具包含政府采取的鼓励节约用水、提高效率、更好地开展水质管理和地下水监管的一系列政策。同样也包含制定家电能效标准、制定景观保护条例和开发高效节水的建筑规范。规章制度在规范各种参与者的行为中发挥着特殊的作用,例如当水质标准被用来减少与传统水污染风险相关的“公地悲剧”时。

经济策略在改变水资源方向和选择上是非常有效的。经济策略有设计费率机制、单位体积水资源价格的边际成本、农民和土地所有者创新的保险计划、节水设备和操作实践的返利、为获取用户资本投资信任的低息贷款或援助、以及对受到额外取水破坏的人们(例如渔民)进行赔偿所征收的环境收费或者附加费。经济办法还涉及水资源、水权或者用水许可的实际交易。现已经证明在某些情况下,经济工具是一种改善水资源供给和需求的高效方式。然而,经济策略必须注意确保没有忽视那些市场之外的、很难或者不可能经济量化(例如多种生态系统服务)的因素。

教育类方法确保用水户可充分获取关于选项、成本、技术和法规的信息。教育策略应用在供水、环卫和卫生领域已经有很长一段时间了,它可以向居民宣传水资源改善的健康益处。政府部门也在尝试使用这些方法来改变出现干旱或者洪水突发情况期间的用水行为,或者告知消费者购买和行为对水资源产生的影响。教育策略也包括先进媒体和信息技术,用来和用水户交流并劝说他们实施社会期望行为(例如实现适用于每个地区的社会目标)。只有充分认识和了解这些信息时才会做出明智的选择。这也需要努力去改善规划者和最终用户之间与水相关信息的流通,目前已经证明这点对于改善自然和人类对水循环影响是非常有效的。

8.11 从现在到未来:我们准备走向何方

在未来的几年里,自然的和人为建造的水利体系将会面临巨大的未解决的挑战。因为稳定的气候和政治体系基本假设不再合理，传统解决方案也不再有效，这些问题尤其明显并且日益增多。应对这些挑战的对策是开展复杂的战略规划。这就需要考虑多种因素，包括过去、现在和未来的状况、推动力(例如人口、经济增长和政策、科技变化、社会倾向)、替代性的气候条件、公众和政策制定者长期的愿望，以及体制的能力和限制。这些因素之间是相互关联的。理论上需要从系统的角度考虑这些因素。研究未来、预测方案和倒推法可以提供一些启示，而从传统的方案中通常是得不到的。人们相信，通过实施这些影响当前策略发生变化的方法，改变投资策略、政策和公共优先权的长期趋势是可能的。

这么多年以来，通过综合使用传统的常规方案和一些倒推估算在内的更加复杂的替代性假设方案，人们已经开发了许多的水资源预测方案。近些年，意识到传统水资源政策在解决未满足的水资源需求方面的局限性，人们已经开始对预测方法和满足水资源和水资源服务预期需求的适当途径进行新的思考。人们越来越多地关注于利用具体的目标、目的或者可持续的标准来探索更加积极的未来，然后研究通过具体的政策或者科技实现这些积极未来情景的方法。

当使用这种方法时，人们不再认为未来的用水需求是必然增长的。早期的预测方案很大程度上和水文实际情况相分离，而新的预测方案和明确的社会需求、希望、真实的水文状况以及具体的行动紧密相连。当这些方法在区域尺度上使用时，简单地假设地下水继续不可持续的使用或者彻底的水质污染变得较为困难，因为随之产生的未来不能从一个积极出口方面满足社会需求。

利用新的工具和方法使得研究更加复杂的水资源规划和预测、更加详细的使用倒推法和其他方案的想法成为可能。前面章节中提出的一些对食物、农业、能源和生态系统部门的分析就是扩大工具的一种新方法，利用这些工具既可以满足人类的需求，又不会破坏当地和区域的流域现状。当综合各种重大进展时，水资源的非工程性技术方法就不仅仅是想象的，也许会很快地实现。这些进展有改善工业、商业和居民用水生产率的潜力，扩大非传统水资源供应源的潜力，例如污水回收再利用、海水淡化、当地雨水收集、地表水和地下水的联合利用。我们不去预言这样一个未来会不会变成现实；也不去假设我们的愿景代表了全球的共识。事实上，如果地方、国家与国际水资源政策和重点没有根本性的转变，这也是不可能实施的未来。但是这样的未来是可以向往的，并且考虑到已经在不同地区推广的技术、测量和政策，相信是可以实现的。就像本章所强调的，到 2050 年时我们希望看到什么，需要达成一个普遍的共识，然后制定和实施带领我们实现这个未来的措施。另外，常规的预测不会把我们带领到理想的未来，只会使人类未来变得更加糟糕。

第 9 章

水资源的未来：集体领导，分工负责

这本书的每一章都证明了走当前从有限的资源中索取越来越多的水资源来满足人类需求的老路是不可持续的。在一些地区,用水需求已经超出了可获得的水资源量,水资源供不应求变得越来越常见。同时,我们产生的废弃物正在污染和毒害人类和生态系统中其他物种所生存依赖的资源。除此以外,水资源分配不均造成 10 亿多人贫穷交加。然而,实际上我们并不是必须如此的。这本书已经提出了面对这些挑战,经济和社会部门可以采取的一系列措施。世界上各国所采取的诸多行动已经给出了应对这些挑战的范例。领导和个人分工负责可以使理想未来变成现实,我们可以一起完成。

9.1 水资源管理面临的挑战

水资源对我们的健康、种植粮食、提供能源至关重要,并且为经济活动提供总体保障。任何了解近年来与水资源相关灾难的人，更不用说那些每天挣扎在为了保持自身健康而获取满足质量要求的足够水资源的超过世界人口 1/3 的人们,都知道水资源短缺、过量或者污染是如何影响到我们自身的。非洲、澳大利亚、中东和北美洲的部分地区使用的水量远远超过了天然补给量。这是不可持续的。全球变暖对水文循环、水污染、消失的湿地、土地和水资源管理产生的影响,以及利益分配不均是目前人类面临的主要挑战。我们是怎么沦落到这种境地的?

9.2 满足人类需求:与水资源相关的挑战

目前在水资源供给、能源和生态系统服务的价值方面已经取得了一些进展。例如,水资源管理者与他人合作已经使得满足 70 亿人口的大部分需求成为可能。世界上大约 90%的人口已经获得了改善的饮用水源;13 年间已经改善了 7%,这是由联合国千年发展目标所设定的，大约85%有充足的营养来源，尽管在这13年间进展缓慢。

从另外一个角度看待这个问题，就是超过10亿的人口仍然无法获得安全的饮用水，大约250万人缺少充足的卫生设施。每年因与水资源相关的疾病死亡的有3500万人。排放到环境中的废水有3/4是没有经过处理的。10亿人的家中没有通电，这些人缺乏取暖和做饭的清洁燃料，10亿人生活在绝对贫穷中。满足贫困人群需求，并且预计到2050年这个数据可能会增加到20亿，这带来了更多挑战(IWMI，2007；WWAP，2012；WWF，2011)。

以下各节总结了前面几章中提出的各主要用水部门面临的挑战。

(1)食物安全

地球上每7个人之中就有1个人长期处于饥饿状态。这也就意味着他们会遭受更多的疾病、过早死亡，由于认知能力减弱而减少了学习机会(儿童时期尤其重要)，以及如果他们能够找到工作时的效率低下。一般来说，他们是位于人口不断增加、食物的有效需求和政治谈判能力不足地方的穷人。积极健康的生活需要有充足的食物，可以获取食物、供应稳定、可以安全食用，并且使用后可以获得健康。那些种植不足以满足自身需求且收入不足以购买食物需求的小农户，以及没有土地和缺少资金购买养活自己食物的城市贫民是急需帮助的。不幸的是，大部分种植的粮食由于存储期间发生腐烂或者田野和市场之间其他不恰当的处理行为被损失掉了，更多的是在食用之前已经浪费了。另外，1/5的人吃的食物超过了他们健康饮食所需要的量，出现超重，这些人和那些没有获得足够食物的人一样面临着健康风险。

很大程度上这也是水资源挑战之一，因为粮食不足主要发生在生产粮食需要的水资源和其他资源受到限制的地区。在南亚、中东和北非地区(MENA)，降雨量几乎被耗尽。在中国、印度、伊朗、墨西哥、中东和北非，以及美国的部分地区地下水位严重偏低。超过12亿人口居住在已经“干涸”的河流流域中，在这些地区所有的可用水资源均被承诺和分配出去，日益短缺的趋势更加严重。展望未来，挑战与日俱增。在2009年的世界粮食首脑会议上，专家提出到2050年需要增加70%的粮食生产(不包含用于生物燃料的作物)才能消除饥饿和养活90亿人口。这是一个很大幅度的增加，实际上超出了人口增加的速率，达到这个目标将需要大量的努力、投资、水和能源的额外投入。如果要扩大已经被挤压的农业种植面积，尤其如此。农业生产的结构也会发生改变。当前农业产量的62%是用于人类，35%用于动物饲料(也生产人类食物)，3%用于生物燃料和其他工业用途。在北美只有40%的农业土地用于直接生产食物，而在非洲这个比例是80%。随着经济的发展，用于生产动物饲料的土地比例倾向于增加。预计到2050年生物燃料需要的作物产量会增加3倍以上。

同时，其他能源以及快速扩张的城市和工业的水资源需求也会日益增加。气候变化、经济的不稳定和差异性、政治的不稳定性、食品价格上涨以及人口的快速增长，这些问题正在同时发生，从而会增加挑战的另一个层面的不确定性。

(2)能源安全

人类及其经济和社会主要依赖于以电能、液体和气体燃料形式存储的能源。能源的主要用途是取暖和冷却(34%)、运输(28%)以及工业(27%)(IIASA，2012)。家庭和公共消耗比例相当。当前仍有小部分人需求得不到满足。就像前面所提到的，有 10 亿人的家中没有通电，相同数量的人缺少用于取暖和做饭的清洁能源。能源使用的多样性造成预测未来能源需求比较困难，而不像预测食物需求那样依据充分，到 2050 年，估计 75%以上的能源会用来满足目前的各种需求以及满足人口和经济增长的未来需求。

地球上所有能量的来源是太阳。它对地球大气层的加热推动着水文循环，带动海洋和植物水分蒸发、传输，之后降落在地球高海拔的地区，这些地区的水资源可能会被提取为水电之后流向低海拔地区。几千年来，生态系统吸收太阳能生长，之后经过衰减、积累，被埋藏在地壳中成为泥炭、煤炭、天然气和甲烷的来源。但是把这些自然资源转化为电能和可利用的固体、气体燃料需要水资源。种植所需的生物质能源以及将它转化为能源的耗水量可能是用其他形式生产能源耗水量的 70~400 倍。能源生产是第二大用水户，在欧盟，44%的取水量被用来生产能源。未来生产能源的需水量将会取决于能源生产技术。

水资源和能源之间有一种特殊的关系。水资源的收集、处理、运输和分配，以及之后废水处理等过程，都是需要能源的。这既是机遇，也是挑战。当以可接受的价格获取不到满足所有需求的充足水资源时，在某种程度上，有可能会由于能源生产用水短缺造成能源短缺，我们可以通过规划实现能源生产用水量最小化。但是如果规划增加了能源成本，同样会引起水资源管理成本的增加。水资源管理所用能源的减少可以相应地减少能源生产耗水，同时减少温室气体的排放。产生这个问题的关键原因是能源生产者一般不能控制水资源生产，同样水资源管理机构也无法控制能源生产。

(3)城市和工业需求

今天世界上有一半的人口居住在城市地区。联合国人类住区规划署预测未来 30 年全世界增长的人口几乎都会聚集在城市地区。到 2050 年，较发达国家中城市居民人口所占比例将会达到 85%，在欠发达地区达到 65%——10 个人中有 7 个人会居住在城市地区。随着这种迁移而产生的是农村和城市环境风险之间的复杂权衡。来自农村地区的移民经常会遗留下使其面临水源性传染病风险的供水不安全问题，同时他们也面临着新的风险，例如城市空气污染、医疗服务的排斥、恶劣的住房条件以及与此相关的传染病。

中心城市依赖水资源和能源的投入才能正常运转。大多数中心城市的公共卫生和公共事业机构依然面临着处理和最终处置固体和液体废弃物的问题，这种情况主要发生在发展中国家。供水、环境卫生、废水处理、暴雨排水系统和固体废弃物管理等大部分是作为独立的服务进行规划和运转的，受到不同政策和法规指导的一系列政府机关在城市层面上监督这些用水部门。

由于传统的城市水资源管理模式不能区分不同的水质并规定它们的用途，从而造成优质水资源被随意分配给城市用水户。即使流域层面的水资源管理也经常忽略淡水、废水、防洪和雨水之间的相互依赖性。因此，有必要提出一套环境政策，这套政策包含严格的生态修复措施、创新的制度机制、自主与合作之间的平衡机制。

探讨未来可持续的城市水资源规划、开发和管理方案需要强调新的策略，因为水资源问题变得越来越复杂，且与城市能源供应、食物、就业、交通和创造就业等联系在一起。

未来城市水资源综合管理将会重新界定城市与水资源以及其他能源之间的关系，并且构思能源监管的方式。类似全球性的方法有通过扩大城市水资源综合管理模式的事实依据来改善环境监测和信息。另外，有学者也提出了一个包含所有利益相关者在内的谈判框架，强调渐进但全面的体制格式以及地方和国家决策过程中透明度的重要性。有时也会建议采用污水分散系统，而不是发达国家大部分城市采用的污水集中处理系统，但这并不是一个非此即彼的选择。地方体系是更大的物质和体制环境的一部分，也必须是。选择基于经济分析，但是也要考虑其他方面，例如在系统开发过程中围绕运行、维护和灵活性以及责任的体制问题。

由于卓越的生产力，企业贡献了国内生产总值(GDP)的一大部分。而在过去，工业开发使用了尽可能多的水资源，今天通过市场信息人们逐渐意识到水资源是有价值的，并且对有限资源的大量使用是需要付出成本的。因此趋势是很明显的。减少取水量、增加污水处理量，这样水资源使用和生产过程中积累的一些元素可以重复使用。目前许多国家工业部门的单位产量耗水不断减少，排放废物中的污染负荷也在降低。家庭和其他地方的节水设备也提供了类似的降低净水成本的机会。例如，家庭的生活污水可以处理为有价值的营养物，并且可以和处理后的水资源一起回用给农业。

(4)水资源安全

水是生物圈的血液，也是我们人类生活的源头，它联系着社会和自然。因为生物圈中可用的淡水资源是有限的，而对淡水的需求有增无减，因此河道外用水和保护生态系统的河道内用水之间的权衡和冲突不断增加。幸运的是，近年来人们逐渐意识到用于维护环境或者生态系统完整性的水资源，也会通过提供各种有益于人们的服务来支持人类的需求。但是水质仍然在恶化。因为水资源循环是一个物理和化学过程，注入的水质和水量一样重要。弥补淡水短缺对人类水安全和生态系统(见图4.1)造成的影响需要制定全球性和因地制宜的补救方案。缺乏食物、能源和其他服务的穷人更容易依赖从他们当地的环境和生态中得到的食物和燃料。同时,穷人的贫穷很可能与他/她所依赖的那个生态系统的退化有关。

我们人类不仅仅是遍布全星球,而且也在改变基础的物理和生物系统的运行方式。无论我们生活在农村还是城市,我们都在控制植被、土壤和水资源,来更好地满足我们的需求,我们正在改变周围的景观和增加污染物。这些改变对水文循环的影响可能比气候变化引起的影响更加深远。由此产生的问题是采取措施来减轻这些改变是需要时间的,因为社会必须要先注意到问题严重性,之后才能有意识地采取应对措施。

随着危险的不断增加,面临的另外一个问题是主要的决策者没有意识到或者忽视了对水流和水质知识的积累,如果认识不足。遗憾的是,水文监测网站提供的用于管理水资源和预测未来需求的水和废水数量和质量的数据不完整而且互相矛盾。不仅如此,气候变化、预测水文过程的难度和季节性的时间长短不稳定性引起了可用水资源的随机性。将数据转化为所有用户实时有用的信息是一个艰巨的任务。同时有用的水文数据几乎没有共享,这主要是因为有限的数据物理访问权、政策、安全问题、缺乏共享的认可协议、巨大的数据转换工作和商业考虑等。

另外,我们依旧对水和土壤之间的界面、水和土壤内部发现的微生物、保证重要生态系统服务的生物和非生物过程等没有足够的了解,例如去除水体中污染物和提供清洁饮用水。然而,我们对更好的管理水生生态系统有了足够的了解。如果不了解的话,我们就会处于濒临阈值或者临界点的危险之中,一旦逾越,一个相对较小的扰动就会引起一个系统状态和发展的质的改变,这个改变也许是不可逆转的。

最后,未能通过水资源和生态系统的多种不同用途充分评价它们提供的多重效益,是导致公众和政府管理忽视水资源及其管理不善的根本原因。评论水资源不同用途的经济价值是有争议的,因为它对数据要求较高并且复杂,同时需要技术和背景支撑。而利益相关者只是代表了部分价值需求,其他人则没有发言权。

(5)到2050年满足人类的用水需求

第2章介绍了接下来的40年里,根据不同的人口和经济增长情况、考虑气候变化和环境流量的条件下,人类用水需求是如何演化的。图2.7和图2.8提出了特定条件下地理区域和经济部门的用水量,取决于水资源利用效率、作物产量和供应链中的效率。然而,就像前面所提的,世界上有些地区的水资源已经出现短缺,并且人口和资源禀赋之间的比率正在恶化并且夹杂着高风险。这些地方水资源供不应求,就必须要在人类的各种用途之间、人类用水和维持环境可持续性用水之间、本地将会生产什么货物和进口什么货物之间做出权衡,但仅考虑这些是远远不够的。

未来将需要不同地区之间在贸易、科技和投资方面进行交流,但是理想中的改变和交流并不会轻易实现或者它们自己会出现。水资源开发和利用过程中的许多进步已经给数百万人带来了了巨大的效益,但并不是惠及所有人。未来面临的问题是处理大量未解决的社会问题,这些问题出现的背景是水资源的更加不确定性、同时与过去相比进一步开发的选项要小得多。

未来一个重要的转变可能是尽量满足家庭和城市地区工业更高的用水需求。这些部门的大部分用水相对于通过蒸发和散发消耗水资源的开放式农业来说是低耗水的。但是这些部门需要水资源存储能力和运输能力。已经有许多向城市和工业大量转移水资源的实例。即使中心城市用水的大部分返回到含水层、湖泊、河流,但还是会影响下游地区的水质。另外,许多快速增长的中心城市位于沿海区域,这就减少了其他地区以及其他部门水资源回用的选择。

假设经济增长和人口变化是 GDP 增加的两个关键因素,预测 GDP 的快速增长将伴随着用水需求的增加是合乎逻辑的。当然这种情况已经在上一个世纪发生了(见图 2.2)。在最近的经济快速发展中也会发生,例如中国。另一方面,经济发展与创新和高效利用资源确实有关,也就是术语所称的“节水增产”。技术创新以及广泛应用具有前景的新技术和改善治理到什么程度才会减少未来用水需求,这还是未知的,我们只能猜测。从图 8.1 可以看出,以前提出的未来用水需求的轨迹,从目前来看是被夸大了。记住这点对理解图 2.6 和图 2.7 中的计算很重要。

然而,我们也要意识到用水需求的增长会引起社会用水部门之间、城市和农村地区之间、经济部门和环境流量需求之间的竞争日益加剧,这些问题是有可能出现的。同样也有必要认识到提高资源利用率不一定会引起资源节约,相反,可能会通过回弹效应刺激资源开发总量的扩张(杰文斯悖论)。因此,政策面临的问题是将激励高效利用资源的策略和政府管理相结合,政府将确保由提高资源利用效率而节约下来的能源会用于增加其他配置,从而应付包括环境保护在内的迫切需求。

理解效率不仅仅是和生产有关,而且还和生产的商品和服务达到何种程度才能实现它们的预期用途有关。如果生产的部分商品和服务被损失和污染了,这就意味着供应链效率低下。高效的生产可能因此被低效的供应链抵消掉。在食品行业这是一个重大的挑战,特别是和分配并消耗掉我们 75%淡水资源的灌溉农业有关时。减少食物供应链中的损失和浪费决定了具有很高机会成本的宝贵水资源的节约情况,它可能会减少水利基础设施投资的需求,通过更好的进入市场,增加农民的收入和减少温室气体的排放。反之,供应链中的损失和浪费会使消费者承担多种成本和更高的价格。

9.3　气候变化和管理

满足日益增长的水资源需求和防止水资源污染本身就是重大的挑战。气候变化同时影响着资源和资源的用途，但比气候变化更大的一个挑战是当前的管理体系无法管理复杂的竞争性用水系统。

(1)气候变化

气候变异和变化对用水量、安全和生态系统有重要的影响。每年有成千上万的人受到极端水文事件的影响，例如干旱和洪涝。由于气候变化，极端事件的数量和程度可能会增加。极端事件可能会延续数年并带来灾难性的后果，就像2002—2009年（见第2章）墨累—达令流域和20世纪80年代西非的萨赫勒干旱，在不同地区随之产生的变化是不同的。在世界上部分地区，可用水量会增加，而在另外一些地区人类和生态的可用水量可能会减少。气候变化是如何影响用水量和极端事件仍然是十分不确定的，这也就造成了将气候变化信息融入到水资源管理中有很大的困难。

全球气候很不稳定，在许多不同的时间和空间尺度上都发生过气候变化。温度、降雨和其他气候变量在全球、区域和地方尺度上不停的变化。最近，人类很有可能影响全球气候的观点，已经引发了对在气候系统变化的面前人类到到底有多脆弱以及如何适应问题的关注和研究。区分时间尺度是很重要的。天气的空间尺度是指单个气象条件可能影响水文极端事件的地区，例如洪水。季节性时间尺度通过持续过高或者过低的降水来影响水资源管理，异常的降水可能会导致洪水、干旱或者季节性水资源短缺。季节性气候模式和预报对农业的规划和管理很重要。在年代际时间尺度上，高于或低于平均降水水平的预测可以有助于水资源规划，例如调整政策和基础设施。几十年到上百年时间尺度的变化信息可以帮助设计、规划与存储、供水和防洪有关的水利基础设施。

由于年际间的降水比温度更加多变，因此在观测中很难发现趋势，并且地球上大部分地区都无法找到显著的降水统计趋势。也有一些特例，例如，在澳大利亚西部，过去30年里，降水量减少了10%~20%，随之而来的是河流流量的减少和大坝入流量增加超过50%。而在阿根廷的潘帕斯地区观测到了一个相反的趋势。在一些地方降水量增加了20%以上。由于降水量的增加，以前受到水资源限制的牧场，现在也适于种植业。在欧亚大陆北部的一些地方也显示出了降水明显增加的趋势，导致流向北冰洋的河流流量增加。降雪和冰川融水是世界上许多河流径流的主要组成部分。在过去的50年里，全球大部分地区对冰川和积雪的观测都显示出减少的趋势。

根据定义，极端事件是极少的，而且发生在许多地区的极端降雨事件有很大的自然易变性，因此难以发现其趋势。在全球范围内，过去几十年间，极端降雨事件的频率明显增加，并且在此期间强烈飓风的数量似乎也有所增加。已经观测到的发生较多极端事件的地区是非洲南部和澳大利亚北部。最近几十年里，洪水的数量和洪水造成的经济损失急剧增加，尽管目前还不清楚气候变化在洪水中起到什么作用。同样，自从20世纪70年代以来，干旱的强度和持续时间也有所增加，在热带和亚热带地区这种情况尤为严重。干旱的增加是由降雨减少和温度增加共同造成的，过去30年里萨赫勒地区遭受了较为剧烈和长久的干旱。

气候变化不仅会影响水资源量，它的变异性也会影响水资源的需求和使用。随着温度的增加和由此产生的高蒸发量，人类和动物会需要更多的水资源。生活用水、能源用水、工业用水和农业用水也会需求更多，这将会引起更多的制冷需求、更多的蒸发量和更高的水温。气候变化引起的农业需水的任意变化都会对水资源产生较大的影响。作物需水量也会随着温度增加发生变化，并且种植季节也会延长，因此人们会选择种植高收益的作物品种或者一年内在相同的土地上可以种植更多的农作物(多茬复种)。作物生长的区域和作物的种类会发生变化，相应的会改变水资源需求。自然植被、生态系统和物种也会如此，并且也会随着气候变化而变化。在多数情况下，高纬度地区会更加适合农业，而干旱地区越来越不适合农业种植。

人们已意识到需要考虑与气候变化有关的不确定性和风险以及其他的未知因素，更好的管理水资源取决于对未来各种可能方案的分析。来自于许多不同部门和学科的利益相关者，包括部门决策和规划者，应该共同开发一些不同部门认为合理的并感兴趣的、且对相关用户有益的方案。不同学科的科学家要确保提出的方案是有科学依据的，并且便于量化，进一步细化反馈给利益相关者的信息后可以促进沟通和理解，在决策中可以使用。

(2)适当和有效的水资源管理

“水资源管理涉及一系列政治、社会、经济和管理体系，这些体系用于规范水资源的开发和管理、为社会各阶层提供水资源服务”(UNDP，2011)。许多问题并不仅仅与资源本身相关，而是可以归因于管理的失败以及对自然和经济体系如何运转知之甚少造成的。人类制度影响水资源的使用；因此，人为因素占核心地位，并且需要特别强调管理问题。

直到最近，为了满足人类的需求，管理者才重点关注水资源管理。其他资源的管理者都忽视了水资源。水资源用户也仅仅关注自身的需求，而很少关心其他用户。因为没有代言人，很少有人把生态系统看作一种资源或者是一个水资源用户。从本世纪初，资源可持续性才成为水资源综合管理的一部分，同样也包括生态系统可持续性。包括水资源在内的资源管理还未能满足人类需求。例如，世界粮食产量总量能够满足全球人口，然而依然有近1/3的人口罹患饥饿或者暴食所引发的疾病。很少有人关注所谓的纵向一体化,从生产到获取再到产品的最终使用,我们的制度无法保证适当的资源开发和公平的分配。横向一体化和纵向一体化的结合可以做到这点,如图2.8所示。

最近,越来越多的人们意识到影响水资源使用及水资源管理的政策都是在“水体”以外实施的。这本书已经分析表明,所有用水目标和所有自然资源之间的联系与平衡协调,是一个社会和政治性的问题,解决这个问题需要相应的决策机构。在北美,世界上最大淡水生态系统受到严重威胁,促使公众参与,这对实现恢复和保护生态系统的预期目标至关重要。国际联合委员会通过一项包含企业家、中小企业业主、农民、劳动代表、教育者、环境保护主义者、妇女团体的代表、运动员和渔民协会、野生动物联合会、推广机构、当选和任命的官员等在内的公众参与的决议,提出了改善五大湖“生态系统质量”的政策(Becker,1993)。

大多数管理机构在规划和决策过程中已经意识到了相关者的利益。然而,这并不容易实现,而且短期内缺乏效率,它需要时间、耐心和技巧。因此,决策过程中仍然会出现利益相关者之间不公平和不能有效参与,做出的决定没有考虑其他资源和其他用户,从而带来不利的后果。培养个人、公共事业或者代理机构管理者之间的工作关系可以改进数据收集、解释和协调方面的工作。当利益相关者之间相互熟悉时,固有问题和其他信任障碍就不会经常出现。第7章中描述的能源和水资源之间的特殊关系,就是一个需要协调机构的证明。水和能源政策之间缺乏联系,在很大程度上是由于水资源和能源行业的从业人员未能参与政策制定,以及对政策的理解不充分,这又是另一个需要双方协商处理的问题。

2012年在里约热内卢召开的20国会议期间,关于能源、水资源和食物关系的许多讨论都意识到了这个需要,即建立管理各个层次的新机构以及协调机构。包括社会科学在内的科学,面临的挑战是设计允许综合分析的系统来支持决策,从而以有利于利益相关者参与取舍过程的方式呈现结果。

9.4 应对与水资源相关的挑战

水资源在整个地球系统的运行中起着至关重要的作用。它也是人类生活、活动和保持生态系统必不可少的因素。全球性、区域性和地区性水资源问题会变得越来越复杂,在世界各个地区获取水资源逐渐变得不公平。全球化、国际组织和政府间合作组织的行动、人力资本和自然资本价值的增加、科学技术的迅速发展、特别是信息和通信技术,都是对未来我们如何管理水资源起到重要作用的推手。如果我们仍然走当前的老路,将会出现更加严重的问题。水资源管理可能会成为社会发展的一个制约问题。在需要认真分析的各种问题中,其中一个是验证当前水资源管理的模式。当验证时,水资源管理者必须质疑传统观点和实践、当前的管理方法、数据的可靠和可用性以及科学技术知识的适用性。

相对于已经驾轻就熟的老问题而言,水资源管理者还要处理更加复杂的未来挑战,应对更加广泛的问题,水资源问题的复杂性很大程度上是由水、能源、食物和生态系统之间越来越重要的相互作用造成的。媒体报道已经让越来越多的人们意识到我们所走的道路是不可持续的。水资源联系着所有社会经济部门和目标,他们之间的合作是必不可少的,但在这点上认识仍然存在不足。水资源管理者可以提醒即将发生的与水相关问题的复杂性和困难性,从而激发解决这些问题需要的政治决心。

考虑目前的水资源问题时,我们往往会首先想到与供水和卫生相关的基本用水需求。联合国千年发展目标把这作为首要的问题,并且从2000年到2015年,旨在将未能获得改善的饮用水源和基本卫生条件世界人口的比例减少一半。全世界共同努力是有可能实现这个目标的。尽管在一些地区要做的事情很多。遗憾的是,卫生状况仍然严重滞后。在较低的成本下就可以提供基本的供水和卫生设施,世界卫生组织(WHO)和其他研究者已经充分证明了这点。对于有意愿和能力做这些事情的国家,对外援助很容易实现这点。内战和其他冲突意味着一部分国家在短期内难以实现这个目标。

然而,现实情况是,实现现有供水和卫生设施的现代化和有效管理,以及建设和使用新的水利基础设施需要大量的投资。作为世界银行和巴西10年高级水务顾问,John Briscoe在接受一个采访时说(Briscoe,2011):每一个脱贫成功的国家首先是通过建设基本生产能力来实现的,核心是优先发展农业生产力,建设能源、交通和水利基础设施来实现农村和城市经济增长和创造就业。目前富裕的国家都是通过这些投资发展起来的,这些投资是企业部门增长、提供就业机会和农业生产力发展的跳板。只拿一个指标来说,每个发达国家已经开发了超过70%的经济可行的水电。非洲只开发了3%的潜力。这不仅是目前所有发达国家采用的路径,也是近几十年来已经使人们摆脱贫困的国家遵循的道路,例如中国、印度和巴西。当然,基础建设不是减少贫困的一个充分条件,但它肯定是一个必要条件。

考虑到我们面临的问题,未来的情况可能变得更加糟糕。中国和印度等新兴国家的人民渴望与那些发达国家的人们具有相同标准的生活方式。由此不仅可以预测人均直接耗水量会大大增加,而且还可以预测不同消费品生产中耗水的高速增长,尤其是食品生产。这些国家的人口超过了世界总人口的1/3。规模问题也很重要,尽管可再生,水资源绝对是一种有限的资源,并且会成为许多国家无可替代的限制因素。

在满足人类日益增长的用水需求和减少对生态系统服务的不良影响之间进行权衡是不可避免的,这就要求在社会利益和环境保护之间实现平衡。然而,虽然可以提供消费更多商品和服务的机会，但是生产方式没有相应的改进。针对这些问题的各种解决政策，将以更有效利用资源的方式满足社会需求和期望成为可能。例如，就像第 2 章和第 6 章中讨论的，这些领域生产的 30%~50%的食物损失在收获后的操作和处理过程，以及浪费在食物生产链的末端。工业和家庭用水可能会减少，虽然减少的量很小，但仍然很重要。

减少贫穷和促进经济发展而采取的措施，需要以协同的方式共赢合作，要实现这一点需要高水平的政府领导。世界水发展报告 3 和 4 提供了一些水资源管理者、各级政府和企业部门已经如何解决这些挑战的实例（WWAP，2009，第 14 章和第 15 章；WWAP，2012，第 13 章和第 14 章）。目前已有一些更加全面和更好的协调水资源、土地利用和生态系统的方法，解决了经济社会发展和环境可持续性的背景下水资源管理问题。可以做并且已经开展的，对实现理想未来的可能途径进行定量分析，将会使明确任何未来方案中强劲和积极的措施成为可能。在前面描述五大湖的例子中，新的参与式软件允许政治性和技术性利益相关者共同建立仿真模型，这个模型已经成为 5 个主权实体可信任的监测工具(Delli Priscoli，2004)。这反映了我们需要监测、审查、修改或者调整正在采取的措施，确保走在实现理想未来正确的道路上。

9.5　集体领导、共同承诺、分工负责

我们相信在人类理想的未来中，所有人可以持续获取到安全的、负担得起的、足够的：

- 满足个人和家庭需要的安全水源；
- 健康积极生活需要的安全营养的食物；
- 加热、制冷和运输需要的清洁能源；
- 健康的住宅周围环境。

这需要得到管理体系的支持，在这个体系中每个人以公平的方式做出影响生活和生计的决定。就像我们在本书前几章所提到的，分析主要发展的需求及它们对水资源和其他资源的依赖性，筛选可以帮助我们满足这些需求的科技、经济、政治和社会选择，如果被采纳的话。其中一个选择是提高用水效率。用水效率有很大的改进空间，特别是农业用水。鼓励培养创新能力是十分必要和迫切的，不仅在科技和经济上(存在利益的地方)，而且在改革政治和管理体系上。只有通过良好的水资源政府管理，才能实现有效地处理所有复杂环境下的水资源问题，实施经济有效、社会公平和环境可持续性的水资源管理。

这个地球上有许多人的生活水平已经达到了千年发展目标，并且部分人已经超过了这些目标，尽管某些情况下是以一种不可持续的方式实现的。思索如果目标达成一致可以取得的进展，就像千年发展目标。具体到 2015 年，将无法获取安全饮用水的人数减少一半

是千年发展目标之一。由于“安全饮用水”的界定和监测很难，因此基于“获取改善的饮用水源”建立了一个目标。在1990年之后的20年中，为超过20亿的人口提供了改善的饮用水源。如果保持这种进度，在2050年所有的人都会得到改善的饮用水源。因此，一个商定的、明确的目标是可以通过意愿、努力、技术能力和资金实现的。

就像这本书所介绍的，通过采用统合系统方法，新的工具和方法可以用来运行更加复杂的水资源规划和预测系统。今天的科学知识和技术发展呈现指数型的增长，它们只会受到我们想象力的限制。新的通信技术不仅使我们能够分享知识(集体智慧)，也确定了我们将其付诸实施的共同的价值观、目标和共同的战略。越来越多的妇女和年轻人发出了他们自己的声音，并参与到决策过程中。我们可以共同努力建立一个我们一致寻求的可持续性的世界。虽然面临极大挑战，但是我们可以一起努力。这就需要集体领导、分工负责和付诸行动。

最后，引用 Jacques Cousteau 的一句话，就像 Ted Turner(联合国基金会主席)在接受《Variety》杂志(2012年8月3日)采访中提到的：如果我们什么都不做的话前景堪忧，但是有良知的人们会采取行动，并且会尽他们最大的努力做到最后，一直战斗到最后。

多年来，许多在水资源领域工作的研究者对人类发展作出了显著贡献。所有致力于这项工作的人们，和其他同事一起更紧密的继续努力，使地球成为对所有人而言更加美好的地方——不是从明天开始，而是从现在。

参考文献

ABARE (Australian Bureau of Agricultural and Resource Economics). (2010, December). *Australian wheat supply and exports monthly* . Canberra, ACT, Australia: ABARE.

Abbott, A., Hurt, C., & Tyner, W. (2011). *What's driving food prices in 2011? Issue report* . Oak Brook, IL: Farm Foundation.

Adam, J., & Lettenmaier, D. (2008). Application of new precipitation and reconstructed streamflow products to streamflow trend attribution in Northern Eurasia. *Journal of Climate, 21* (8), 1807–1828.

ADB (Asian Development Bank). (2010). *Strengthening the resilience of the water sector in Khulna to climate change* . Manila, Philippines: ADB (Final Report ADB TA–7197).

Ait Kadi,M.(1997,August 16). High water stress–low coping capacity—Morocco's example. In *Proceedings of the Mardel Plata 20 year anniversary seminar.*Stockholm,Sweden:Stockholm International Water Institute.

Ait Kadi, M. (2000, November 20–22). Les Politiques de l'Eau et la Sécurité Alimentaire au Marocà l'Aube du 21ème Siècle—Exposé Introductif. Publications de l'Académie du Royaume du Maroc. *Session d'Automne* , 33–75. Rabat, Morocco (In French).

Ait Kadi, M. (2009a). *Impacts du changement climatique sur la sécurité alimentaire. Acts of the international meeting on adapting to climate change in Morocco.* Rabat, Morocco: Royal Institute for Strategic Studies, pp. *95–108* (In French).

Ait Kadi, M. (2009b.) La crise alimentaire mondiale 2007–2008. *Bulletin de l'Académie Hassan II des Sciences et Techniques* N°5. Rabat, Morocco (In French).

Alcamo, J., Döll, P., Kaspar, F., & Siebert, S. (1997). *Global change and global scenarios of water use and availability: An application of WaterGAP 1.0.* Kassel, Germany: Wissenschaftliches Zentrum Für Umweltsystemforschung, Universität Gesamthochschule.

Alcamo, J., Flörke, M., & Märker, M. (2007). Future long-term changes in global water resources driven by socioeconomic and climatic changes. *Hydrological Sciences Journal, 52* , 247–275.

Alexandratos, N., & Bruinsma, J. (2012). *World agriculture towards 2030/2050: The 2012 revision.* Rome: FAO (ESA Working paper No. 12–03).

ANA (Agencia Nacional de Aguas). (2010). *Atlas de Abastecimento de Água do Brasil* . Brasilia, Brazil: ANA (In Portuguese).

Angel, S., Daniel, J., Civco, L., & Blei, A. M. (2011). *Making room for a planet of cities* . Cambridge, MA: Lincoln Institute of Land Policy.

Arent, D. J. (2010). The role of renewable energy technologies in limiting climate change. *The Bridge, 40* , 31–39.

ASCE (American Society of Civil Engineers). (2009). Report card 2009 grades. In *Report card for America's infrastructure*.Reston,VA:American Society of Civil Engineers.Retrieved from http://www.Asce.org/Reportcard/2009/grades.cfm

ASCE (American Society of Civil Engineers). (1998). *Sustainability criteria for water resource systems* . Reston, VA: ASCE Press.

ASCE (American Society of Civil Engineers). (2011). *Toward a sustainable water future: Visions for 2050* . Reston, VA: ASCE Press.

Asseng, S., Travasso, M. I.,Ludwig, F.,& Magrin,G.O.(2013).Has climate change opened new opportunities for wheat cropping in Argentina? *Climatic Change, 117* (1–2), 181–196. doi: 10.1007/s10584-012-0553-y .

Atlantic Council. (2011). *Energy for water and water for energy: A report on the Atlantic Council's workshop on how the nexus impacts electric power production in the United States* . Washington,DC: Atlantic Council.

Averyt, K., Fisher, J., Huber-Lee, A., Lewis, A., Macknick, J., Madden, N., et al. (2011). *Freshwater use by US power plants:Electricity's thirst for a precious resource*.Cambridge, MA: Union of Concerned Scientists (Report of the Energy and Water in a Warming World Initiative).

AWWA (American Water Works Association). (2011). High energy costs comprise half of some city budgets. *Streamlines, 3* (10).

Bahri, A. (2012). *Integrated urban water management*. Stockholm, Sweden: Elanders (Global Water Partnership Technical Committee Background Paper No. 16).

Barnett, T. P., Adam, J., & Lettenmaier, D. P. (2005). Potential impacts of a warming climate on water availability in snow-dominated regions. *Nature, 438* , 303–309.

Bates, B. C., Kundzewicz, Z. W., Wu, S., & Palutikof, J. P. (2008). *Climate change and water* .Geneva, Switzerland: Intergovernmental Panel on Climate Change (IPCC Technical Paper VI).

Becker, M. L. (1993). The International Joint Commission and public participation: Past experiences, present challenges, future tasks. *Natural Resources Journal, 33*, 236–274.

Beddington, J., Asaduzzaman, M., Clark, M., Fernandez, A., Guillou, M., Jahn, M., et al. (2012).*Achieving food security in the face of climate change: Final report from the Commission on Sustainable Agriculture and Climate Change* . Copenhagen, Denmark: CGIAR Research Program on Climate Change, Agriculture and Food Security (CCAFS).

Ben Mabrouk, S. (2008). Les enjeux des ressources naturelles dans la péréquation: Cas des nouvelles redevances hydrauliques au Québec. (In French) Retrieved from http://archimede.bibl.ulaval.ca/archimede/fichiers/25746/ch04.html

Bergkamp, G., & Sadoff, C. (2008). Water in a sustainable economy. In W. Institute (Ed.), *State of the world: Innovations for a sustainable economy* (pp. 107–122). Washington, DC: Worldwatch Institute.

Board, L. W. S. (2006). *Reducing nutrient loading to Lake Winnipeg and its watershed: Our collective responsibility and commitment to action* . Winnipeg, MB, Canada: Government of Manitoba, Ministry of Water Stewardship.

Boyd, J., & Banzhal, S. (2006, January). *What are ecosystems services?* Washington, DC: Resources for the Future (Discussion Paper 06-02).

Braga, B., Filho, J. G. C. G., von Borstel Sugai, M. R., Vaz da Costa, S., & Rodrigues, V. (2012).Impacts of Sobradinho Dam, Brazil. In *Impacts of large dams: A global assessment* (pp. 153–170).Berlin, Germany: Springer.

Braga, B. P. F., Flecha, R., Thomas, P., Cardoso, W., & Coelho, A. C. (2009). Integrated water resources management in a federative country: The case of Brazil. *Water Resources Development, 25* , 611–628.

Briscoe, J. (2011). Invited opinion interview: Two decades at the center of world water policy:Interview with John Briscoe by the Editor-in-Chief. *Water Policy, 13* , 147–160.

Brocklesby, M. A., & Hinshelwood, E. (2001). *Poverty and the environment: What the poor say—An assessment of poverty-environment linkages in participatory poverty assessments*. CDS.: University of Wales, Swansea, UK.

Brooks, D. B., & Brandes, O. M. (2005). *The soft path for water in a nutshell* . Victoria , BC,Canada: Friends of the Earth Canada/POLIS Project on Ecological Governance, University of Victoria.Brooks, D. B., Brandes, O. M., & Gurman, S. (Eds.). (2009). *Making the most of the water we have: The soft path approach to water management* . London, UK: Earthscan.

Brown, K., Daw, T., Rosendo, S., Bunce, M., & Cherrett. N. (2008). Ecosystem services for poverty alleviation: marine & coastal situational analysis: Synthesis report. Ecosystem services for poverty alleviation programme. University of East Anglia, Norwich, UK: ODG. Retrieved from http://www.nerc.ac.uk/research/programmes/espa/documents/Marine%20and%20Coastal%20-%20Synthesis%20Report.pdf

Bruun, C. (2010). Imperial power, legislation and water management in the Roman Empire. *Insights* 3 (10). Durham University, Durham, UK: Institute of Advanced Studies.CALFED. (2006). Water use efficiency comprehensive evaluation. In *CALFED Bay—Delta Program water use efficiency element* . Sacramento, CA: CALFED Bay Delta Program.

California Department of Water Resources. (2009). *California water plan update*. Bulletin 160–09. Sacramento, CA: California Department of Water Resources.

California Energy Commission. (2005). *California's energy–water relationship*. CEC-700-2005-001-SF. Sacramento, CA: California Energy Commission.

Carlsson, G., Cropper, A., El-Ashry, M., Honglie, S., Hvidt, N., Johnson, I., et al. (2009). *Closing the gaps, report of the commission on climate change and development*. Stockholm , Sweden : Sweden Ministry of Development and Cooperation.

Carpenter,S.R.,& Bennett,E.M.(2011).Reconsideration of the planetary boundary for phosphorus.*Environmental Research Letters, 6* (1).

Carter, N. T. (2010). *Energy's water demand: Trends, vulnerabilities and management.* 7–5700.Washington, DC: Congressional Research Service.

CAWMA (Comprehensive Assessment of Water Management in Agriculture). (2007). *Water for food, water for life: A comprehensive assessment of water management in agriculture* . London, UK/Colombo, Sri Lanka: Earthscan/IWMI.

Chartres, C., & Varma, S. (2010). *Out of water: From abundance to scarcity and how to solve the world's water problems* . Upper Saddle River, NJ: Pearson Education.

Choudhury, G. A., van Scheltinga, C. T., van den Bergh, D., Chowdhury, F., de Heer, J., Hossain,M., et al. (2012). *Preparations for the Bangladesh delta plan* . Wageningen, Netherlands:Alterra Wageningen.

Cicek, N., Lambert, S., Venema, H. D., Snelgrove, K. R., Bibeau, E. L., & Grosshans, R. (2006).Nutrient removal and bio-energy production from Netley-Libau Marsh at Lake Winnipeg through annual biomass harvesting. *Biomass and Bioenergy, 30* (6), 529–536.

Cohen, J. E. (2010). *Beyond population: Everyone counts in development* .Retrieved from http://www.cgdev.org/fi les/1424318_fi le_Cohen_BeyondPopulation_FINAL.pdf

Collier, U. (2006). Meeting Africa's energy needs—The costs and benefits of hydro power.Worldwide Fund for Nature, Oxfam and Wateraid joint report.

Collier, P. (2007). *The bottom billion: Why the poorest countries are failing and what can be done about it* . New York: Oxford University Press.

Cooley, H., Fulton, J., & Gleick, P. H. (2011). *Water for energy: future water needs for electricity in the intermountain west* . Oakland, CA: Pacific Institute.

Cosgrove, W. J. (2008). Public participation to promote water ethics and transparency. In M. Ramon Llamas et al. (Eds.), *Water ethics* . Leiden, Netherlands: CRC Press.

Cosgrove, W. J., & Rijsberman, F. R. (2000). *World water vision: Making water everybody's business.* London, UK: Earthscan.

Cosgrove, W. J., & Tropp, H. (2013). *Water for development: Investing in health and economic well-being globally in ensuring a sustainable future: Making progress on environment and equity.* Heymann J. and Barrera M. (Eds.), New York: Oxford University Press .

Council, W. E. (2010).*Water for energy. Executive summary.* London, UK: World Energy Council.

Crutzen, P. J. (2002). Geology of mankind. *Nature, 415*, 23.

Crutzen, P. J., & Stoermer, E. F. (2000). The 'Anthropocene'. *Global Change Newsletter, 41*, 17–18.

CSIRO (Commonwealth Scientific and Industrial Research Organisation). (2008). *Water availability in the Murray–Darling Basin Report* . Clayton South, VIC, Australia: CSIRO.

Daigger, G. T. (2007, October 24–25). Creation of sustainable water resources by water reclamation and reuse. In *Proceedings of the 3rd International conference on sustainable water environment:Integrated water resources management—New steps* (pp. 79–88). Sapporo, Japan.

Daigger, G. T. (2008). New approaches and technologies for wastewater management. *The Bridge,38* (3), 38–45.

Daigger, G. T. (2012). A vision for urban water and wastewater management in 2050. In W. M.Grayman, D. P. Loucks, & L. Saito (Eds.), *Toward a sustainable water future: Visions for 2050* (pp. 113–121). Washington, DC: American Society of Civil Engineers.

Daigger, G. T., & Crawford, G. V. (2007). Enhanced water system security and sustainability by incorporating centralized and decentralized water reclamation and reuse into urban water management systems. *Journal of Environmental Engineering Management, 17* (1), 1–10.

Daily, G. C. (Ed.). (1997). *Nature's services: Societal dependence on natural ecosystems* . Washington, DC: Island Press.

Daniel, S., & Mittal, A. (2009). *The great land grab; rush for world's farmland threatens food security for the poor* . Oakland, CA: The Oakland Institute.

Davies-Colley, R. J., Smith, D.G., Ward, R.C., Bryers, G. G., McBride, G. B., Quinn, J. M., et al.(2011). Twenty years of New Zealand's national river water quality network: Benefits of careful design and consistent operation. *Journal of the American Water Resources Association, 47* (4), 750–771.

de Wit, M., & Stankiewicz, J.(2006).Changes in surface water supply across Africa with predicted climate change. *Science, 311* (5769), 1917–1921.

DeCarolis, J., Adham, S., Pearce, W. R., Hirani, Z., Lacy, S., & Stephenson, R. (2007). Cost trends of MBR systems for municipal wastewater treatment. In Water Environment Federation (Ed.), *WEFTEC 07* (pp. 3407–3418). San Diego, CA: Water Environment Federation.

Delli Priscoli, J. (2004). What is public participation in water resources management and why is it important? *Water International, 29* (2), 221–227.

Deltacommissie (Delta Commission). (2008). Working together with water: A living land builds for its future. Amsterdam, Netherlands: Deltacommissie. Retrieved from http://bit.ly/bKtIHw

Dixit, A. (2009). Governance, institutions and economic activity. *The American Economic Review,99* (1), 5–24.

Doorn, N., & Dicke, W. (2012). SPRAAKWATER: Values of water. *Water Governance, 2* (2), 53.

Dyson, M., Bergkamp, G., & Scanlon, J. (2004). *Flow: The essentials of environmental flow* .Gland, Switzerland: IUCN.

Edvard, C. (2011). *Technology innovation is everybody's business* . Electrical engineering portal.Retrieved February 18, 2012 from http://electrical-engineering-portal.com/technology-innovation-is-Everybodys-business

Ehrhardt-Martinez, K., & Laitner, J. A. (Eds.). (2010). *People-centered initiatives for increased energy savings* . Boulder, CO: Renewable and Sustainable Energy Institute, University of Colorado/American Council for an Energy-Efficient Economy.

Europe's World. (2012, Summer). *Special section: Water; water and energy security are two sides of the same coin* . Retrieved from http://www.siwi.org/documents/Resources/news_articles/EW21water.pdf

Falkenmark, M., & Rockström, J. (2004). *Balancing water for humans and nature: The new approach in ecohydrology* . London, UK: Earthscan.

Falkenmark, M., & Rockström, J. (2006). The new blue and green water paradigm: Breaking new ground for water resources planning and management. *Journal of Water Resources Planning and Management, 5* (6), 129–132.

FAO (Food and Agricultural Organization of the United Nations). *AQUASTAT online database* .

FAO (Food and Agriculture Organization of the United Nations). (1996, November 13–17). *Declaration on world food security* . World Food Summit. Rome: FAO.

FAO (Food and Agriculture Organization of the United Nations). (2001). Food insecurity: when people live with hunger and fear starvation. In *The state of food insecurity in the world* . Rome,Italy: FAO.

FAO (Food and Agriculture Organization of the United Nations). (2002). *Crops and drops: Making the best use of water for agriculture* . Rome, Italy: FAO.

FAO (Food and Agriculture Organization of the United Nations). (2003). Food security: Concepts and measurement. In *Trade reforms and food security* . Retrieved from http://www.fao.org/docrep/005/y4671e/y4671e06.htm

FAO (Food and Agriculture Organization of the United Nations). (2005). *Reducing fisherfolk's vulnerability leads to responsible fisheries: Policies to support livelihoods and resource management. New directions in fisheries policy briefs* . Rome, Italy: FAO.

FAO (Food and Agriculture Organization of the United Nations). (2007). *The state of world fi sheries and aquaculture—2006* . Rome, Italy: FAO.

FAO (Food and Agriculture Organization of the United Nations). (2008). The state of food and agriculture. In *Biofuels: Prospects, risks and opportunities* . Rome, Italy: FAO.

FAO (Food and Agriculture Organization of the United Nations). (2009). *Crops prospects and food situation* . No. 2. Retrieved from http://www.fao.org/docrep/011/ai481e/ai481e04.htm

FAO (Food and Agriculture Organization of the United Nations). (2010). The state of food insecurity–Addressing food insecurity in protracted crises — Rome.

FAS, USDA (Foreign Agricultural Service United States Department of Agriculture). (2011).*Production, supply and demand online* . Washington, DC: USDA.

Fay, M., & Toman, M. (2010). *Infrastructure and sustainable development: Post-crisis growth and development* (pp. 329–382). Washington, DC: International Bank for Reconstruction and Development/The World Bank.

Feeley, T. J., III, Skone, T. J., Stiegel, G. J., Jr., McNemar, A., Nemeth, M., Schimmoller, B., et al.(2008). Water: A critical resource in the thermoelectric power industry. *Energy, 33* , 1–11.

Fencl, A., Clark, V., Mehta, V., Purkey, D., Davis, M., & Yates, D. (2012). Water for electricity:Resource scarcity, climate change and business in a finite world. In *Project Report 2012* . Stockholm, Sweden: Stockholm Environment Institute.

Fischer, G., Shah, M., & van Velthuizen, H. (2002). *Climate change and agricultural vulnerability* . Laxenburg, Austria: IIASA.

Fischer, G., Tubiello, F., van Velthuizen, H., & Wiberg, D. A. (2007). Climate change impacts on irrigation water requirements: Effects of mitigation 1990–2080. *Technological Forecasting and Social Change, 74* , 1083–1107.

Foley,J., Ramankutty,N., Brauman, K. A., Cassidy, E. S., Gerber, J. S., Johnston, M., et al. (2011).Solutions for a cultivated planet. *Nature, 478* , 337–342.

Foresight.(2011).*The future of food and farming—Challenges and choices for global sustainability. Executive summary* . London: GO-Science.

Gallopin, G. C. (2011). Five stylized world water scenarios. In *Global water futures 2050* . United Nations World Water Assessment Programme. Paris, France: UNESCO.

Gallopin, G. C., & Rijsberman, F. (2000). Three global water scenarios. *International Journal of Water, 1* , 16–40.

GAO (General Accounting Office). (2003). *States' views of how federal agencies could help them meet the challenges of expected shortages* . Washington, DC: GAO. Retrieved from http://gao. Gov / products/GAO–03–514

GAO (General Accounting Office). (2009). *Improvements to federal water use data would increase understanding of trends in power plant water use* . Washington, DC: GAO.

Garneau, J.-Y.(2012). *Pour que la terre soit notre amie. L'aventure intérieure* . Montreal, QC,Canada: Novalis (In French).

Gerbens-Leenes, W., Hoekstra, A., & van der Meer, T. (2008). The water footprint of energy consumption: An assessment of water requirements of primary energy carriers. *ISESCO Science and Technology Vision, 4*, 38–42.

Gini, C. (1912). *Variabilità e mutabilità (Variability and mutability)* . Bologna, Italy: C. Cuppini (In Italian).

Giordano, M. (2009). Global groundwater: Issues and solutions. *Annual Review of Environment and Resources, 34* , 7.1–7.26.

GIZ (Deutsche Gesellschaft für Internationale Zusammenarbeit GmbH). (2001, December 4).*International conference on freshwater* . Bonn, Germany: GIZ.

Glassman, D., Wucker, M., Isaacman, T., & Champilou, C. (2011). *World policy papers: The water–energy nexus: Adding water to the energy agenda* . New York: WPI.

Gleick, P. H. (1996). Basic water requirements for human activities: Meeting basic needs. *Water International, 21* (2), 83–92.

Gleick, P. H. (1997). *Water 2050: Moving toward a sustainable vision for the earth's freshwater. Working Paper of the Pacific Institute for Studies in Development, Environment, and Security,Oakland, California* . Prepared for the Comprehensive Freshwater Assessment for the United Nations General Assembly and the Stockholm Environment Institute, Stockholm, Sweden.

Gleick, P. H. (2000a). A picture of the future: A review of global water resources projections.In T. World's (Ed.), *Water 2000–2001: The biennial report on freshwater resources* (pp. 39–61).Washington, DC: Island Press.

Gleick, P. H. (2000b). Water bag technology. In P. H. Gleick (Ed.), *The world's water 1998–1995:The biennial report on freshwater resources* (pp. 200–205). Washington, DC: Island Press.

Gleick, P. H. (2002). Soft water paths. *Nature, 418* , 373.

Gleick, P. H. (2003). Water use. *Annual Review of Environment and Resources, 28* , 275–314.

Gleick, P. H. (2009a). China and water. *The world's water 2008–2009: The biennial report on freshwater resources* , 79–100. Washington, DC: Island Press.

Gleick, P. H. (2009b). Getting it right: Misconceptions about the soft path. In D. B. Brooks, O. M.Brandes, & S. Gurman (Eds.), *Making the most of the water we have: The soft path approach to water management* (pp. 49–60). London, UK: Earthscan.

Gleick, P. H., Christian-Smith, J., & Cooley, H. (2011). Water-use efficiency and productivity:Rethinking the basin approach. *Water International, 36* , 784–798.

Gleick, P. H., Haasz, D., Henges-Jeck, C., Srinivasan, V., Wolff, G., Cushing, K. K., et al. (2003).*Waste not, want not: The potential for urban water conservation in California* . Oakland, CA: Pacific Institute for Studies in Development, Environment, and Security.

Gleick, P. H., Loh, P., Gomez, S. V., & Morrison, J. (1995). *California water 2020: A sustainable vision* . Oakland, CA: Pacific Institute.

Gleick, P. H., & Palaniappan, M. (2010). Peak water: Conceptual and practical limits to freshwater withdrawal and use. *Proceedings of the National Academy of Sciences of the United States of America, 107* (25), 11155–11162.

Gleick, P. H., Wolf, G., Chaleki, E. L., & Reyes, R. (2002). *The new economy of water: The risks and benefits of globalization and privatization of freshwater* . Oakland, CA: Pacific Institute for Studies in Development, Environment and Security.

Goldstein, N. C., Newmark, R. L., Whitehead, C. D., Burton, E., McMahon, J. E., Ghatikar, G.,et al. (2008). The energy–water nexus and information exchange: Challenges and opportunities.*International Journal of Water, 4* (1/2), 5–24.

Goolsby, D. A., Battaglin, W. A., & Hooper, R. P. (1997). Sources and transport of nitrogen in the Mississippi River Basin. Retrieved from http://co.water.usgs.gov/midconherb/html/st.louis.hypoxia.html

Grey, D., & Sadoff, C. (2007). Sink or swim? Water security for growth and development. *Water Policy, 9* , 545–571.

Griffi ths-Sattenspiel, B., & Wilson, W. (2009). *The carbon footprint of water* . Portland: River Network.

Gudmundsson, L., Tallaksen, L., & Stahl, K. (2011). Projected changes in future runoff variability—A multi-model analysis using the A2 emission scenario. *WATCH* Technical Report 49.

Gustavsson, J., Cederberg, C., Sonesson, U., van Otterdijk, R., & Meybeck, A. (2011). *Global food losses and food waste* . Rome, Italy: Food and Agriculture Organization of the United Nations.

GWP (Global Water Partnership). (2000). *Integrated water resources management* . Stockholm,Sweden: Global Water Partnership (Technical Advisory Committee Background Paper No. 4).

Haddeland, I., Clark, D. B., Franssen, W., Ludwig, F., Voß, F., Arnell, N. W., et al. (2011).Multimodel estimate of the global terrestrial water balance: Setup and first results. *Journal of Hydrometeorology, 12* , 869–884.

Hagemann, S., Chen, C., Haerter, J. O., Heinke, J., Gerten, D., & Piani, C. (2011). Impact of a statistical bias correction on the projected hydrological changes obtained from three GCMs and two hydrology models. *Journal of Hydrometeorology, 12* , 556–578.

Hajer, M. (2011). *The energetic society. In search of a governance philosophy for a clean economy* .The Hague, The Netherlands: PBL Netherlands Environmental Assessment Agency.

Hall, A. A., Rood, S. B., & Higgins, P. S. (2011). Resizing a river: A downscaled, seasonal flow regime promotes riparian restoration. *Restoration Ecology, 19* (3), 351–359.

Hansen, J. W., Challinor, A., Ines, A., Wheeler, T., & Moron, V. (2006). Translating climate forecasts into agricultural terms: Advances and challenges. *Climate Research, 33* , 27–41.

Headey, D., & Fan, S. (2010). *Reflections on the global food crisis. How did it happen? How has it hurt? And how can we prevent the next one?* Research Monograph, 165. Washington, DC: IFPRI.

Heilig, G. (1999). *China food: Can China feed itself* . Laxenburg, Austria: International Institute for Applied Systems Analysis.

Hirschman, A. O. (1975). Policymaking and policy analysis in Latin America—A return journey.*Policy Sciences, 6* (4), 385–402.

Hoekstra, A. Y., & Chapagain, A. K. (2008). *Globalization of water. Sharing the planet's freshwater resources* . Oxford, UK: Blackwell.

Hoekstra, A. Y., & Mekonnem, M. M. (2012). The water footprint of humanity. *Proceedings of the National Academy of Sciences of the United States of America, 109* (9), 3232–3237.

Hoff,H.(2011).*Understanding the nexus*.Stockholm, Sweden: Stockholm Environment Institute(Background Paper for The Bonn 2011 Conference: The Water, Energy and Food Security).

Holmberg, J., & Robert, K. H. (2000). Backcasting from non-overlapping sustainability principles:A framework for strategic planning. *International Journal of Sustainable Development and World Ecology, 74* , 291–308.

Howarth, R. D., Anderson, J., Cloern, C., Elfring, C., Hopkinson, B., Galloway, J. N., et al. (2002).Reactive nitrogen and the world: 200 years of change. *Ambio, 31* (2), 64–71.

Howarth, R. W., Santoro, R., & Ingraffea, A. (2011). Methane and the greenhouse-gas footprint of natural gas from shale formations. *Climate Change, 106* , 679–690.

IEA (International Energy Agency). (2008). *World energy outlook 2008* . Paris, France: IEA.

IFPRI (International Food Policy Institute). (2009). Climate change--Impact on agriculture and cost of adaptation -- Washington DC, October.

IFPRI (International Food Policy Research Institute). (2010). *Food security, farming, and climate change to 2050: Scenarios, results, policy options* . Washington, DC: IFPRI.

IFPRI (International Food Policy Research Institute). (2012). *Finding the blue path for a sustainable economy* . Washington, DC: IFPRI (White Paper).

IIASA (International Institute for Applied Systems Analysis). (2012). *Global energy assessment:Toward a sustainable future* . Laxenburg, Austria: IIASA.

IIASA/FAO (International Institute for Applied Systems Analysis/Food and Agriculture Organization of the United Nations). (2012). *Global agro-ecological zones.* IIASA/FAO:Laxenburg, Austria/Rome, Italy (GAEZ v3.0).

IISD (International Institute for Sustainable Development). (2011). *Netley-Libau nutrientbioenergy project* . Retrieved from http://www.iisd.org/pdf/2011/brochure_iisd_wic_netley_libau_2011.pdf

IISD (International Institute for Sustainable Development). (2011b). *Ecosystem approaches in integrated water resources management: A review of transboundary river basins* . Winnipeg,MB,Canada: International Institute for Sustainable Development.

IMF (International Monetary Fund). (2000). The world economy in the twentieth century:Striking developments and policy lessons. In *World Economic Outlook* (pp. 149--180).Washington, DC: IMF.

Inman, M. (2009, January 15). Where warming hits hard. *Nature Reports, Climate Change.*Retrieved from http://doi:10.1038/climate.2009.3

INRA & CIRAD (Institut National de la Recherche Agronomique & Centre International de la Recherche Agricole pour le Développement). (2010). *Agrimonde. Scénarios et défis pour nourrir le monde en* . Versailles, France: INRA/CIRAD (In French).

IPCC (Intergovernmental Panel on Climate Change). (2001). *Climate change 2001: Synthesis report, Summary for policymakers.* Third Assessment Report, IPCC.

IPCC (Intergovernmental Panel on Climate Change). (2007). *Climate change 2007: The physical science basis.* Fourth Assessment Report, IPCC.

IPCC (Intergovernmental Panel on Climate Change). (2012). *Managing the risks of extreme events and disasters to advance climate change adaptation.* A special report of working groups I and II, IPCC.

IWMI (International Water Management Institute). (2007). *Water for food, water for life. A comprehensive assessment of water management in agriculture* . London, UK/Colombo, Sri Lanka:Earthscan/IWMI.

Jackson, T. (2011). *Prosperity without growth. Economics for a finite planet* . London, UK: Earthscan.

Jacob, D., & van den Hurk, B. (2009). Climate change scenarios at global and local scales.In F. Ludwig, P. Kabat, H. van Schaik, & M. van der Valk (Eds.), *Climate change adaptation in the water sector* (pp. 23–34). London, UK: Earthscan.

Johnson, D. G. (1997). Agriculture and the wealth of nations. *The American Economic Review, 87*,1–12.

Johnston, L., & Williamson, S.H.(2005). *The annual real and nominal GDP for the United States, 1789—Present* . Economic History Services. Retrieved from http://www.eh.net/hmit/gdp/

Kabat, P., Fresco, L. O., Stive, M. J., Veerman, C. P., van Alphen, J. S., Parmet, B. W., et al. (2009). Dutch coasts in transition. *Nature Geoscience, 2* , 450–452.

Kabat, P., van Vierssen, W., Veraart, J., Vellinga, P., & Aerts, J. (2005). Climate proofing the Netherlands. *Nature, 438* , 283–284.

Kaufmann, D., Kraay, A., & Mastruzzi, M. (2006). *Governance Matters V: aggregate and individual governance indicators for 1996–2005* . Washington, DC: World Bank.

Kenny, J. F., Barber, N. L., Hutson, S. S., Linsey, K. S., Lovelace, J. K., & Maupin, M. A. (2009).*Estimated use of water in the United States in 2005* . United States Geological Survey Circular 1344. Retrieved from http://pubs.usgs.gov/circ/1344/ .

Kolbert, E. (2011). Enter the Anthropocene: Age of man. *National Geographic, 219* , 60–77.

Lannerstad, M. (2009). Water realities and development trajectories. In *Global and local agricultural production dynamics* . PhD Thesis. Linköping Studies in Arts and Science. No. 475.Linköping, Sweden: Linköping University Electronic Press.

Lapointe, T. M., Marcus, N., McGlathery, K., Sharpley, A., & Walker, D. (2000). Nutrient pollution of coastal rivers, bays, and seas. *Issues in Ecology, 7* (Fall).

Lindsey, R. (2009). NASA: Earth observatory. Retrieved from http://earthobservatory.nasa.gov/Features/EnergyBalance/

Lockwood, M., Davidson, J., Curtis, A., Stratford, E., & Griffith, R. (2008). Governance principles for natural resources management. *Society and Natural Resources, 23* , 1–16.

Lovins, A. B. (1976). Energy strategy: The road not taken? *Foreign Affairs, 55* , 63–96.

Lovins, A. B. (1977). *Soft energy paths: Toward a durable peace* . San Francisco: Friends of the Earth, International.

Ludwig, F., & Moench, M. (2009). The impacts of climate change on water. In F. Ludwig, P. Kabat, H. van Schaik, & M. van der Valk (Eds.), *Climate change adaptation in the water sector* (pp. 35–51). London, UK:

Earthscan.

Luft,G.(2010).*Water crisis,energy crisis, vicious cycle*.Retrieved from http://www.huffi ngtonpost.com/gal-luft/water-crisis-energy-crisi_b_408518.html

Lundqvist, J. (2010). Producing more or wasting less. Bracing the food security challenge of unpredictable rainfall. In L. Martínez-Cortina, G. Garrido, & L. López-Gunn (Eds.), *Re-thinking water and food security: Fourth botín foundation water workshop* . London, UK: Taylor & Francis.

Lundqvist, J., de Fraiture, C., & Molden, D. (2008). Saving water : From field to fork—curbing losses and wastage in the food chain. In *SIWI policy brief* . Stockholm, Sweden: SIWI.

Lundqvist, J., & Falkenmark, M. (2010). Adaptation to rainfall variability and unpredictability.New dimensions of old challenges and opportunities. *International Journal of Water Resources Development, 26* (4), 597–614.

Lutz, W., & Samir, K. C. (2010). Dimensions of global population projections: What do we know about future trends and structures. *Philosophical Transactions of the Royal Society of London. Series B, Biological Sciences, 365* , 2779–2791.

Lutz, W., & Scherbov, S. (2008). *Exploratory extension of IIASA's world population projections:Scenarios to 2300* . Interim Report IR-08-022. Laxenburg, Austria: IIASA.

Lyons, B. (2012). *Primary energy and transportation fuels and the energy and water nexus: ten challenges* . Atlantic Council Energy and Environment Program Issue Brief. Washington, DC:Atlantic Council.

Mackay, H. (2003). Water policies and practices. In D. Reed & M. de Wit (Eds.), *Towards a just South Africa. The political economy of natural resource wealth* (pp. 49–83). Washington, DC/ Pretoria, South Africa: WWF Macroeconomics Programs Office / CSIR-Environmentek.

Madison, A. (1995). *Monitoring the world economy 1820–1992* . Paris, France: OECD.

Mark, B., & Selzer, G. (2003). Tropical glacier melt water contribution to stream discharge: A case study in the Cordillera Blanca, Peru. *Journal of Glaciology, 49* (165), 271–281.

Markel, D. (2005). *Monitoring and managing Lake Kinneret and its Watershed, Northern Israel:A response to environmental, anthropogenic and political constraints* . Retrieved from http://agris.fao.org/agris-search /search/display.do?f=2006/QC/QC0601.xml;QC2005002208

McIntyre, N. E., Knowles-Yánez, K., & Hope, D. (2000). Urban ecology as an interdisciplinary field: Differences in the use of 'urban' between the social and natural sciences. *Urban Ecosystems, 4* , 5–24.

MDBA (Murray Darling Basin Authority). (2011). *The draft basin plan* . Canberra, ACT, Australia:MDBA.

MEA (Millennium Ecosystem Assessment). (2005). *Freshwater ecosystem services* . Washington , DC: Island Press.

Meadows, D. H., Meadows, D. L., Randers, J., & Behrens, W. W., III. (1972). *The limits to growth* .London, UK: East Island.

Means, E. G., III. (2012). Water 2050: Attributes of sustainable water supply development. In W.M.

Grayman, D. P. Loucks, & L. Saito (Eds.), *Toward a sustainable water future: Visions for 2050* . Washington, DC: American Society of Civil Engineers.

Middelkoop, H., Daamen, K., Gellens, D., Grabs, W., Kwadijk, J., Lang, H., et al. (2001). Impact of climate change on hydrological regimes and water resources management in the Rhine Basin. *Climatic Change, 49* (1–2), 105–128.

Milly, P. C., Dune, K. A., & Vecchia, A. V. (2005). Global pattern trends in streamflow and water availability in a changing climate. *Nature, 438* , 347–350.

Moss, J., Wolf, G., Gladden, G., & Guttieriez, E. (2003). *Shifting paradigm: Towards a new economy of water for food and ecosystems* . Report of the African Pre-Conference on water for food and ecosystems Annex C-2.

MRC (Mekong River Commission) Secretariat. (2009). *Inception report: MRC SEA for hydropower on the Mekong mainstream* . Phnom Penh, Cambodia: MRC/International Center for Environmental Management.

Munthe, C. (2011). *The price of precaution and the ethics of risk* . New York: Springer.

Nellemann, C., MacDevette, M., Manders, T., Eikhout, B., Svihus, B., Prins, A. G., et al. (Eds.).(2009). *The environmental food crisis. The environment's role in averting future food crises* .Nairobi, Kenya: United Nations Environmental Programme.

Nelson, G. C., Rosegrant, M. W., Koo, J., Robertson, R., Sulser, T., Zhu, T., et al. (2009). *Climate change: Impact on agriculture and cost of adaptation* . Washington, DC: International Food Policy Research Institute.

Nelson, G.C., Rosegrant, M.W., Palazzo, A., Gray, I., Ingersoll, C.,Robertson,R., et al. (2010).*Food security, farming, and climate change to 2050. Scenarios, results, policy options* . Washington, DC: International Food Policy Research Institute.

NETL (National Energy Technology Lab). (2010, September 13–17). CO_2 capture technology meeting.

Nicholson, S. (2005). On the question of the 'recovery' of the rains in the West African Sahel.*Journal of Arid Environments, 63* (3), 615–641.

North, D.C. (1994). Economic performance through time. *The American Economic Review, 84* (3),359–368.

Norton, R. D. (2004). *Agricultural development policy—Concepts and experiences* . West Sussex,UK: John Wiley.NRC (National Research Council). (2008). *Water implications of biofuels production in the United States* . Washington, DC: National Academy Press.

NRC (National Research Council). (2006). *Drinking water distribution systems: Assessing and reducing risks* . Washington, DC: National Academies Press.

NWC (National Water Commission). (2010). *Australian water markets report 2009–2010* .Canberra, ACT, Australia: NWC.

O'Grady, E. (2011 , August 4). Heat waves pushes Texas power grid into red zone. *Reuters* .

O'Keeffe, J. (2009). Sustaining river ecosystems: Balancing use and protection. *Progress in Physical*

Geography, 33 , 339–357.

Oclay Ünver, I. H. (ed.). (1997). *Water resources development in a holistic socioeconomic context: The Turkish experience: Vol. 13, Issue 4 of International Journal of Water Resources Development.* Abingdon, UK.

Odum, E. P. (1997). *Ecology: A bridge between science and society* . Sunderland, MA: Sinauer.

OECD (Organisation for Economic Co-operation and Development). (2010). *Sustainable management of water resources in agriculture* . Paris, France: Organisation for Economic Co-operation and Development.

OECD (Organisation for Economic Co-operation and Development). (2011). Water governance in OECD countries. A multi-level approach. *OECD Studies on water.* Paris, France: OECD.

OECD (Organisation for Economic Co-operation and Development). (2012). *Environment outlook to 2050: Freshwater chapter* . Paris, France: Organisation for Economic Co-operation and Development.

OECD-FAO (Organisation for Economic Co-operation and Development and Food and Agriculture Organization of the United Nations). (2012). Agricultural outlook 2012–2021. France: OECD and FAO. Retrieved from http://dx.doi.org/10.1787/agr_outlook-2012-eng

Oerlemans, J. (2005). Extracting a climate signal from 169 glacier records. *Science, 308* (5722),675–677.

Oki, T., Valeo, C., & Heal, K. (Eds.). (2006). *Hydrology 2020: An integrating science to meet world water challenges* . Wallingford, UK: IAHS.

Owen, D. (2010, December 20, 27). The efficiency dilemma. *The New Yorker* .Pacala, S., & Socolow, R. (2004). Stabilization wedges: Solving the climate problem for the next 50 years with current technologies. *Science, 305* , 968–972.

Palaniappan, M., Gleick, P.H., Allen, L., Cohen, M. J., Christian-Smith, J. and Smith, C. (ed. N.Ross).(2010). *Clearing the waters: A focus on water quality solutions* . Nairobi, Kenya: UNEP/Pacific Institute. Retrieved from http://www.pacinst.org/reports/water_quality/clearing_the_waters.pdf

Parfitt, J., & Barthel, M. (2010). *Global food waste reduction: Priorities for a world in transition.Science Review* SR56. London, UK: Foresight, Government Office for Science.

Pate, R., Hightower, M., Cameron, C., & Einfeld, W. (2007). *Overview of energy-water interdependencies and the emerging energy demands on water resources* . Albuquerque, NM: Sandia National Laboratories.

Perrone, D., Murphy, J., & Hornberger, G. M. (2011). Gaining perspective on the water–energy nexus at the community scale. *Environmental Science & Technology, 45* , 4228–4234.

Phdungsilp, A. (2011). Futures studies' backcasting method used for strategic sustainable city planning. *Futures, 43* , 707–714.

Piani, C., Weedon, G. P., Best, M., Gomes, S. M., Viterbo, P., Hagemann, S., et al. (2010). Statistical bias correction of global simulated daily precipitation and temperature for the application of hydrological models. *Journal of Hydrology, 395* (3–4), 199–215.

Pilgrim, N., Roche, B., Kalbermatten, J., Revels, C., & Kariuki, M. (2007). *Principles of town water supply and sanitation* . Washington, DC: Word Bank (Water Working Note No. 13).

Pittock, J., & Connell, D. (2010). Australia demonstrates the planet's future: Water and climate in the Murray-Darling Basin. *International Journal of Water Resources Development, 26* (4), 561–577.

Postel, S. (1999). *Pillar of sand. Can the irrigation miracle last?* New York: Worldwatch Institute.

Power, S., Sadler, B., & Nicholls, N. (2005). The influence of climate science on water management in Western Australia. *Bulletin of the American Meteorological Society, 86* (6), 839–844.

Preston, B., Smith, T., Brooke, C., Gorddard, R., Measham, T., Withycombe, G., et al. (2008).*Mapping climate change vulnerability in the Sydney Coastal Councils Group* . Hobart, TAS,Australia: CSIRO Marine and Atmospheric Research.

Pyper, C., & ClimateWire. (2011). Electricity generation ' burning ' rivers of drought-scorched southeast. *Scientific American* . Retrieved from http://www.scientifi camerican.com/article.cfm?id=electricity-generation-buring-rivers-drought-southeast

Quist, J. (2007, May 10). Backcasting for sustainable futures and system innovations. TiSD–Colloquium advanced course. Delft, The Netherlands: Delft University of Technology.

Raskin, P., Gallopin, G., Gutman, P., Hammond, A. and Swart, R.(1998). Bending the curve: Toward global sustainability. *Polestar series report No. 8* . Boston: Stockholm Environment Institute.

Raskin, P., Gleick, P., Kirshen, P., Kirshen, G., & Strzepek, K. (1997). *Water futures: Assessment of long-range patterns and problems* . Boston: Stockholm Environment Institute.

Reanalysis.org. (2012). Reanalysis intercomparison and observations. Retrieved from http://reanalyses.org

Rees, W. E. (2003). Understanding urban ecosystems: An ecologic economics perspective. In A. R. Berkowitz, C. H. Nilon, & K. S. Kollweg (Eds.), *Understanding urban ecosystem: A new frontier for sciences and education* (pp. 115–136). New York: Springer.

Reilly, M., Willenbockel, D. (2010). Managing uncertainty: A review of food system scenario analysis and modelling. *Philosophical Transactions of the Royal Society, 365*, 3049–3063.(doi: 10.1098/rstb.2010.0141).

Reisner, M. (1986). *Cadillac Desert: The American west and its disappearing water* . New York:Viking Penguin.

Richter, B. D. (2009). Re-thinking environmental flows: From allocations and reserves to sustainability boundaries. *River Research and Applications, 25* , 1–12.

Robinson, J. B. (1982). Energy backcasting: A proposed method of policy analysis. *Energy Policy,10* , 337–344.

Rogers, P., & Hall, A. W. (2003). *Effective water governance*. Stockholm , Sweden: Global Water Partnership (Technical Advisory Committee Background Papers No. 7).

Rönnbäck, P., Bryson, I., & Kautsky, N. (2002). Coastal aquaculture development in eastern Africa and the western Indian ocean: Prospects and problems for food security and local economies.*Ambio, 31* , 537–542.

Rood, S. B., Gourley, C. R., Ammon, E. M., Heki, L. G., Klotz, J. R., Morrison, M. L., et al.(2003). Flows for fl oodplain forests: A successful riparian restoration. *BioScience, 53* ,647–656.

Rosegrant, M. W., Cai, X., & Cline, S. A. (2002). *World water and food to 2025: Dealing with scarcity* . Washington, DC: International Food Policy Research Institute.

Sachs, J. (2008, October 21). Amid the rubble of global finance, a blueprint for Bretton Woods II.*The Guardian.*

Schumpeter, J. (2011, June 8). Energy statistics. The world gets back to burning. *The Economist* .

Schwartz, P. (1991). *The art of the long view* . New York: Currency/Doubleday Press.

Scudder, T. (1993). *The IUCN review of the Southern Okavango Integrated Water Development Project* . Gland, Switzerland: IUCN.

Seckler,D.(1996). *The new era of water resources management: from 'dry' to 'wet' water savings* .Research Report 1. Colombo, Sri Lanka: International Irrigation Management Institute.

Seckler, D., Amarasinghe, U., Molden, D., de Silva, R., & Barker, R. (1998). *World water demand and supply, 1990 to 2025: Scenarios and issues*. Colombo, Sri Lanka: International Water Management Institute (Research Report 19).

Shackleton, C., Shackleton, S., Gambiza, J., Nel, E., Rowntree, K., & Urquhart, P. (2008). *Links between ecosystem services and poverty alleviation: Situation analysis for arid and semi-arid lands in southern Africa* . Consortium on Ecosystems and Poverty in Sub-Saharan Africa (CEPSA).

Shah, T. (2009). *Taming the anarchy: Groundwater governance in South Asia* . Washington, DC:Resources for the Future Press.

Shah, A. (2010). Poverty facts and stats. Retrieved from http://www.globalissues.org/article/26/poverty-facts-and-stats

Shah, T., Molden, D., Sathivadivel, R., & Seckler, D. (2000). *The global groundwater situation:Overview of opportunities and challenges* . Colombo, Sri Lanka: IWMI.

Sharma,D.,Das Gupta,A., & Babel, M.S. (2007). Spatial disaggregation of bias-corrected GCM precipitation for improved hydrologic simulation: Ping River Basin, Thailand. *Hydrology and Earth System Sciences, 11* , 1373–1390.

Shehabi, A., Stokes, J. R., & Horvath, A. (2012). Energy and air emission implications of a decentralized wastewater system. *Environmental Research Letters,7*, 024007.

Shiklomanov, I. A. (1993). World fresh water resources. In P. H. Gleick (Ed.), *Water in crisis: A guide to the world's fresh water resources* (pp. 13–24). New York: Oxford University Press.

Shiklomanov, I. A. (1998). *Assessment of water resources and water availability in the world.* St.Petersburg, Russia: State Hydrological Institute (Report for the Comprehensive Assessment of the Freshwater Resources of the World, United Nations. Data Archive on CD-ROM).

Sills, B. (2011). Fossil fuel subsidies six times more than renewable energy. Bloomberg.Retrieved from http://www.bloomberg.com/news/2011-11-09/fossil-fuels-got-more-aidthan-clean-energy-iea.html

Skov Andersen, L. (2011). *China—Three gorges and a remedy* . (Stockholm Water Front. No. 2).Retrieved from http://www.siwi.org/documents/Resources/Water_Front_Articles/2011/WF_2_2011_China.pdf

Smakhtin, V. (2008). Basin closure and environmental flow requirements. *International Journal of Water Resources Development, 24* (2), 227–233.

Smith, I. (2004). An assessment of recent trends in Australian rainfall. *Australian Meteorological Magazine, 53* , 163–173.

Sood, A., Chartres, C. J., Lundqvist, J., & Ait Kadi, M. (2013). *Global water demand scenarios 2010–2050* . Stockholm, Sweden: IWMI, Colombo and SIWI.

Stahre, P. (2008). *Sustainable urban drainage: Blue-green fingerprints in the city of Malmö,Sweden* . Malmö, Sweden: VASYD. Retrieved from http://www.vasyd.se/fi ngerprints

Starkl, M., Parkinson, P., Narayana, D., & Flamand, P. (2012). Small is beautiful but is large more economical? Fresh views on decentralised versus centralised wastewater management. *Water,21* , 45–47.

Steffen, W., Crutzen, P. J., & McNeill, J. R. (2007). The Anthropocene: Are humans now overwhelming the great forces of nature? *Ambio, 36* (8), 614–621.

Steffen, W., Persson, A., Deutsch, L., Zalasiewicz, J., Williams, M., Richardson, K., et al. (2011).The Anthropocene: From global change to planetary stewardship. *Ambio, 40* (October), 739–761.

Stern, N. (2007). *The economics of climate change: The Stern review.*Cambridge,UK:Cambridge University Press.

SWITCH (Sustainable Water Management in the City of the Future). (2011). *Findings from the SWITCH Project 2006–2011* . Paris, France: UNESCO-IHE Institute for Water Education.

TEEB (The Economics of Ecosystems and Biodiversity). (2009, September). the economics of ecosystems and biodiversity of climate issues update. Switzerland. Retrieved from http://www.teebweb.org/Publications /teeb-study-reports/foundations/.

The Economist. (2011, May 26). A man made world: The Anthropocene. *The Economist.* London, UK. Retrieved from http://www.economist.com/node/18741749

The Natural Step (2012) Backcasting. Retrieved from http://www.naturalstep.org/backcasting

Torero, M. (2011). *Riding the rollercoaster* . Washington, DC: International Food Policy Institute(IFPRI Global Food Policy Report).

Tsegaye, S., Eckhart, J., & Vairavamoorthy, K. (2011). Urban water management in the cities of the future: Emerging areas in developing countries. In J. Lundqvist (Ed.), *On the water front: Selections from the 2011 world water week in Stockholm* (pp. 42–47). Stockholm, Sweden: SIWI.

Tucci, C. E. M. (2009). *Integrated urban water management in large cities: A practical tool for assessing key water management issues in the large cities of the developing world* . Washington,DC: World Bank (Draft Paper Prepared for World Bank).

Tucci,C.E.M.,Goldenfum,J. A., &Parkinson J. N. (Eds.). (2010). *Integrated urban water management:humid tropics. UNESCO-IHP: Urban Water Series* . Boca Raton, FL: CRC Press.

UN (United Nations). (1992). *Report of the United Nations conference on environment and development.* New York: United Nations.

UN (United Nations). 1998. Strategic approaches to freshwater management. *6th Session of the commission on sustainable development* . New York: United Nations.

UN (United Nations). (2004). *World population to 2300* . New York: UN Department of Economic and Social Affairs.

UN GA (General Assembly of the United Nations). *United Nations General Assembly Resolution A/RES/37/7* . Retrieved from http://www.un.org/documents/ga/res/37/a37r007.htm

UN HABITAT. (2011). *The state of the world's cities 2010/2011—Cities for all: bridging the urban divide* . London, UK: Earthscan.

UN WWAP (United Nations World Water Assessment Programme). (2006). The United Nations World Water development Report 2: *Water a shared responsibility* . Paris, France: UNESCO.

UN WWAP (United Nations World Water Assessment Programme). (2009). The United Nations World Water Development Report 3: *Water in a changing world* . Paris, France/London, UK: UNESCO/Earthscan.

UN WWAP (United Nations World Water Assessment Programme). (2012). The United Nations World Water Development Report 4: *Managing water under risk and uncertainty* . Paris, France: UNESCO.

UN, WWAP (United Nations World Water Assessment Programme). (2011). *World water scenarios to 2050, exploring alternative futures of the world's water and its use to 2050* . Paris, France:UNESCO.

UNDESA (United Nations Department of Economic and Social Affairs). (2009). *The challenges of adapting to a warmer planet for urban growth and development.* New York: UNDESA. (UN-DESA Policy Brief No. 25).

UNDP (United Nations Development Programme). (2011). Human development report. In *Sustainability and equity: A better future for all* . New York: UNDP.

UNEP (United Nations Environment Programme). (2002). *Global environmental outlook 3: Past, present and future Perspectives* . London, UK/Nairobi: Earthscan/UNEP.

UNEP (United Nations Environment Programme). (2006). *Marine and coastal ecosystems and human well-being: A synthesis report based on the findings of the Millennium Ecosystem Assessment* . Nairobi, Kenya: UNEP.

UNEP (United Nations Environment Programme). (2009). *Towards sustainable production and sustainable use of resources: Assessing biofuels* . Paris, France: UNEP (Produced by the International Panel for Sustainable Resource Management, Division of Technology Industry and Economics, France).

UNEP (United Nations Environment Programme). (2012). *UN global environmental monitoring system (GEMS)* . Canada. Retrieved from http://www.gemswater.org .

UNEP/RIVM (United Nations Environment Programme and Rijksinstituut voor Volksgezondheid en

Milieu). (2004). *The GEO-3 scenarios 2002–2032. Quantification and Analysis of Environmental Impacts* , ed. J. Potting and J. Bakkes. Nairobi, Kenya: PBL Netherlands Environmental Assessment Agency.

UNESCO (United Nations Educational, Scientific and Cultural Organization). (2003). Overview.In C. I. Dooge, J. Delli Priscoli, & M. R. Llamas (Eds.), *Series on water and ethics, essay 1* .Paris, France: UNESCO.

UNFPA (United National Population Fund). (2011). *The state of world population* . New York: UNFPA.

UNFPA (United Nations Population Fund). (2007). *State of world population 2007: Unleashing the potential of urban growth* . New York: UNFPA.

UNFPA (United Nations Population Fund). (2010). *World population prospects, the 2010 revision* .New York: UNFPA.

USDA, FAS (United States Department of Agriculture Foreign Agricultural Service). (2011).Production, supply and distribution online. Retrieved from http://www.fas.usda.gov/psdonline

USDOE (United States Department of Energy). (2006). *Energy demand on water resources* .Washington, DC: USA (Report to Congress on the Interdependence of Energy and Water).

USDOE (United States Department of Energy). (2008). *Water requirements for existing and emerging thermoelectric plant technologies* . Morgantown WV: National Energy Technology Laboratory

USDOE (United States Department of Energy). (2011). *Water heating* . Retrieved from http://www.energy savers.gov/your_home/water_heating/index.cfm/mytopic=12760

USGS (United States Geological Survey). (2012). National streamflow information program.Reston, VA. Retrieved from http://water.usgs.gov/nsip/history1.html

Usman, M. T., & Reason, C. J. (2004). Dry spell frequencies and their variability over southern Africa. *Climate Research, 26* , 199–211.

van den Hurk, B., & Jacob, D. (2009). The art of predicting climate variability and change. In F. Ludwig, P. Kabat, H. van Schaik, & M. van der Valk (Eds.), *Climate change adaptation in the water sector* (pp. 9–22). London, UK: Earthscan.

van der Steen, P. (2006, January). *Integrated urban water management: Towards sustainability* .Paper presented at the first SWITCH scientific meeting, University of Birmingham, Birmingham, UK.van der Veer, J. (2010). *Water—A critical enabler to produce energy* . Amsterdam, The Netherlands:Royal Dutch Shell.

van Vliet, M. T. H., Franssen, W. H. P., Yearsley, J. R., Ludwig, F., Haddeland, I., Lettenmaier,D. P., et al. (2013). Global river discharge and water temperature under climate change. *Global Environmental Change, 23* (2), 450–464.

van Vliet, M. T., Yearsley, J. R., Ludwig, F., Vögele, S., Lettenmaier, D. P., & Kabat, P. (2012,June 4). Vulnerability of US and European electricity supply to climate change. *Nature Climate Change* . Retrieved from http://www.doi:10.1038/nclimate1546 .

Vlachos, E., & Braga, B. P. F. (2011). The challenge of urban water management. In C. Maksimovic& J. Tejada-Guibert (Eds.), *Frontiers in urban water management: Deadlock or hope* (pp. 1–36). Paris, France: UNESCO.

Voinov, A., & Cardwell, H. (2009). The energy–water nexus: Why should we care? *Contemporary Water Research & Education, 143* , 17–29.

von Braun, J. (2008). The rise in food and agricultural prices—Implications for Morocco. Rabat,Morocco: IRES (Royal Institute of Strategic Studies).

Vörösmarty, C. J., Green, P., Salisbury, J., & Lammers, R. B. (2000). Global water resources:Vulnerability from climate change and population growth. *Science, 289* (5477), 284–288.

Vörösmarty, C. J., McIntyre, P. B., Gessner, M. O., Dudgeon, D., Prusevich, A., Green, P., et al.(2010). Global threats to human water security and river biodiversity. *Nature, 467* , 555–561.

Wada, Y., van Beek, L. P. H., Bierkens, M. F. P. (2012). Nonsustainable groundwater sustaining irrigation: A global assessment. *Water Resources Development, 48*(6), 18. W00L06,doi:10.1029/2011WR010562.

Wald, M. L. (2012, July 17). So, how hot was it? *New York Times.*

Walton, B. (2010). *Low water may halt Hoover Dam's power* . Traverse City, MI: Circle of Blue.

Wang, X.-Y., Tao, F., Xiao, D., Lee, H., Deen, J., Gong, J., et al. (2006). Trend and disease burden of bacillary dysentery in China (1991–2000). *Bulletin of the World Health Organization, 84* ,561–568.

Wani, S. P., Rockström, J., & Venkateswarlu, B. (2011). New paradigm to unlock the potential of rainfed agriculture in the semiarid tropics. In R. Lal & B. A. Steward (Eds.), *World soil resources and food security* (pp. 419–470). Baton Rouge, FL: CRC Press.

WCD (World Commission on Dams). (2000). *Dams and development. A new framework for decision-makers* . London, UK: Earthscan.

WCED (World Commission on Environment and Development.). (1987). *Our common future* .Oxford, UK: Oxford University Press.

Weaver, P., Jansen, L., van Grootveld, G., van Spiegel, E., & Vergragt, P. (2000). *Sustainable technology development* . Sheffield, UK: Greenleaf.

Webber, M. E. (2008). Catch-22: Water vs. Energy. *Scientific American, 18* , 34–41.

Webster, P. J., Holland, G., Curry, J., & Chang, H. R. (2005). Changes in tropical cyclone number,duration, and intensity in a warming environment. *Science, 309* (5742), 1844–1846.

Weedon, G. P., Gomes, S., Viterbo, P., Österle, H., Adam, J. C., Bellouin, N., et al. (2010).The WATCH forcing data 1958–2001: A meteorological forcing dataset for land surface and hydrological models. WATCH. Retrieved from http://www.eu-watch.org/publications/ technical-reports

WEF (World Economic Forum). (2009). *Thirsty energy: Water and energy in the 21st century* .Geneva, Switzerland: WEF.

WEF (World Economic Forum). (2011). *Global risks. Executive summary* (6th ed.). Geneva,Switzerland:

WEF.

WEFWI (World Economic Forum Water Initiative). (2011). *Water security. The water-foodenergy-climate nexus* . Washington, DC: Island Press.

White, G. F. (1945). *Human adjustment to floods: A geographical approach to the flood problem in the United States* . Chicago, IL: Department of Geography, University of Chicago (Research Paper No. 29).

WHO (World Health Organization). (2002). *World health report: Reducing risks, promoting healthy life* . Geneva, Switzerland: WHO.

WHO-UNDP (World Health Organization and United Nations Development Programme). (2001).Environment and people's health in China. Retrieved from http:// www.un.org/esa/sustdev/publications/trends2006/ endnotes.pdf

Wilde, K. (2010). Baboons in pinstripes: The inevitable target of an 'appropriate' economics.*World Future Review., 2* , 24–40.

Wilkinson, M. E., Quinn, P. F., Benson, I., & Welton, P. (2010). Runoff management: mitigation measures for disconnecting flow pathways in the Belford Burn catchment to reduce flood risk.*British Hydrological Society Third International Symposium* , Managing Consequences of a Changing Global Environment, Newcastle, UK.

Williams, M., Zalasiewicz, J., Haywood, A., & Ellis, M. (2011). The Anthropocene: A new epoch of geological time. *Philosophical Transactions of the Royal Society, 369* , 835–1111.

Wilson, M. A., & Carpenter, S. R. (1999). Economic valuation of freshwater ecosystem services in the United States: 1971–1997. *Ecological Applications, 9* (3), 772–783.

Wittfogel,K.A.(1956). *The hydraulic civilization: Man's role in changing the earth* . Chicago, IL:University of Chicago Press.

Wolff,G.,& Gleick,P.H. (2002). The soft path for water. In P. H. Gleick (Ed.), *The world's water2002–2003: The biennial report on freshwater resources* (pp. 1–32). Washington, DC: IslandPress.

Woodside, C. (2011). Energy efficiency and 'the rebound effect'. Retrieved from http://www.yaleclimatemediaforum.org/2011/03/energy-efficiency-and-the-rebound-effect

World Bank. (2009). *World Development Report 2009. Reshaping economic geography* .Washington, DC: World Bank.

World Bank.(2011).*Global monitoring report 2011:Improving the odds of achieving the MDGs—Heterogeneity, gaps and challenges: Overview* . Washington, DC: World Bank.

World Bank. (2012). *Global economic prospects 2012. Uncertainties and vulnerabilities*. Retrieved from http://go.worldbank.org/WI8LCZ6PT.0

World Energy Council. (2001). *Living in one world* . London, UK: World Energy Council.

World Energy Council. (2010). *Water for energy* . London, UK: World Energy Council.

Wouters, P., Hu, D., Zhang, J., Tarlock, A. D., & Andrews-Speed, P. (2004). The new development of water law in China. *University of Denver Water Law Review, 7* (2), 243–308.

WWAP (World Water Assessment Programme). (2009). *World water development report 3* . Paris,France: UNESCO.

WWAP (World Water Assessment Programme). (2012). *The United Nations world water development report 4: Managing water under risk and uncertainty* . Paris, France: UNESCO.

WWC (World Water Council). (2000). *Final report: Second world water forum (The Hague)* .Marseille, France: WWC.

WWF(World Wildlife Fund).(2011).*The energy report:100% renewable energy by 2050.* Gland,Switzerland: WWF.

Xie, J., Liebenthal, A., Warford, J. J., et al. (2009). *Addressing China's water scarcity: Recommendations for selected water resource management issues* . Washington, DC: World Bank.

Yoshimoto, T., & Suetsugi, T. (1990). Comprehensive flood disaster prevention measures in Japan.In H. Massing (Ed.), *Hydrological processes and water management in urban areas* (pp. 175–183). Wallingford, UK: International Association of Hydrological Sciences.

Young, G. J., Dooge, J. C. I., & Rodda, J. C. (1994). *Global water resource issues* . Cambridge,UK: Cambridge University Press.

Yuan, Z., & Tolb, R. (2004). *Evaluating the costs of desalination and water transport* . Hamburg,Germany: University of Hamburg (Working Paper 41).

Zalasiewicz, J., Williams, M., Fortey, R., Smith, A., Barry, T. L., Coe, A. L., et al. (2011). Stratigraphy of the Anthropocene. *Philosophical transactions. Series A, Mathematical, Physical, and Engineering Sciences, 309* , 1036–1105.

Zhang, J., Mauzerall, D. L., Zhu, T., Liang, S., Ezzati, M., & Remais, J. V. (2010). Environmental health in China: Progress towards clean air and safe water. *The Lancet, 375* , 1110–1119.

Zhou, B., & Wang, Q. (2009). Strategy adjustment in flood control, disaster reduction and flood risk management. *Water Conservancy Science and Technological and Economy, 15* (4),319–320.